Schriftenreihe der Juristischen Fakultät
der Europa-Universität Viadrina Frankfurt (Oder)

Herausgegeben von
Professor Dr. iur. Dr. phil. Uwe Scheffler, Frankfurt (Oder)

W0253411

Springer-Verlag Berlin Heidelberg GmbH

Tom Oliver Schorling

Das Recht der Kreditsicherheiten in der Tschechischen Republik

Springer

Tom Oliver Schorling
GAEDERTZ Rechtsanwälte
Bockenheimer Landstraße 98-100
60323 Frankfurt am Main

ISBN 978-3-540-66257-0

Die Deutsche Bibliothek - CIP-Einheitsaufnahme
Schorling, Tom Oliver: Das Recht der Kreditsicherheiten in der Tschechischen Republik / Tom Oliver Schorling. - Berlin; Heidelberg; New York; Barcelona; Hongkong; London; Mailand; Paris; Singapur; Tokio: Springer, 2000
ISBN 978-3-540-66257-0 ISBN 978-3-642-57188-6 (eBook)
DOI 10.1007/978-3-642-57188-6

Dieses Werk ist urheberrechtlich geschützt. Die dadurch begründeten Rechte, insbesondere die der Übersetzung, des Nachdrucks, des Vortrags, der Entnahme von Abbildungen und Tabellen, der Funksendung, der Mikroverfilmung oder der Vervielfältigung auf anderen Wegen und der Speicherung in Datenverarbeitungsanlagen, bleiben, auch bei nur auszugsweiser Verwertung, vorbehalten. Eine Vervielfältigung dieses Werkes oder von Teilen dieses Werkes ist auch im Einzelfall nur in den Grenzen der gesetzlichen Bestimmungen des Urheberrechtsgesetzes der Bundesrepublik Deutschland vom 9. September 1965 in der jeweils geltenden Fassung zulässig. Sie ist grundsätzlich vergütungspflichtig. Zuwiderhandlungen unterliegen den Strafbestimmungen des Urheberrechtsgesetzes.

© Springer-Verlag Berlin Heidelberg 2000
Ursprünglich erschienen bei Springer-Verlag Berlin Heidelberg New York 2000

Die Wiedergabe von Gebrauchsnamen, Handelsnamen, Warenbezeichnungen usw. in diesem Werk berechtigt auch ohne besondere Kennzeichnung nicht zu der Annahme, daß solche Namen im Sinne der Warenzeichen- und Markenschutz-Gesetzgebung als frei zu betrachten wären und daher von jedermann benutzt werden dürften.

SPIN 10738388 64/2202-5 4 3 2 1 0 - Gedruckt auf säurefreiem Papier

Vorwort

Die Arbeit lag der Juristischen Fakultät der Europa-Universität Viadrina Frankfurt (Oder) im Sommersemester 1999 als Dissertation vor. Sie ist auf dem Stand von September 1998. Danach erschienene Rechtsprechung und Literatur habe ich bis Anfang 1999 in den Fußnoten berücksichtigt.

Meinem Doktorvater, Herrn Professor Dr. Stephan Breidenbach, danke ich für seine wertvollen und gezielten Anregungen. Seine Begeisterungsfähigkeit und persönliche Anteilnahme am Fortschreiten der Arbeit waren steter Ansporn.

Herrn Professor Dr. Dieter Martiny danke ich für die zügige Erstellung des Zweitgutachtens.

Besonders erfreulich war die Zusammenarbeit mit dem Projekt Creditor und dem Frankfurter Institut für Transformationsstudien (FIT), in dessen Forschungsrahmen ich die Arbeit geschrieben habe.

Mein persönlicher Dank gilt Herrn Rechtsanwalt Dr. Albrecht Piltz von der Sozietät GAEDERTZ Rechtsanwälte. Er hat die Fertigstellung der Arbeit stets großzügig gefördert und persönlich Anteil genommen.

Mein Freund und Kollege, Herr Magister Gabriel Gajdoš, hat mich in den Anfängen mit erheblichem persönlichem Einsatz unterstützt. Sein viel zu früher Tod hat ihn die Fertigstellung nicht erleben lassen. Ihm ist diese Arbeit gewidmet.

Frankfurt am Main, im Mai 1999

Tom Oliver Schorling

Inhaltsverzeichnis

Abkürzungsverzeichnis

Abs.	Absatz
AGB	Allgemeine Geschäftsbedingungen
AGBG	Gesetz über die Allgemeinen Geschäftsbedingungen
Alt.	Alternative
Az	Aktenzeichen
BGB	Bürgerliches Gesetzbuch
BGHZ	Bundesgerichtshof, Entscheidungen in Zivilsachen
bzw.	beziehungsweise
CZK	Tschechische Kronen
CNB	Česká Národní Banka (Tschechische Nationalbank)
ČS	Česká Spořitelna (Tschechische Sparkasse)
ČSOB	Československá Obchodní Banka (Tschechoslowakische Handelsbank)
Einl.	Einleitung
EBRD	European Bank for Reconstruction and Development
Fn	Fußnote
HGB	Handelsgesetzbuch
IB	Investiční Banka (Investitionsbank)
i.V.m.	in Verbindung mit
KB	Komerční Banka (Kommerzbank)
KO	Konkursordnung
tLiegenschaftsEintrG	Tschechisches Liegenschaftseintragungsgesetz
m.E.	meines Erachtens
Nr.	Nummer
ÖBA	Österreichisches Bankarchiv
PB	Poštovní Banka (Postbank)
RIW	Recht der Internationalen Wirtschaft
Rn	Randnummer
S.	Seite
Sb.	Sbírka (Sammlung)
tSeeschiffahrtsG	Tschechisches Seeschiffahrtsgesetz
Slg.	Sammlung
tBGB	Tschechisches Bürgerliches Gesetzbuch
tDevisenG	Tschechisches Devisengesetz
tEStG	Tschechisches Einkommensteuergesetz
tHGB	Tschechisches Handelsgesetzbuch

tIPRG	Tschechisches Gesetz über das Internationale Privat- und Prozeßrecht
tKonkursG	Tschechisches Konkurs- und Vergleichsgesetz
tSchiedsgerichtsG	Tschechisches Gesetz über die Schiedsgerichtsbarkeit und die Vollstreckung von Schiedssprüchen
tVerfassung	Tschechische Verfassung
tVersteigerungsG	Tschechisches Versteigerungsgesetz
tWertpapierG	Tschechisches Wertpapiergesetz
tZPO	Tschechische Zivilprozeßordnung
u.ä.	und ähnliches
usw.	und so weiter
tWertermittlungsVO	Tschechische Wertermittlungsverordnung
WiRO	Wirtschaft und Recht in Osteuropa
z.B.	zum Beispiel
ŽB	Živnostenská Banka (Gewerbebank)
ZPO	Zivilprozeßordnung

Einleitung

Die Rechtsordnung der Tschechischen Republik weist im Hinblick auf Terminologie, Gesetzessystematik und Auslegungsregeln grundsätzlich Ähnlichkeit zum deutschen Recht auf. Insbesondere gilt dies für den Bereich des Zivilrechts und somit auch für das Recht der Kreditsicherheiten. Im Unterschied zu Deutschland kann die tschechische Rechtsordnung jedoch nicht auf eine jahrzehntelange rechtswissenschaftliche Praxis zurückgreifen. Eine wissenschaftliche Behandlung des geltenden Rechts durch Veröffentlichung und Auswertung von Gerichtsentscheidungen sowie Aufsätzen von Akademikern und Fachleuten aus der Praxis befindet sich noch im Anfangsstadium. In vielen Rechtsbereichen herrscht daher eine nicht zu unterschätzende Rechtsunsicherheit. Die zum Teil unter enormem Zeitdruck erlassenen gesetzlichen Regelungen sind oft sehr kurz gefaßt und geben Anlaß zu vielen Fragen.

Diese offenkundige Unzulänglichkeit führt bei einem Staat, der sich erst seit 1989 wieder demokratischen und marktwirtschaftlichen Grundwerten zuwendet, zu einer aus volkswirtschaftlicher Sicht[1] höchst unbefriedigenden Situation: einerseits sind für den Wiederaufbau des Landes gewaltige Investitionsleistungen notwendig, die wegen inländischen Kapitalmangels vornehmlich von Investoren aus dem westlichen Ausland erbracht werden. Andererseits kann die tschechische Rechtsordnung derzeit den Kapitalgebern nicht die für eine Investitionsentscheidung notwendige Rechtssicherheit bieten. Die Folge ist oftmals eine zeitliche Verzögerung oder gar ein Scheitern der geplanten Investitionen. In vielen Fällen finden die Investoren und die die Transaktionen begleitenden Banken jedoch individuelle Vertragsgestaltungen, die eine Minimierung des rechtlichen Risikos ermöglichen.

Die vorliegende Arbeit untersucht die in der tschechischen Rechtsordnung vorgesehenen Sicherungsinstrumente im Hinblick auf ihre Bestellung, Übertragung und Abwicklung sowie ihre Verwertung in Zwangsvollstreckung und Konkurs. Insbesondere sollen die in der Praxis gebräuchlichen Vertragsgestaltungen zur Absicherung von Forderungen dargestellt und hinterfragt werden. Als Vergleichsmaßstab werden die Sicherungsinstrumente des deutschen Rechts herangezogen. Die vorliegende Arbeit bietet somit eine breite Darstellung der realen Situation der Kreditsicherung in der Tschechischen Republik während einer Phase lebhafter Investitionstätigkeit und regt mit ihrer Analyse notwendige Schritte des tschechischen Gesetzgebers sowie der tschechischen Gerichte an.

---

1 Zur volkswirtschaftlichen Bedeutung des Rechts der Kreditsicherheiten auch Drobnig, Gutachten, S. 54.

Erster Teil: Grundlagen des Kreditsicherungsrechts

§ 1 Der Bankenmarkt in der Tschechischen Republik

Zum Verständnis der heutigen Situation des Bankenmarktes in der Tschechischen Republik erscheint ein kurzer Rückblick hilfreich[2]. Vor der Wende im Jahre 1989 war der tschechische Banken - "markt" auf folgende Institute aufgeteilt:

Die Česká Spořitelna[3] diente als die staatliche Sparkasse schlechthin, bei der sämtliche Einlagen von Privatpersonen in der Tschechischen Republik auf Sparkonten geführt wurden. Kredite wurden von der ČS damals ausschließlich und in geringem Umfang an Privatpersonen gewährt. Die Komerční Banka[4] war für die Betreuung der staatlichen Unternehmen zuständig, verfügte ihrerseits aber nicht über Einlagen[5]. Kredite wurden sowohl an Privatpersonen wie auch an staatliche Betriebe vergeben, wobei eine Bonitätsprüfung oder eine Bestellung von Sicherungsmitteln in aller Regel unterblieb. Für Außenhandelsgeschäfte war die Československá Obchodní Banka[6] zuständig, die aufgrund ihrer internationalen Tätigkeit über besonders qualifiziertes Personal verfügte. Ferner ist die Živnostenská Banka[7] zu erwähnen, die traditionell Auslandskontakte nach London unterhielt. Schließlich gab es noch die Poštovní Banka[8], die

---

2 Die folgenden Ausführungen beruhen auf Interviews, die mit Vertretern von Banken und Rechtsanwälten in Prag geführt wurden. Desweiteren wurde auch auf Berichterstattungen in der tschechischen Tagespresse zurückgegriffen. Die Angaben sind daher z.T. von subjektiven Einschätzungen geprägt, die jedoch insgesamt ein „rundes Bild" ergeben. Da diese Einschätzungen für den Außenstehenden, der mit den Verhältnissen auf dem tschechischen Bankensektor nicht vertraut ist, von Interesse sein dürften, sollen sie hier wiedergegeben werden. Zur Rolle der Kreditsicherheiten in der ehemaligen DDR, einem ebenfalls vormals sozialistischen Staat, siehe Drobnig, Gutachten, S. 15 Fn 16.

3 Übersetzt Tschechische Sparkasse, im folgenden "ČS".

4 Übersetzt Kommerzbank, im folgenden "KB".

5 Ohnehin kann die Gewährung von Krediten im Rahmen der sozialistischen Planwirtschaft nicht mit derjenigen in marktwirtschaftlichen Bedingungen verglichen werden.

6 Übersetzt Tschechoslowakische Handelsbank, im folgenden "ČSOB".

7 Übersetzt Gewerbebank, im folgenden "ŽB".

8 Übersetzt Postbank, im folgenden "PB".

ausschließlich für den Zahlungsverkehr zuständig war, sowie die Investiční Banka[9].

Nach der Wende und der zumindest teilweisen Entstaatlichung des Bankwesens stellt sich der Bankenmarkt nunmehr wie folgt dar. Die ČS ist nach wie vor das Kreditinstitut mit der mit Abstand größten Kundenzahl und einem entsprechenden Einlagenbestand. Allerdings genießt sie in der öffentlichen Meinung keinen besonders guten Ruf und gilt als die Sparkasse des kleinen Mannes. Daher pflegen Unternehmen und wohlhabendere Privatpersonen vornehmlich Kontakt zu KB, ČSOB und ŽB. Dies hat zur Folge, daß die KB derzeit als Bank mit dem besten Image gehandelt wird. IB und PB haben sich zur IPB zusammengeschlossen, wobei die beiden Partner versuchen, durch die Vereinigung des Know-how der IB und der Vielzahl von eingerichteten Zweigstellen der PB Synergieeffekte zu erzielen. An der ŽB hatte die deutsche BHF - Bank vorübergehend eine Beteiligung erworben. Andere ausländische, vor allem auch deutsche Banken, sind entweder über unselbständige Niederlassungen oder aber über Tochterfirmen in der Tschechischen Republik vertreten[10]. Dabei orientieren sich diese Kreditinstitute in ihrer Unternehmenspolitik vorwiegend an den in Deutschland ausgeführten Tätigkeiten und setzen ihren Schwerpunkt oftmals auf die finanzielle Betreuung ihrer deutschen Klientel bei der Produktionsverlagerung in die Tschechische Republik und ähnlichen Sachverhalten. Im Februar 1996[11] existierten insgesamt 54 Kreditinstitute in der Tschechischen Republik. Von diesen befanden sich 14 in ausschließlich tschechischer und 21 in auschließlich ausländischer Hand. An 19 Kreditinstituten schließlich bestanden sowohl tschechische als auch ausländische Beteiligungen. Die Bankenaufsicht wird in der Tschechischen Republik von der Tschechischen Nationalbank mit Sitz in Prag wahrgenommen[12].

---

9 Übersetzt Investitionsbank, im folgenden "IB".

10 Zu erwähnen sind hier beispielsweise Deutsche Bank, Dresdner Bank, Commerzbank und Bayerische Vereinsbank (CZ). Letztere nimmt insbesondere in dem im Entstehen begriffenen Hypothekengeschäft auch im Vergleich zu einheimischen Banken aufgrund des Know-how Vorsprungs eine Vorreiterstellung ein.

11 Angaben aus Hospodářské noviny (übersetzt "Wirtschaftszeitung") vom 18. März 1996, Seite 1.

12 § 2 d) Zákon o České národní bance ze dne 17. prosince 1993 č. 6/1993 Sb. (Gesetz über die Tschechische Nationalbank vom 17. Dezember 1993 Nr. 6/1993 Slg.) Zur Bankenaufsicht durch die Nationalbank vergleiche auch die beschreibende Darstellung bei Palivec, Právo a podnikání 6/1996, S. 12 ff.

Mehrere der im tschechischen Markt tätigen Kreditinstitute kontrollieren einen jeweils dem Kreditinstitut nahestehenden Investmentfonds, welcher über Beteiligungen an tschechischen Unternehmen verfügt. Die Rolle der Banken und Investmentfonds im Rahmen der Privatisierung ist seit Jahren Gegenstand einer kritischen Diskussion in der tschechischen Finanzwelt und auch in der Öffentlichkeit. Nach der weitgehend übereinstimmenden Aussage von involvierten Fachleuten aus dem Finanzmarkt dienen diese Beteiligungen keineswegs nur dem Zweck der Kapitalanlage, sondern werden als Mittel zur Beeinflussung der Unternehmenspolitik verwendet. Nicht zuletzt hierauf werden die in den Jahren 1995 bis 1997 vorgefallenen Zusammenbrüche tschechischer Banken zurückgeführt. Die Entscheidung der Unternehmen, bei welchem Kreditinstitut ein Kredit aufgenommen werden soll, wird hierdurch häufig losgelöst von wirtschaftlichen Gesichtspunkten von der mittelbar kontrollierenden Bank zu ihren Gunsten beeinflußt. Da die Kreditinstitute zum Teil mit einer staatlichen Mehrheitsbeteiligung ausgestattet sind, kann zudem von einer wirklichen Privatisierung des Bankenmarktes und, mittelbar über die nahestehenden Investmentfonds, auch der übrigen Wirtschaftszweige bislang nicht gesprochen werden.

Die Bewertung des zur Zeit geltenden Rechts der Kreditsicherheiten durch die einzelnen Banken fällt weitgehend einheitlich aus. Die in vielen Bereichen bestehende Rechtsunsicherheit wird allgemein stark kritisiert und als investitionshemmend empfunden. Dennoch haben die Kreditinstitute verschiedene Unternehmensstrategien entwickelt, die allerdings auch jeweils durch den individuellen Hintergrund bestimmt sind. Sämtliche tschechische, jedoch auch einige ausländische bzw. mit ausländischer Mehrheitsbeteiligung ausgestattete Banken lassen sich auf das tschechische Kreditsicherheitenrecht ein und sichern ihre Kredite zum Teil ausschließlich aufgrund von nach tschechischem Recht bestellten Sicherheiten ab. Bei den ausländischen Banken sind hier insbesondere diejenigen zu nennen, die auf das inländische Privatkundengeschäft ausgerichtet sind und daher in der Regel keinen Zugriff auf ausländische Sicherheiten haben[13]. Andere Großbanken dagegen betreiben in erster Linie ein internationales Geschäft und betreuen vornehmlich ihre angestammten Kunden bei deren Investitionen und Standortverlagerungen in die Tschechische Republik. Hier ist es diesen Banken in der Regel möglich, auf Sicherheiten im Herkunftsland zurückzugreifen, so daß eine detaillierte Befassung mit dem tschechischen Recht der Kreditsicherheiten

---

13 Als Beispiel mag hierfür die Bayerische Vereinsbank (CZ) dienen.

nicht notwendig erscheint[14]. Insgesamt läßt sich jedoch feststellen, daß sich sämtliche Kreditinstitute der im tschechischen Recht herrschenden Rechtsunsicherheit und der langwierigen Verfahren vor überlasteten und zum Teil in wirtschaftsrechtlichen Fragestellungen unerfahrenen tschechischen Gerichten bewußt sind. Es wird im allgemeinen versucht, diese Unwägbarkeiten durch eine möglichst präzise Überprüfung der Bonität des Kunden sowie des Kreditverwendungszwecks einzugrenzen. Oftmals wird der Kreis der Kreditnehmer auf staatliche Unternehmen oder private Unternehmen mit hervorragender Reputation beschränkt.

§ 2 Rechtliche Grundbegriffe

A. Vertragsformen der Kreditvergabe

I. Abgrenzung der gesetzlichen Regelungen

Sowohl im tBGB[15] als auch im tHGB[16] werden einzelne schuldrechtliche Vertragsformen geregelt. Das tBGB behandelt das Darlehen in den §§ 657 und 658. Das Darlehen wird nach § 657 tBGB grundsätzlich, sofern keine andere Vereinbarung getroffen wurde, zinslos gewährt. Es kann gemäß § 658 Abs. 1 tBGB freilich auch fakultativ eine Zinszahlungspflicht vereinbart werden. Neben Geld können auch bewegliche Sachen Gegenstand eines Darlehensvertrages sein[17]. Da der Darlehensvertrag erst mit Überlassung der Darlehenssumme wirksam wird, handelt es sich hierbei

---

14 Diese Vermeidung des tschechischen Kreditsicherheitenrechts wie überhaupt der tschechischen Rechtsordnung für die laufende Vertragsgestaltung wurde insbesondere von den Gesprächspartnern der Deutschen Bank und der Commerzbank bestätigt.

15 Občanský Zákoník ze dne 26. února 1964 č. 40/1964 Sb. (Bürgerliches Gesetzbuch vom 26. Februar 1964 Nr. 40/1964 Slg.), im folgenden „tBGB". Bis 1950 galt auf dem Gebiet der heutigen Tschechischen Republik das österreichische Allgemeine Bürgerliche Gesetzbuch vom 1.6.1811. Dieses wurde 1950 durch ein Zivilgesetzbuch sozialistischer Prägung ersetzt, welches wiederum 1964 mit erheblichen Änderungen neu gefaßt wurde.

16 Obchodní Zákoník ze dne 5. listopadu 1991 č. 513/1991 Sb. (Handelsgesetzbuch vom 5. November 1991 Nr. 513/1991 Slg.), im folgenden „tHGB".

17 Vgl. Bičovsky/Holub in der Kommentierung zu § 658 tBGB. An dieser Stelle sei angemerkt, daß sich eine Bezifferung der Kommentierungen mit Randziffern in den meisten der tschechischen Kommentare noch nicht durchgesetzt hat. Eine genauere Zitierung ist daher nicht möglich.

um einen Realvertrag[18]. Dies ergibt sich aus der Formulierung in § 657 tBGB, wonach die „Überlassung durch Vertrag" erfolgt. Besonders deutlich wird dies bei Gegenüberstellung mit dem Wortlaut von § 497 tHGB, der den Kreditvertrag des tHGB regelt. Hier wird im Wortlaut ausdrücklich festgestellt, daß es sich um einen zweiseitigen Konsensualvertrag handelt[19]. Ein von dem Darlehensvertrag des tBGB abweichender und mit einer Verzinsungspflicht[20] ausgestatteter Kreditvertrag ist in den §§ 497 bis 507 tHGB geregelt. In der Literatur werden keine Gründe für die unterschiedliche dogmatische Ausgestaltung des Darlehensvertrages einerseits und des Kreditvertrages andererseits genannt. Die im Falle des Darlehensvertrages naheliegende Frage nach dem Bestehen eines Auszahlungsanspruches aufgrund eines immerhin vorliegenden Vorvertrages wird nicht erörtert. M.E. führen die unterschiedlichen Konzeptionen nicht zu divergierenden Ergebnissen, da in der Regel auch beim Darlehensvertrag ein Auszahlungsanspruch aufgrund eines Vorvertrages nach § 50a tBGB und §§ 289 ff. tHGB anzunehmen ist[21].

Die unterschiedliche Regelung wirft unweigerlich die Frage nach der jeweiligen Anwendbarkeit der Bestimmungen des tBGB und des tHGB auf[22]. Grundsätzlich findet das tHGB gemäß § 261 Abs. 1 tHGB nur auf Rechtsverhältnisse zwischen Unternehmern im Rahmen ihrer unternehmerischen Tätigkeit Anwendung. Daneben werden die Vorschriften des tBGB ergänzend herangezogen. In den von § 261 Abs. 3 tHGB bestimmten Fällen sind die jeweiligen Vorschriften des tHGB jedoch unabhängig von der Unternehmereigenschaft der Parteien anzuwenden. Hierbei handelt es sich um sogenannte „absolute Handelsgeschäfte“[23]. Gemäß § 261 Abs. 3 d) tHGB gehören hierzu auch die Vorschriften über den Kreditvertrag. Auf die Vergabe von Krediten finden daher die §§ 497 ff. tHGB auch dann Anwendung, wenn der Kreditnehmer kein Unternehmer ist oder

---

18 Diese Meinung wird im Schrifttum einheitlich vertreten, vgl. Plíva, Právo a podnikání 3/1995, S. 2 ff.; Kopáč, Obchodní Kontraky I. S. 25 sowie Štenglová/Plíva/Tomsa - Plíva zu § 497 tHGB.

19 Vgl. auch die Ausführungen von Štenglová/Plíva/Tomsa - Plíva in der Kommentierung zu § 497 tHGB sowie Dědič-Liška § 497 S. 985.

20 Dies wird von Štenglová/Plíva/Tomsa - Plíva in § 497 tHGB ausdrücklich betont.

21 Zum Streit zwischen Realvertragstheorie und Konsensualvertragstheorie vgl. zusammenfassend und mit weiteren Nachweisen Staudinger-Hopt/Mülbert § 607 Rn 12-15.

22 Vgl. hierzu die ausgezeichnete Darstellung dieser komplexen Abgrenzung bei Kopáč, Obchodní Kontrakty I, S. 19 - 34.

23 Vgl. Kopáč, Obchodní Kontrakty I, S. 27, Scheifele/Thaeter, Unternehmenskauf, S. 32. Ferner wird auch zwischen relativen Handelsgeschäften (§ 261 Abs. 1 tHGB) und absoluten Nichthandelsgeschäften (§ 261 Abs. 6 tHGB) unterschieden.

auch dann Anwendung, wenn der Kreditnehmer kein Unternehmer ist oder nicht im Rahmen seiner unternehmerischen Tätigkeit handelt. Da im Kreditgeschäft ausschließlich zu verzinsende Geldbeträge gewährt werden, handelt es sich bei den abzuschließenden Verträgen um Kreditverträge nach dem tHGB[24]. Dabei kommt es nicht darauf an, daß der Kreditgeber eine Bank ist. Auch der verzinsliche Kredit, der durch eine Privatperson gewährt wird, unterliegt als absolutes Handelsgeschäft den Regelungen des tHGB[25].

Auch für die Bestellung von Kreditsicherheiten finden grundsätzlich die Vorschriften des tHGB neben denen des tBGB Anwendung. Die einzelnen Sicherungsmittel sind hauptsächlich im tBGB, zum Teil aber auch im tHGB enthalten. Nach § 261 Abs. 4 tHGB ist das tHGB unabhängig von der Unternehmereigenschaft der Parteien auch auf solche Rechtsbeziehungen anwendbar, welche bei der Sicherung der Verpflichtungen aus den Abs. 1 bis 3 entstanden sind. Da der Kreditvertrag nach § 497 ff. tHGB in § 261 Abs. 3 tHGB erwähnt ist, sind demzufolge auch die im tHGB enthaltenen Vorschriften über die Sicherungsmittel einschlägig[26]. Subsidiär ist auf die Vorschriften des tBGB zurückzugreifen.

II. Der Kreditvertrag in der Regelung der §§ 497 ff. tHGB

Durch den Kreditvertrag[27] wird der Gläubiger verpflichtet, auf Verlangen des Schuldners Geldmittel zu seinen Gunsten in einer bestimmten Höhe zur Verfügung zu stellen. Der Schuldner verpflichtet sich, die ihm zur Verfügung gestellten Geldmittel zurückzuzahlen und die Zinsen zu entrichten[28]. Gesetzliche Formvorschriften, insbesondere ein Schriftform-

---

24 Dies wird z.B. von Štenglová/Plíva/Tomsa - Tomsa in der Kommentierung zu § 261 tHGB, Kopáč, Obchodní Kontrakty I, S. 30 sowie Plíva, Právo a podnikání 3/1995 S. 2 ff., S. 2 ausdrücklich bestätigt.

25 Ebenso Štenglová/Plíva/Tomsa - Plíva zu § 497 tHGB.

26 Vgl. auch Kopáč, Obchodní Kontrakty I, S. 30 sowie Štenglová/Plíva/Tomsa - Tomsa zu § 261 tHGB. Diese Vorschrift ist insbesondere für die Verwertung von Grundpfandrechten nach § 299 tHGB von Bedeutung, da die Anwendbarkeit des tHGB hier erhebliche Gestaltungsmöglichkeiten eröffnet.

27 Als Anschauungsmaterial ist dieser Arbeit ein in der Kreditpraxis der Tschechischen Republik verwendeter Vertrag als Anlage 2 beigefügt. Vgl. auch einführend die beschreibende Darstellung von Márek, Právní rádce 1/1996, S. 10 ff. Zur Rechtsnatur der Kreditzusage siehe Kindl, Právní praxe v podnikání 4/1994, S. 7 ff.

28 Dies ergibt sich aus § 497 tHGB. Eine ausführlichere Einführung in die schuldrechtlichen Beziehungen zwischen Kreditnehmer und Kreditgeber gibt Plíva, Právo a podnikání 3/1995 S. 2 ff.

erfordernis, bestehen nicht[29]. Nach § 498 tHGB können Kredite auch in einer anderen Währung als der Landeswährung[30] gewährt werden. Dabei sind jedoch die devisenrechtlichen Vorschriften, insbesondere das Devisengesetz[31], zu beachten.

Der Kreditnehmer kann die Auszahlung des Kredits innerhalb der vertraglich festgesetzten Frist oder, falls eine Frist nicht vereinbart wurde, bis zur Kündigung des Vertrages verlangen[32]. Im Falle, daß keine Frist zur Auszahlung vereinbart wurde, kann der Kreditnehmer den Kreditvertrag fristlos und der Kreditgeber zum Ende des der Zustellung seiner Kündigungserklärung folgenden Kalendermonats kündigen[33]. Sofern es sich um einen zweckgebundenen Kredit handelt, kann der Kreditgeber den auszuzahlenden Betrag auf den Umfang der vom Kreditnehmer zu diesem Zweck übernommenen Verpflichtungen beschränken[34]. Der Kreditnehmer ist nach § 502 Abs. 1 S. 1 tHGB zur Zahlung der vereinbarten Zinsen verpflichtet. Bei Fehlen einer entsprechenden Vereinbarung besteht eine Pflicht zur Zahlung der Zinsen, die am Wohnsitz des Kreditnehmers zum Zeitpunkt des Vertragsabschlusses üblich sind. Dies ergibt sich aus dem ausdrücklichen Wortlaut des § 502 Abs. 1 S. 2 tHGB. Freilich kann dies nur gelten, wenn lediglich über die Höhe von - im übrigen vereinbarten - Zinsen keine Vereinbarung getroffen wurde. Wenn nämlich eine Zinszahlungspflicht schon grundsätzlich nicht vereinbart wurde und zusätzlich eine der Vertragsparteien nicht Unternehmer ist, so käme die Anwendung der §§ 497 ff. tHGB nicht mehr in Betracht. Die Anwendung der Vorschriften über das Darlehen, § 657 f. tBGB, wäre zwingend[35]. Sofern die Parteien eine gesetzlich unzulässige Zinshöhe vereinbart haben, ist der Kreditnehmer zur Zahlung der höchstens zulässigen Zinsen verpflichtet[36].

---

29 Freilich ist bei der Gewährung von Bankkrediten die Einhaltung der Schriftform üblich, so auch Štenglová/Plíva/Tomsa - Plíva zu § 497 tHGB.

30 Landeswährung ist die Tschechische Krone (im folgenden abgekürzt CZK).

31 Devizový zákon ze dne 28. listopadu 1990 č. 528/1990 Sb. ve znění zákona č. 228/1992 Sb. (Devisengesetz vom 28. November 1990 Nr. 528/1990 Slg.) in der Fassung des Gesetzes Nr. 228/1992 Slg.), im folgenden „tDevisenG".

32 Dies ergibt sich aus § 500 Abs. 1 tHGB.

33 § 500 Abs. 2 tHGB.

34 § 501 Abs. 2 tHGB.

35 Vgl. auch Štenglová/Plíva/Tomsa-Plíva zu § 502 tHGB sowie ausdrücklich Plíva, Právo a podnikání 3/1995 S. 2 ff., S. 2. Im deutschen Recht würden dagegen die gesetzlichen Zinsen der Höhe nach zur Anwendung kommen, vgl. Palandt-Putzo § 608 Rn 5 sowie MünchKomm-Westermann § 608 Rn 11.

36 § 502 Abs. 1 S. 3 tHGB; auf diese gesetzliche Normierung der geltungserhaltenden Reduktion wird im folgenden unter III 3 noch näher eingegangen.

Nach § 503 Abs. 3 tHGB besteht für den Kreditnehmer das Recht, den Kreditbetrag vorzeitig zurückzuzahlen[37]. Eine Verpflichtung zur Zinszahlung besteht in diesem Fall nur für den Zeitraum der Inanspruchnahme der Kreditmittel. Bei Untergang oder Verschlechterung[38] der für einen Kredit bestellten Sicherheiten[39] ist der Kreditnehmer verpflichtet, den ursprünglichen Sicherheitsumfang wiederherzustellen. Sofern dies nicht innerhalb einer angemessenen Frist geschieht, kann der Kreditgeber vom Vertrag zurücktreten und den geschuldeten Betrag nebst Zinsen geltend machen. Ein Rücktrittsrecht besteht ebenfalls, wenn der Kreditnehmer entweder mit mehr als zwei Raten oder bereits länger als drei Monate mit einer Rate in Verzug ist, § 506 tHGB. Schließlich kann der Kreditgeber mit sofortiger Wirkung vom Vertrag zurücktreten, wenn es sich um einen zweckgebundenen Kredit handelt und der Kreditnehmer die Kreditmittel zu anderen Zwecken gebraucht oder der vertragsgemäße Gebrauch unmöglich ist[40].

III. Kreditvertrag und der Grundsatz der Vertragsfreiheit

Der Grundsatz der Vertragsfreiheit ist in §§ 2 Abs. 3 und 51 tBGB sowie § 269 Abs. 2 tHGB verankert[41]. Demzufolge können die Parteien solche Vereinbarungen treffen, die vom Gesetz nicht ausdrücklich geregelt sind[42]. Dies gilt allerdings unter der Einschränkung, daß diese Vereinbarungen nicht gegen den Inhalt oder den Zweck des jeweiligen Gesetzes

---

37 Dies ist für die kreditgewährende Bank unter Umständen, z.B. bei fallenden Zinsen, von erheblichem Nachteil. Hierauf wird im folgenden näher eingegangen.

38 Diese wichtige Regelung ist in § 505 tHGB enthalten.

39 Angesichts des weitgefaßten Gesetzeswortlauts muß angenommen werden, daß sich § 505 tHGB auf sämtliche in Betracht kommenden Sicherheiten bezieht. So führen Štenglová/Plíva/Tomsa - Plíva zutreffend aus, daß es sich um sämtliche Sicherheiten handelt, die nach tHGB, tBGB oder tWertpapierG bestellt werden können.

40 Dies ergibt sich aus § 507 tHGB. Eine entsprechende Vorschrift existiert im deutschen Recht nicht. Hier würde ein derartiger Mißbrauch von Kreditmitteln jedoch dem Kreditgeber ein Recht zur außerordentlichen Kündigung geben, vgl. Staudinger-Hopt/Mülbert § 609 Rn 41 sowie Palandt-Putzo § 609 Rn 13 ff.

41 Vgl. auch Fiala, Právní rozhledy 2/1995, S. 65 ff., zur Frage der Grenzen der Vertragsfreiheit bei Katastereintragungen mit dinglicher Wirkung; ferner auch Linhart/Daubner, Právní rozhledy 2/1993, S. 37 ff., 38, die den Grundsatz der Vertragsfreiheit als Ausgangspunkt für ihre Begründung der Zulässigkeit der Sicherungsübereignung nehmen.

42 In diesem Fall handelt es sich in der tschechischen Rechtsprache um sogenannte „Inominat-Verträge“, vgl. Štenglová/Plíva/Tomsa - Tomsa zu § 269 tHGB.

verstoßen[43]. Bei Vorliegen eines solchen Verstoßes oder bei einem Verstoß gegen die guten Sitten bestimmt § 39 tBGB als Rechtsfolge die Nichtigkeit der Rechtshandlung. Diese Einschränkung der Vertragsfreiheit bereitet in der Praxis häufig Schwierigkeiten. Tschechische Juristen legen ihr Gesetz - zumindest aus der Sicht eines deutschen Juristen - oft recht formalistisch und eng aus und gelangen so zu dem Ergebnis, eine vertragliche Regelung verstoße gegen eine gesetzliche Bestimmung[44]. Es ist oftmals schwer zu entscheiden, ob eine vertragliche Regelung mit dem Grundgedanken des Gesetzes konform ist. Eine Beurteilung dieser Frage erweist sich als umso schwieriger, als mangels Rechtsprechung unklar ist, welcher Maßstab an eine solche Auslegung anzulegen ist und wie groß dementsprechend der gestalterische Freiraum ist. Eine weiterführende und Rechtssicherheit bietende Rechtsprechung befindet sich zur Zeit noch im Anfangsstadium.

Im Anwendungsbereich des tHGB hat der Gesetzgeber eine etwas abweichende Konstruktion gewählt. Grundsätzlich besteht auch hier Vertragsfreiheit[45]. Das tHGB zählt jedoch in § 263 diejenigen Vorschriften des tHGB auf, welche zwingenden Charakter haben und von denen nicht individualvertraglich abgewichen werden kann[46]. Von den Vorschriften über den Kreditvertrag ist allein § 499 tHGB nicht dispositiv[47] und lautet wie folgt[48]:

> *"Ist die Kreditgewährung Gegenstand der unternehmerischen Tätigkeit des Gläubigers, so können für den Abschluß der Verpflichtung des Gläubigers, dem Schuldner auf sein Verlangen hin Geldmittel zur Verfügung zu stellen, Gebühren vereinbart werden."*

Diese zwingende Ausgestaltung einer Kann - Vorschrift wie § 499 erscheint auf ersten Blick logisch verfehlt. Denkbar ist eine Auslegung, wonach die Vereinbarung einer Abschlußgebühr nur dann zulässig ist, wenn die

---

43 Vgl. § 39 sowie § 51 2. Halbsatz tBGB.

44 Diese auf persönlichen Erfahrungen beruhende Einschätzung des Verfassers wurde mehrfach in Gesprächen mit in Tschechien tätigen ausländischen Anwälte bestätigt.

45 Vgl. § 269 Abs. 2 tHGB.

46 Diese Regelungstechnik erscheint nur auf ersten Blick einfach. Sie erschwert in der Praxis erheblich die Beantwortung der Frage, wann eine vertragliche Abweichung von einer Vorschrift des tHGB aufgrund Verstoßes gegen die in §§ 39 und 51 tBGB enthaltenen Generalklauseln nichtig ist.

47 Dies ergibt sich aus seiner ausdrücklichen Erwähnung in § 263 tHGB.

48 Übersetzung des Verfassers; für Übersetzungen verschiedener tschechischer Gesetzestexte siehe auch Stephan Breidenbach (Hrsg.), Handbuch Wirtschaft und Recht in Osteuropa Bd. I.

Kreditgewährung Gegenstand der unternehmerischen Tätigkeit des Gläubigers ist. Die Notwendigkeit der zwingenden Ausgestaltung dieser Regelung erscheint indes zweifelhaft. Auch lassen sich für eine solche Auslegung kaum die Notwendigkeit des Schutzes des Kreditnehmers anführen[49]. Die Praxis zeigt, daß die Verankerung eines derartigen Verbraucherschutzgedankens gerade im Verkehr mit Kreditinstituten wünschenswert ist.

Alle übrigen Vorschriften des tHGB über den Kreditvertrag sind somit dispositiv[50]. Insofern stellt sich die Frage, unter welchen Umständen in möglicherweise wichtigen Einzelfällen ein Verstoß gegen die Grundgedanken des Gesetzes oder die guten Sitten[51] vorliegt. Im Bereich des Kreditvertrages handelt es sich dabei vorwiegend um die folgenden Fragen:

1. Vorzeitiges Tilgungsrecht des Kreditnehmers

Wie oben unter II. erwähnt, gewährt § 503 Abs. 3 tHGB dem Kreditnehmer das Recht, seinen Kredit zu jedem Zeitpunkt zurückzuzahlen, wobei er lediglich zur Entrichtung der bis dahin angefallenen Zinsen verpflichtet ist. Hier stellt sich die Frage, ob es sich um ein von dem Gesetzgeber als wesentlich erachtetes Recht des Kreditnehmers handelt. Zwar muß berücksichtigt werden, daß diese Vorschrift nicht zu den als zwingend aufgeführten Regelungen des § 263 tHGB zählt. Andererseits stellt sich die Frage, warum der Gesetzgeber überhaupt die Notwendigkeit einer ausdrücklichen Regelung der vorzeitigen Tilgung gesehen hat. Dies könnte auf eine Wesentlichkeit dieser Vorschrift schließen lassen. Die Beantwortung dieser Frage ist für die Bankenpraxis von erheblicher Bedeutung, da die Kreditinstitute bei der Gestaltung der Kreditverträge einer verläßlichen Kalkulationsgrundlage bedürfen. Die Gefahr der vorzeitigen Tilgung durch den Kreditnehmer ohne die Möglichkeit der Geltendmachung eines Zinsausfallschadens kann insbesondere bei Anbruch einer Niedrigzinsphase beachtlich sein. Da eine Klärung dieser Frage durch die Gerichte bislang noch nicht erfolgt ist, verhalten sich viele Kreditinstitute bei der Vertragsgestaltung vorsichtig. So wird häufig von

---

49 So aber Dědič-Liška, § 497 tHGB S. 986 und Štenglová/Plíva/Tomsa - Plíva, § 499 tHGB.

50 Aufgrund der dadurch gegebenen vielseitigen Gestaltungsmöglichkeiten wurden in der Praxis eine Vielzahl von verschiedenen Vertragstypen entwickelt, vgl. die beschreibende Darstellung bei Marčanová, Obchodní právo 11/1994, S. 12 ff. sowie Guoth, Právo a podnikání 10/1996, S. 24 ff. Im wesentlichen sind die in der Tschechischen Republik verwendeten Vertragsmodelle mit den in Deutschland verwendeten hinsichtlich ihrer Klassifizierung nach Vertragstyp und Laufzeit vergleichbar.

51 Siehe die Regelungen der §§ 39 und 51 tBGB sowie § 265 tHGB.

dem vertraglichen Ausschluß einer vorzeitigen Tilgung mit Rücksicht auf § 503 Abs. 3 tHGB abgesehen. Stattdessen wird der Kreditnehmer im Falle der vorzeitigen Tilgung zur Tragung des Refinanzierungsschadens verpflichtet. Eine solche Vereinbarung einer Vorfälligkeitsentschädigung für den Fall vorzeitiger Tilgung mündet in wirtschaftlicher Hinsicht freilich in ein ähnliches Ergebnis wie der Ausschluß der Möglichkeit der vorzeitigen Tilgung.

Richtigerweise sollte die Vorschrift des § 503 Abs. 3 tHGB als dispositive Regelung angesehen werden[52]. Andernfalls hätte der Gesetzgeber die Regelung in § 263 tHGB als zwingend aufzählen müssen. Zudem kann bei einer Abwägung der beteiligten Interessen zumindest bei Abwesenheit weiterer Umstände nicht von einer Sittenwidrigkeit bei Ausschluß der vorzeitigen Tilgung gesprochen werden. Insbesondere den Hypothekenbanken ist ein besonderes Schutzbedürfnis an einer festen Vertragsdauer zuzugestehen, da ihre Refinanzierung auf den von ihnen ausgestellten Hypothekenpfandbriefen mit fester Laufzeit und festem Zinssatz beruht[53].

2. *Übersicherung*

Im deutschen Recht ist anerkannt, daß die Verpflichtung zur Bestellung von überhöhten Sicherheitsleistungen unter Umständen zur Sittenwidrigkeit und damit Nichtigkeit des Rechtsgeschäfts führen kann. Insbesondere war dies im Falle der formularmäßigen Sicherungsübereignung eines Warenlagers mit wechselndem Bestand ohne Freigabeklausel[54] oder einer Globalzession ohne Freigabeklausel anerkannt[55]. Im tschechischen Recht sind solche Überlegungen bislang weder von der Rechtsprechung noch

---

52 So auch ausdrücklich - wenn auch leider ohne nähere Begründung - Štenglová/Plíva/Tomsa - Tomsa zu § 503 tHGB. Demnach werden auch ausdrücklich die Vereinbarung einer Vorfälligkeitsentschädigung oder anderer für den Schuldner ungünstige Folgen für den Fall der vorzeitigen Tilgung als zulässig erachtet.

53 Hierbei handelt es sich auch nach deutschem Recht um eine hochaktuelle Frage, wie die Rechtsprechung zur Vorfälligkeitsentschädigung verdeutlicht, vgl. OLG Düsseldorf, ZIP 1997, S. 500 f.; OLG Schleswig ZIP 1997, S. 501 ff. sowie die Vorankündigung des BGH-Urteils vom 1.7.1997 in ZIP 1997, A 55.

54 BGHZ 117, 374.

55 U.a. BGHZ 98, 303; 94, 105; freilich erfolgt in der deutschen Praxis eine derartige Inhaltskontrolle in Regel vor dem Hintergrund der Anwendbarkeit des AGBG, da die streitgegenständlichen Klauseln regelmäßig im Rahmen von Allgemeinen Geschäftsbedingungen verwendet werden. Hier ist die Rechtsprechung allerdings in dogmatischer Hinsicht im Fluß, vgl. die umfassende Darstellung bei Canaris, ZIP 1996, S. 1109 ff. sowie BGH GS, ZIP 1998, S. 235 ff.

von der wissenschaftlichen Literatur geäußert worden. Es ist jedoch abzusehen, daß mit fortschreitender Entwicklung der Rechtsordnung entsprechende Fragestellungen aufgeworfen werden. Es ist daher zu vermuten, daß im tschechischen Recht ebenfalls Kriterien wie Knebelung des Kreditnehmers und willentliche Benachteiligung anderer Gläubiger entwickelt werden, um die Generalklausel des § 39 tBGB und § 265 tHGB zu konkretisieren und dem Grundsatz der Vertragsfreiheit schärfere Konturen zu geben.

3. *Wucher*

Eine weitere wichtige Frage im Rahmen der Vertragsfreiheit im Hinblick auf die Kreditgewährung betrifft die zulässige Höhe der vereinbarten Zinsen. Nach deutschem Recht erfordert der Tatbestand des Wuchers nach § 138 Abs. 2 BGB ein auffälliges Mißverhältnis zwischen Leistung und Gegenleistung sowie die Ausbeutung besonderer Schwächen des Vertragspartners. Die Rechtsprechung hat anhand einer Vielzahl von verschiedenen Kreditvertragsgestaltungen die Maßstäbe gesetzt, unter welchen Umständen ein vereinbarter Zinssatz als wucherisch anzusehen ist[56]. Rechtsfolge bei Bejahung der Voraussetzungen des Wuchers ist die Nichtigkeit des gesamten Darlehensvertrages nach § 138 Abs.1 BGB. Darlehensnehmer und Darlehensgeber können die einander gewährten Leistungen nach Bereicherungsrecht zurückverlangen[57].

In der tschechischen Rechtsordnung haben sich bislang noch keine Kriterien aufgrund von Gerichtsurteilen herausgebildet, unter welchen Umständen ein vereinbarter Zinssatz als wucherisch anzusehen ist. Es ist jedoch allgemein anerkannt, daß ein überhöhter Zinssatz unter Umständen wegen Verstoßes gegen die guten Sitten bzw. des Grundsatzes ehrbarer Handelsbräuche keinen rechtlichen Schutz genießt[58].

Es liegt indes eine Entscheidung des Kreisgerichts Hradec Králové[59] zur Sittenwidrigkeit einer vereinbarten Vertragsstrafe vor. In dem zur

---

56 Siehe Weber, Kreditsicherheiten S. 19 ff. mit weiteren Nachweisen.

57 Vgl. hierzu Palandt-Heinrichs § 138 Rn 75 sowie Staudinger-Sack § 138 Rn 122 mit weiteren Nachweisen. Es wurde höchstricherlich - BGHZ 44, 162; 68, 207 sowie NJW 58, 1772 - ausdrücklich entschieden, daß eine Aufrechterhaltung des Geschäfts mit einer angemessenen Gegenleistung nicht möglich ist.

58 Štenglová/Plíva/Tomsa - Tomsa zu § 502 sowie ausdrücklich Kopáč, Obchodní Kontrakty S. 112, demzufolge Zinsen nicht einklagbar sind, soweit sie die handelsüblichen Zinssätze übersteigen (§ 265 tHGB).

59 Entscheidung des Kreisgerichts Hradec Králové vom 24.5.1995, Az 15 Co 126/94, veröffentlicht in Soudní rozhledy 5/1996, S. 119 f.

Entscheidung stehenden Sachverhalt hatten die Parteien ein Darlehen in Höhe von 30.000,- CZK vereinbart. Im Falle des Verzuges mit der Rückzahlung sollte der Darlehensnehmer verpflichtet sein, eine Vertragsstrafe in Höhe von 10.000,- CZK für jeden angefangenen Verzugsmonat zu zahlen. Das Kreisgericht bestätigte die erstinstanzliche Entscheidung, wonach das Zahlungsbegehren des Klägers als Verstoß gegen die guten Sitten anzusehen sei. Die Begründung beschränkt sich allerdings darauf, ein Mißverhältnis zwischen der Darlehenssumme und der vereinbarten Vertragsstrafe festzustellen, ohne weitere Wertungskriterien offenzulegen[60]. Dennoch kann diese Entscheidung als Beispiel dafür angeführt werden, daß eine Angemessenheitsprüfung von den tschechischen Gerichten durchgeführt wird und auch hinsichtlich der zulässigen Höhe von Zinsen mit einer gerichtlichen Nachprüfung gerechnet werden muß.

Interessant ist jedoch, daß sich das tschechische Recht im Hinblick auf die Rechtsfolge stark vom deutschen Recht unterscheidet. So stellt § 502 tHGB ausdrücklich fest, daß der Kreditnehmer nur zur Zahlung der höchstens zulässigen Zinsen verpflichtet ist, wenn die Parteien eine gesetzlich unzulässige Zinshöhe vereinbart haben[61]. Im Gegensatz zum deutschen Recht, welches die sogenannte "geltungserhaltende Reduktion" - zumindest grundsätzlich[62] - ablehnt, wird diese in der tschechischen Rechtsordnung sogar ausdrücklich gesetzlich vorgeschrieben. Gegen eine solche Regelung läßt sich insbesondere anführen, daß der Wucherer auf diese Weise nicht mehr dem wirtschaftlichen Risiko unterliegt, welches in der vom Gesetz im übrigen angedrohten Nichtigkeitsfolge besteht. Andererseits muß berücksichtigt werden, daß die Kreditinstitute in der Regel ohnehin nur mit wirtschaftlich angemessenen Bedingungen arbeiten können, wenn sie am Markt bestehen wollen. Allerdings schließt diese pragmatische Überlegung die Gefahr eines abweichenden Einzelfalles nicht aus. Dann wäre der Kreditnehmer weiterhin an den Vertrag mit dem Wucherer gebunden, und dieser ginge - abgesehen von einer eventuellen Rufschädigung - kein wirtschaftliches Risiko ein. Insofern ist die in § 502 Abs. 1 S. 3 enthaltene gesetzliche Regelung als unbillig anzusehen[63].

---

60 Die gerichtliche Überprüfung der Angemessenheit einer Vertragsstrafe ist in § 301 tHGB ausdrücklich vorgesehen.

61 Bestätigend Marek, Právní praxe v podnikání 7-8/1996, S. 32 ff.

62 So die h.M.; ausführlich Staudinger-Sack § 138 Rn 122 ff., der sich in Rn 134 für eine geltungserhaltende Reduktion der Entgeltvereinbarung ausspricht.

63 Diese Unbilligkeit wird jedoch weder von Štenglová/Pliva/Tomsa - Plíva in der Kommentierung zu § 502 tHGB noch von Marek in Právní praxe v podnikání 7-8/1996, S. 32 ff. angesprochen.

IV. Verbraucherschutz

Eine eigenständige Regelung des Verbraucherschutzes im Rahmen von Kreditverträgen kennt die tschechische Rechtsordnung bislang nicht[64]. Insbesondere hat die EG-Richtlinie über den Schutz des Verbrauchers bei Krediten[65] noch keine Auswirkung auf die materielle Rechtsordnung gehabt[66]. Im Gegensatz zu den Mitgliedstaaten der EU ist die Tschechische Republik als lediglich assoziierter Staat grundsätzlich nicht zur fristgerechten Umsetzung von Richtlinien verpflichtet[67]. Insbesondere ergibt sich die Pflicht zur fristgerechten Umsetzung auch nicht aus dem Assoziierungsabkommen zwischen der Europäischen Union und der Tschechischen Republik[68]. Gemäß Art. 69 Satz 2 des Assoziierungsabkommens wird sich die Tschechische Republik jedoch darum bemühen, ihre Rechtsvorschriften schrittweise dem Gemeinschaftsrecht vereinbar anzupassen. Art. 70 des Europa-Abkommens erwähnt den Verbraucherschutz ausdrücklich als einen jener Bereiche, die von der Angleichung der Rechtsvorschriften vorrangig erfaßt werden sollen.

Sowohl aus inhaltlichen wie auch aus beitrittsbedingten Gründen besteht daher für den tschechischen Gesetzgeber Regelungsbedarf. Gesetzgeberischer Zweck der Verbraucherkreditrichtlinie war zum einen die Schaffung eines einheitlichen europäischen Verbraucherkreditmarktes, zum anderen die Gewährleistung eines hohen Niveaus des Verbraucherschutzes[69]. Aufgrund des Beitrittswunsches ist die Tschechische Republik daher bereits im Hinblick auf die Schaffung eines einheitlichen Verbraucherkreditmarktes zum Erlaß entsprechender Regelungen verpflichtet. Daneben ergibt sich selbstverständlich auch aus Verbraucherschutzgründen ein erheblicher Handlungsbedarf, da die Gesichtspunkte des Verbraucherschutzes in der tschechischen Gesetzgebung auf den meisten Rechtsgebieten bislang kaum Berücksichtigung gefunden haben[70]. Mit der Umsetzung der Verbraucherkreditrichtlinie durch den

---

64 Zur Frage des Verbraucherschutzes im Rahmen von allgemeinen Geschäftsbedingungen vgl. die folgenden Ausführungen unter B.

65 Richtlinie 87/102 EG, Amtsblatt der Europäischen Gemeinschaften Nr. L 42 vom 12.02.1987, S. 48 ff.

66 Ein dem deutschen Verbraucherkreditgesetz vom 17. Dezember 1990 entsprechendes Regelwerk existiert in der tschechischen Rechtsordnung bisher nicht.

67 Vgl. die Darstellung bei Wefing, WiRO 1995, S. 451 ff., 452.

68 Amtsblatt der Europäischen Gemeinschaften Nr. L 360 vom 31.12.1994, S. 2 ff.

69 Ausführlich hierzu Graf von Westphalen, Verbraucherkreditgesetz Einl. Rn 24.

70 Vgl. hierzu z.B. die obigen Ausführungen zu den Bestimmungen in §§ 499 und 502 Abs. 1 S. 3 tHGB.

tschechischen Gesetzgeber kann daher in den nächsten Jahren gerechnet werden[71]. Eine als Arbeitsgrundlage dienende offizielle Übersetzung in die tschechische Sprache existiert bereits. Da die genannten Richtlinien allerdings nur eine Minimalharmonisierung vorgeben und dem nationalen Gesetzgeber einen erheblichen gestalterischen Spielraum offenlassen, kann der tschechische Gesetzgeber zunächst die Auswirkungen der Gesetzgebungen der Mitgliedstaaten[72] beobachten[73], bevor er eine eigene Entscheidung trifft.

V. Verwendung von Allgemeinen Geschäftsbedingungen

Die im westeuropäischen Wirtschaftsverkehr durchweg in allgemeinen Geschäftsbedingungen[74] verwendeten Formularklauseln haben in der allgemeinen Praxis der ČR noch keinen vergleichbaren Bedeutungsgrad erreicht. Dennoch werden allgemeine Geschäftsbedingungen sowohl von den auf dem tschechischen Markt tätigen Kreditinstituten[75] als auch in anderen Unternehmenssparten verwendet[76]. Es besteht auch eine einheitliche und zwischen der Tschechischen Nationalbank und den beteiligten Kreditinstituten abgestimmte Fassung von AGB[77].

Der Gebrauch von allgemeinen Geschäftsbedingungen wird bereits vom Gesetzgeber in § 273 tHGB ausdrücklich vorgesehen. Demnach werden zwei Arten von allgemeinen Geschäftsbedingungen unterschieden. Zum

---

71. Dies wurde durch das tschechische Wirtschaftsministerium auf Anfrage bestätigt. Verläßlichere Auskünfte sind derzeit nicht zu erhalten.

72 Rechtsvergleichend hierzu Graf von Westphalen, Verbraucherkreditgesetz Einl. Rn 37 ff.

73 So die Darstellung von Tomášek in Právní rádce 4/1996, S. 3 f. Dies läßt freilich darauf schließen, daß es der tschechische Gesetzgeber mit einer Umsetzung nicht sonderlich eilig haben könnte.

74 Vgl. hierzu die ausführliche Darstellung zum tschechischen Recht bei Wefing, WiRO 1995, S. 451 ff.

75 Vgl. hierzu auch Štenglová/Plíva/Tomsa - Plíva zu § 497 tHGB. Lediglich der Information halber ist dieser Abhandlung als Anlage 1 eine deutsche Übersetzung der von der KB verwendeten Kredit-AGB beigfügt. Es handelt sich um eine inoffizielle Übersetzung durch den Verfasser.

76 Die in Deutschland übliche Verbreitung, wo geradezu jeder Unternehmer über eigene (Verkaufs-) Bedingungen verfügt, haben allgemeine Geschäftsbedingungen in der Tschechischen Republik jedoch bei weitem nicht erreicht. Im Rahmen der Versicherungs- und Leasingwirtschaft sind AGB jedoch auch in der ČR gängig.

77 Diese AGB sind in Věstník ČNB (Mitteilungen der Tschechischen Nationalbank) Nr. 22/1994 veröffentlicht und regeln die Grundsätze der Führung von Kundenkonten sowie die Durchführung des Zahlungsverkehrs und des Buchungswesens durch die Banken. Vgl. hierzu auch die Darstellung bei Marek, Právní rádce 1/1996, S. 10 ff.

einen gibt es solche Bedingungen, die von Fach- oder Interessensorganisationen ausgearbeitet worden sind[78]. Zum anderen werden schlicht sonstige Bedingungen erwähnt, zu denen die hier interessierenden Verwenderklauseln zu rechnen sind[79]. Erstere werden durch bloßen Verweis Vertragsinhalt, letztere müssen den Vertragsparteien bekannt sein oder dem Vertragsangebot beigefügt werden, um Vertragsinhalt zu werden[80]. Weitere gesetzliche Regelungen über Inhaltskontrolle, Angemessenheitsprüfung, überraschende Klauseln etc. bestehen nicht. Eine Inhaltsprüfung kann daher allenfalls über die Generalklauseln der § 39 tBGB und § 265 tHGB erfolgen[81]. Dies ist indes bislang zumindest entsprechend der verfügbaren Rechtsprechung und Literatur nicht geschehen[82]. Als Ansatzpunkt für eine Unklarheitenregel[83] könnte indes § 266 Abs. 4 tHGB dienen[84]. Demzufolge gehen Zweifel bei der Auslegung einer Willenserklärung zu Lasten jener Partei, die den strittigen Begriff während der Vertragsverhandlungen als erste verwandt hat. Es ist gut vorstellbar, daß diese Bestimmung auch analoge Anwendungen auf Zweifel findet, die nicht lediglich auf einem verwendeten Begriff beruhen, sondern aus dem Zusammenhang der getroffenen Abrede stammen[85]. Abweichende Individualvereinbarungen gehen den Bestimmungen der allgemeinen Geschäftsbedingungen vor[86].

Es bleibt festzustellen, daß die derzeitige Ausgestaltung des AGB-Rechts weder den Erfordernissen der Praxis noch den Mindestanforderungen des

---

78 § 273 Abs. 1 1. Alternative tHGB ; Beispiele für derartige Bedingungen werden in der Kommentarliteratur jedoch nicht gegeben, vgl. Štenglová/Plíva/Tomsa - Tomsa zu § 273 tHGB; Dědič-Švarc zu § 273 tHGB S. 794.

79 § 273 Abs.1 2. Alternative tHGB.

80 § 273 Abs. 1 tHGB am Ende.

81 So zutreffend Wefing, WiRO 1995, S. 451 ff., 454 und Munková, VII. Karlsbader Juristentage, S. 87 ff., 88.

82 Dies hat auch Wefing, WiRO 1995, S. 451 ff.,456 festgestellt. Die Möglichkeit der einseitigen Ausgestaltung von Vertragsverhältnissen durch den Verwender von AGB und die damit verbundene Benachteiligung der schwächeren Vertragspartei werden jedoch zunehmend in der Literatur erörtert, vgl. Kopáč, Obchodní Kontrakty S. 112 und Munková, VII. Karlsbader Juristentage, S. 87 ff., 87.

83 In Entsprechung zu dem auf dem Transparenzgebot beruhenden § 5 AGBG, vgl. auch Ulmer in Ulmer/Brandner/Hensen AGBG § 9 Rn 87 ff.

84 Vgl. Wefing, WiRO 1995, S. 451 ff., 454.

85 Gedankliche Ansatzpunkte für eine derartige analoge Anwendung finden sich in der Kommentarliteratur freilich nicht, vgl. Štenglová/Plíva/Tomsa - Tomsa zu § 266 tHGB.

86 Dies bestimmt ausdrücklich § 273 Abs. 2 tHGB. Die Rechtslage stimmt insoweit mit der deutschen Rechtslage überein, § 4 AGBG.

Gemeinschaftsrechts[87] entspricht. Vielmehr wird an dem Postulat des § 2 Abs. 2 tBGB festgehalten, demzufolge die Parteien in privatrechtlichen Beziehungen die gleiche Stellung innehaben. Die in der Praxis oft wesentlich unterschiedlichen Machtverhältnisse der Vertragsparteien sind nicht ausreichend berücksichtigt worden[88]. Es ist daher dringend erforderlich, daß Gesetzgeber - oder während einer Zeit des Übergangs zumindest Rechtsprechung und Literatur - sich dieses wichtigen Rechtsgebiets annehmen.

B. Eigentum als dingliches Vollrecht

I. Einführung

1. Die verfassungsrechtliche Ausgestaltung des Eigentums

Die tschechische Verfassung[89] enthält keinen dem Grundgesetz entsprechenden Grundrechtskatalog. Gemäß Art. 3 tVerfassung ist jedoch die ebenfalls am 16.12.1992 verkündete Charta der Grundrechte und Freiheiten[90] Bestandteil der verfassungsmäßigen Ordnung der Tschechischen Republik. In Art. 11 Abs. 1 der Charta ist das allgemeine Menschenrecht auf Eigentum verankert. Demnach hat jeder das Recht auf Eigentum und alle Eigentümer genießen die gleichen Rechte und den gleichen Schutz. Diese Bestimmung beseitigt[91] die durch die sozialistische Rechtsordnung aufgestellte Rangordnung verschiedener Kategorien von Eigentum wie staatliches, genossenschaftliches[92] und persönliches

---

87 Hier ist insbesondere die Richtlinie 93/13/EWG des Rates vom 5. April 1993 zu nennen, abgedruckt in Amtsblatt der Europäischen Gemeinschaften Nr. L 95 vom 21.04.1993, S. 29 ff.

88 Vgl. auch Wefing, WiRO 1995, S. 451 ff., 451.

89 Ústava České republiky ze dne 16. prosince 1992 č. 1/1993 Sb. (Verfassung der Tschechischen Republik vom 16. Dezember 1992, Nr. 1/1993 Slg.), im folgenden „tVerfassung".

90 Usnesení předsednictva České národní rady o vyhlášení LISTINY ZÁKLADNÍCH PRÁV A SVOBOD jako součásti ústavního pořádku České republiky ze dne 16. prosince 1992, č. 2/1993 Sb. (Beschluß des Vorstands des Tschechischen Nationalrats über die Verkündung der CHARTA DER GRUNDRECHTE UND FREIHEITEN als Bestandteil der verfassungsrechtlichen Ordnung der Tschechischen Republik vom 16. Dezember 1992, Nr. 2/1993 Slg.) im folgenden „Charta".

91 Bičovský/Holub zu § 123 tBGB.

92 Staatliches und genossenschaftliches Eigentum wurden nach der damaligen Lehre unter dem Oberbegriff „sozialistisches Eigentum" zusammengefaßt, vgl. Bičovský/Holub zu § 124 tBGB.

Eigentum[93]. Eine Beschränkung des in Art. 11 Abs. 1 der Charta gewährten Rechts auf Eigentum wird durch die in Art. 11 Abs. 3 der Charta enthaltene Sozialbindungsklausel vorgenommen. Diese knüpft in ihrem Wortlaut an die im deutschen Verfassungsrecht entwickelte Formel "Eigentum verpflichtet" an[94] und enthält weitere Konkretisierungen. Sie hat folgenden Wortlaut:

> *„Eigentum verpflichtet. Es darf nicht zum Nachteil von Rechten anderer oder im Widerspruch zu den gesetzlich geschützten allgemeinen Interessen ausgeübt werden. Seine Ausübung darf die menschliche Gesundheit, die Natur und die Umwelt nicht über das gesetzlich bestimmte Maß hinaus beschädigen."*[95]

2. *Die zivilrechtliche Ausgestaltung des Eigentums*

Das Eigentum findet bereits in § 1 Abs. 1 des tBGB und somit an programmatisch exponierter[96] Stelle Erwähnung. Dieser Bestimmung zufolge trägt die Ausgestaltung der bürgerlich-rechtlichen Beziehungen zur Ausfüllung der bürgerlichen Rechte und Freiheiten bei, insbesondere zum Schutz der Persönlichkeit und der Unantastbarkeit des Eigentums. Die eigentliche rechtliche Ausgestaltung des Eigentums als umfassendes Sachenrecht erfolgt im ersten Abschnitt des zweiten Buches des tBGB, welches die Sachenrechte regelt. Inhalt des Eigentumsrechts ist gem. § 123 tBGB die Berechtigung des Eigentümers, innerhalb der gesetzlichen Grenzen den Eigentumsgegenstand zu besitzen, zu benutzen, seine Früchte und Nutzungen zu ziehen sowie über den Gegenstand zu verfügen. Dem Eigentümer wird durch § 126 Abs. 1 tBGB Schutz vor unberechtigter Beeinträchtigung gewährt, insbesondere kann er von jedem, der ihm sein Eigentum unberechtigt vorenthält, Herausgabe verlangen. Der heute geltende Eigentumsbegriff entspricht daher im wesentlichen dem deutschen Begriff des Eigentums in § 903 BGB.

II. Eigentumserwerb

Gem § 132 tBGB kann das Eigentum an einer Sache durch Kauf-, Schenkungs- oder einen anderen Vertrag, durch Erbschaft, Entscheidung

---

93 Zur Geschichte der Grundrechte und der Entwicklung des Eigentumsbegriffs vgl. Köhne, Osteuropa Recht 1/1996, S. 48 ff. sowie Bohata, Jahrbuch für Ostrecht S. 335 ff.

94 Vgl. Knapp-Švestka, Občanské právo hmotné, S. 205.

95 Zu den Kategorien von Eigentumsbeschränkungen vgl. auch die - rudimentären - Ausführungen von Bičovský/Holub, § 124 tBGB.

96 So die zutreffende Formulierung von Köhne, Osteuropa Recht 1/1996, S. 48 ff., 52.

eines staatlichen Organs oder auf Grund anderer durch das Gesetz bestimmter Umstände erworben werden. In systematischer Hinsicht[97] lassen sich die Formen des Eigentumserwerbs daher in vier Kategorien einteilen.

1. Die rechtsgeschäftliche Eigentumsübertragung

Der Erwerb des Eigentums durch ein Rechtssubjekt von einem anderen Rechtssubjekt ist sowohl in der Praxis als auch insbesondere für die vorliegende Untersuchung von hervorgehobener Bedeutung. Im Gegensatz zum deutschen Recht wird der abgeleitete Eigentumserwerb nicht durch das Abstraktions- und Trennungsprinzip[98] beherrscht.

Das Trennungsprinzip besagt, daß die dingliche Rechtslage durch ein bloßes Verpflichtungs- (Kausal-) Geschäft nicht verändert wird, sondern daß es hierzu eines Verfügungsgeschäftes bedarf. Dem Abstraktionsprinzip zufolge hängt die Wirksamkeit des Verfügungsgeschäfts allein vom Vorliegen seiner Voraussetzungen ab, ein wirksames Verpflichtungsgeschäft ist dagegen nicht erforderlich. Freilich würde nach deutschem Recht eine wirksame Verfügung über einen Gegenstand oder ein Recht bei nichtigem oder anfechtbarem zugrundeliegenden Verpflichtungsgeschäft, etwa einem Kaufvertrag, die Kondizierbarkeit des Rechtes bzw. Gegenstandes zur Folge haben.

Im tschechischen Recht gilt dagegen das in § 132 Abs. 1 und § 133 tBGB verankerte Traditionsprinzip[99]. Demzufolge ist zur Übertragung des Eigentums an einer beweglichen Sache neben einem gültigen Verpflichtungsgeschäft lediglich die Übergabe (traditio) dieser Sache an den Erwerber erforderlich. Als regelmäßiger Zeitpunkt der Eigentumsübertragung gilt der Moment der Übergabe der Sache an den Erwerber[100]. Gemäß § 133 Abs. 1 tBGB kann der Eigentumserwerb an einer beweglichen Sache durch die Parteien vertraglich auch abweichend geregelt werden. Eine traditio wäre in diesem Falle daher - abweichend vom Grundsatz - nicht mehr erforderlich. Der Eigentumsübergang würde daher schon auf der Grundlage eines verpflichtend-verfügenden Vertrages erfolgen[101]. Durch das Traditionsprinzip wird indes eine theoretische Unter-

---

97 Die folgende Gliederung orientiert sich an der gesetzlichen Aufzählung in § 132 tBGB.

98 Vgl. statt vieler MünchKomm-Quack, Einl zu §§ 854 ff., Rn 34 ff.

99 Daubner, Právní rozhledy 6/1994, S. 189 ff., 189, ebenso Sauer, RIW 1996, S. 646 ff., 647.

100 § 133 Abs. 1 tBGB.

101 Insoweit würde die Eigentumsverschaffung dem im französischen Recht bekannten Vertragsprinzip entsprechen, vgl. Art. 1138 Abs. 2 Code Civil.

scheidung in Verpflichtungs- und Verfügungsgeschäft nicht ausgeschlossen[102]. Die schuldrechtliche Einigung bringt die Einigung über die Eigentumsübertragung allerdings in der Regel bereits mit sich. Als Ausnahme von dieser Regel kennt das tschechische Recht in § 601 tBGB und § 445 tHGB die Vereinbarung eines Eigentumsvorbehalts im Falle eines Kaufvertrages über eine bewegliche Sache. Demnach kann vereinbart werden, daß das Eigentum an der verkauften beweglichen Sache erst nach Zahlung des Kaufpreises auf den Käufer übergehen soll. Ein solcher Eigentumsübergang kann dogmatisch entweder als aufschiebende Bedingung des verpflichtend-verfügenden Vertrages oder aber als isolierter Verfügungsvertrag eingeordnet werden.

Die gängige rechtswissenschaftliche Literatur unterscheidet indes zumindest nicht ausdrücklich zwischen Verpflichtungs- und Verfügungsgeschäften[103]. Unter Anwendung einer aufschiebenden Bedingung lassen sich jedoch ähnliche Ergebnisse erzielen. Die rechtsgeschäftliche Übertragung von Eigentum an Liegenschaften[104] unterliegt den gleichen Grundsätzen. Anstelle der bei beweglichen Sachen vorgesehenen Übergabe ist dagegen die Eintragung des Erwerbers in das Liegenschaftskataster erforderlich[105].

Ferner bedarf ein Liegenschaftskaufvertrag der Schriftform[106]. Für die Beurteilung von Eigentumsverhältnissen ist angesichts des im tschechischen Recht herrschenden Traditionsprinzips besonders sorgfältig auf die Einhaltung der gesetzlichen Formvorschriften für die jeweiligen schuldrechtlichen Verträge zu achten. Ein wegen Formmangels unwirksamer Vertrag schließt einen Eigentumsübergang aus[107].

---

102 Daubner, WiRO 1994, S. 417 ff.

103 Vgl. Bičovský/Holub zu § 601 tBGB und Štenglová/Plíva/Tomsa - Tomsa zu § 445 tHGB.

104 Der Erwerb von Liegenschaften durch Ausländer ist allerdings - wie in den meisten mittel- und osteuropäischen Reformländern - nur beschränkt möglich, § 17 des tschechischen Devisengesetzes (Devizový zákon ze dne 26. září 1995, č. 219/1995). Vgl. hierzu die ausführliche Darstellung bei Köhne, Osteuropa Rechts 1/1996, S. 48 ff., 74 ff.

105 Dies ergibt sich aus § 133 Abs. 2 tBGB. Noch bis ins Jahr 1991 wurde das Eigentum bereits aufgrund eines Vertrages zwischen den Parteien übertragen. Zur Wirksamkeit des Vertrages war allerdings die Registrierung beim staatlichen Notariat erforderlich, vgl. § 133 Abs. 2 tBGB alter Fassung. Vgl. im übrigen auch die beschreibenden Darstellungen zum Liegenschaftskauf bei Kozel, Právní rádce 7/1996, S. 15 f. sowie Jindřich, Právni rádce 12/1994, S. 48 f.

106 § 46 Abs. 1 tBGB.

107 Das ergibt sich aus § 40 Abs. 1 tBGB.

2. *Eigentumserwerb durch Erbschaft*

Ebenso wie das deutsche Recht gestaltet das tschechische Recht den Erbfall in § 460 tBGB als Universalsukzession[108]. Demzufolge geht die Hinterlassenschaft des Erblassers einschließlich der zum Nachlaß gehörenden Liegenschaften im Moment des Todes des Erblassers auf die Erben über. Eines weiteren Rechtsaktes bedarf es nicht[109].

3. *Eigentumserwerb kraft Staatsaktes*

Verschiedene Formen des Eigentumsüberganges kraft Staatsaktes sind denkbar[110]. So kommen die Enteignung[111], der Zuschlag bei einer öffentlichen Zwangsversteigerung (§§ 251 ff., 321 ff. tZPO) sowie die gerichtliche Entscheidung darüber in Betracht, wem bei Errichtung eines Gebäudes auf einem fremden Grundstück (§ 135c Abs. 2 tBGB) oder bei Verarbeitung einer fremden Sache (§ 135b Abs. 1 tBGB)[112] das Eigentum zusteht. Auch die Entscheidung über die Trennung von Miteigentum nach § 142 Abs. 1 tBGB ist hierher zu zählen.

4. *Eigentumserwerb auf sonstige Art und Weise*

Zu dem in § 132 tBGB angesprochenen Eigentumserwerb auf Grund anderer als im Gesetz aufgeführter Tatsachen kann u.a. der originäre Eigentumserwerb gezählt werden[113].

Nach tschechischem Recht kann ein originärer Eigentumserwerb durch Ersitzung (§ 134 tBGB), Fund einer verlorenen Sache (§ 135 tBGB) oder

---

108 Vgl. Bičovský/Holub, § 460 tBGB.

109 Vgl. die ausführliche Darstellung bei Köhne, Osteuropa Recht 1/1996, S. 48 ff., 59.

110 Wiederum ausführlich Köhne, Osteuropa Recht 1/1996, S. 48 ff., 60 f.

111 Vgl. Jehlička/Švestka/Škárová/Vodička-Jehlička, § 132 Rn 3 sowie §§ 108-116 des Baugesetzes (Zákon o územním plánování a stavebním řádu ze dne 27. dubna 1976, č. 50/1976 Sb. (Gesetz über die Bebauungsplanung und die Bauordnung vom 27. April 1976, Nr. 50/1976 Slg.) im folgenden „tBauG".

112 Interessanterweise setzt der Eigentumserwerb durch Verarbeitung nach tschechischem Recht die Gutgläubigkeit des Verarbeitenden voraus.

113 So auch Bičovský/Holub § 132 tBGB sowie ausführlich Köhne, Osteuropa Recht 1/96 S. 48 ff., 58 f.

durch gutgläubige Verarbeitung einer fremden Sache[114] stattfinden[115]. Interessant sind hier die im Vergleich zum deutschen Recht[116] kurzen Ersitzungszeiten, die gemäß § 134 Abs. 1 tBGB bei beweglichen Sachen drei und bei unbeweglichen Sachen zehn Jahre betragen. Dies hängt freilich mit der nur eingeschränkt gegebenen Möglichkeit des gutgläubigen Erwerbs im tschechischen Recht zusammen[117].

III. Gutgläubiger Erwerb

Das tschechische Sachenrecht beruht auf dem römisch-rechtlichen Grundsatz: "nemo plus iuris ad alium transferre potest quam ipse habet"[118]. Durch eine besonders strenge Ausformung dieses Grundsatzes sieht das tschechische Recht einen gutgläubigen Erwerb vom Nichtberechtigten grundsätzlich nicht vor[119]. Von diesem Grundsatz existieren lediglich wenige Ausnahmen[120]:

Die Vorschriften über den Handelskauf lassen in § 446 tHGB den gutgläubigen Erwerb zu[121]. Dieser Vorschrift nach erwirbt der Käufer von einem nichtberechtigten Verkäufer das Eigentum an der verkauften Sache, es sei denn, er wußte zu dem Zeitpunkt, in dem er das Eigentum erwerben sollte, daß der Verkäufer nicht Eigentümer der Sache und nicht ver-

---

114 § 135b tBGB; der Unterschied zu dem Eigentumserwerb durch Verarbeitung kraft Staatsaktes (oben Ziffer 3) ergibt sich aus der Tatsache, daß das Gericht nur zu einer Entscheidung befugt ist, wenn Streit zwischen den Parteien besteht, wessen Anteil an der neuen Sache größer ist.

115 A.A. wohl Bičovský/Holub, § 132 tBGB, wonach originäres Eigentum nur an einer neuen Sache erworben werden könne, die bisher nicht im Eigentum eines anderen stand. Diese Definition erscheint indes zu eng. Auch nach deutschem Recht wäre etwa die Ersitzung als originärer Eigentumserwerb aufzufassen, vgl. MünchKomm-Quack § 937 Rn 20.

116 Im deutschen Recht betragen die Ersitzungszeiten zehn Jahre bei Fahrnis (§ 937 Abs. 1 BGB) und dreißig Jahre bei Grundstücken (§ 900 Abs. 1 BGB).

117 Siehe hierzu die folgenden Ausführungen unter Ziffer III.

118 Daubner/Munková, Právní rozhledy 4/1993, S. 117 ff.

119 Daubner hat bereits in Právní rozhledy 6/1994, S. 189 ff., 192 die Einführung eines allgemein ausgestalteten gutgläubigen Erwerbes angemahnt.

120 Eine weitere, allerdings wenig praxisrelevante Ausnahme bildet § 486 tBGB, der den gutgläubigen Erwerb von Nachlaßgegenständen regelt.

121 Siehe eingehend und kritisch zur gesetzlichen Ausgestaltung Jähnke, WiRO 1997, S. 333 ff.

fügungsberechtigt war[122]. Des weiteren sieht auch das Recht der Liegenschaften in § 11 des Gesetzes über die Eintragung des Eigentums- und anderer Sachenrechte an Liegenschaften[123] einen öffentlichen Glauben des Liegenschaftskatasters vor. § 11 tLiegenschaftsEintrG bestimmt folgendes:

> *„Derjenige, der von einer Eintragung im Kataster, die nach dem Inkrafttreten dieses Gesetzes vorgenommen wurde, ausgeht, ist gutgläubig bezüglich der Tatsache, daß der Zustand des Katasters dem wirklichen Zustand der Sache entspricht."*

Vorwiegend in der deutschsprachigen rechtswissenschaftlichen Literatur[124] wird daraus ohne nähere Prüfung geschlossen, daß der gutgläubige Erwerber von dem nichtberechtigten, aber im Kataster eingetragenen Veräußerer Eigentum an der Liegenschaft erwirbt. Diese Ansicht verkennt jedoch, daß in § 11 tLiegenschaftsEintrG lediglich die Gutgläubigkeit des Erwerbers geregelt wird. Entgegen etwa § 892 BGB wird nicht bestimmt, daß tatsächlich ein gutgläubiger Erwerb vom eingetragenen Verkäufer erfolgt. Wenn aber ein dem § 892 BGB entsprechender gutgläubiger Erwerb im tschechischen Zivilrecht nicht vorgesehen ist, stellt sich unweigerlich die Frage nach dem Zweck der in § 11 tLiegenschaftsEintrG enthaltenen Bestimmung. Richtigerweise ist anzunehmen, daß diese Bestimmung ausschließlich für den Eigentumserwerb durch Ersitzung nach

---

122 Štenglová/Plíva/Tomsa - Tomsa, § 446 tHGB, weisen zutreffend darauf hin, daß es sich hierbei um eine Ausnahme vom allgemeinen Grundsatz handelt. Begründet wird die Ausnahme nachvollziehbar mit der erforderlichen Rechtssicherheit im Handelsverkehr.

123 Zákon o zápisech vlastnických a jiných věcních práv k nemovitostem ze dne 28. dubna 1992, č. 265/1992 Sb, ve znění zákona č. 210/1993 Sb. (Gesetz über die Eintragung des Eigentums- und anderer Sachenrechte an Liegenschaften vom 28. April 1992 Nr. 265/1992 Slg. in der Fassung des Gesetzes Nr. 210/1993 Slg.), im folgenden „tLiegenschaftsEintrG", nebst Durchführungsverordnung Nr. 190/1996 Slg. vom 19.6.1996 mit weiteren Ausführungsbestimmungen.

124 Vgl. Scheifele/Thaeter, Unternehmenskauf S. 16; Daubner/Munková, Právní rozhledy 4/1993, S. 117 ff.; Sauer, RIW 1996, 646 ff.; Pitkowitz/Schwalm-Tlapak ÖBA 7/1993, S. 519 ff.; Bohata, Jahrbuch für Ostrecht Band XXXVII 1996, S. 335 ff., 343.

§ 134 tBGB sowie den gutgläubigen Erwerb eines Grundpfandrechts[125] von Bedeutung ist[126].

Dieser Vorschrift zufolge erwirbt der berechtigte Eigenbesitzer nach einer Ersitzungszeit von zehn Jahren Eigentum an einer unbeweglichen Sache. Gemäß § 130 Abs. 1 S. 1 tBGB ist derjenige berechtigter Eigenbesitzer[127], der im Hinblick auf sämtliche Umstände in gutem Glauben darüber ist, daß ihm die Sache gehört. Nach § 130 Abs. 1 S. 2 tBGB soll im Zweifel ein berechtigter Eigenbesitz angenommen werden[128]. Im Zusammenhang mit den Vorschriften über die Ersitzung ist § 11 tLiegenschaftsEintrG daher als eine unwiderlegliche Fiktion der Gutgläubigkeit desjenigen anzusehen, der sich auf eine Katastereintragung beruft. Der auf diese Weise geschützte gute Glauben ist für den berechtigten Eigenbesitzer auch insoweit von Bedeutung, als er Früchte ziehen darf und Anspruch auf Aufwendungsersatz hat. Festzuhalten ist daher, daß der gutgläubige Erwerber einer Liegenschaft im Vergleich zum deutschen Recht einen erheblich geringeren Schutz genießt. Der vielfach gepriesene öffentliche Glaube des Liegenschaftskatasters besteht nur in sehr eingeschränkter Form.

Eine weitere Ausprägung des Schutzes des guten Glaubens findet sich in § 151d tBGB, der die Verpfändung einer fremden Sache regelt. Demzufolge erwirbt der Pfandgläubiger ein Pfandrecht auch an einer nicht dem Verpfänder gehörenden Sache, wenn er bei Übergabe der Sache in gutem Glauben war. Der Bedarf nach einer solchen Regelung kann mit dem gewünschten Schutz des gutgläubigen Pfandrechtserwerbers durchaus begründet werden. Damit stellt sich indes die bereits zuvor angesprochene Frage, warum nicht auch ein allgemeiner Tatbestand des gutgläubigen Eigentumserwerbs eingeführt wurde.

---

125 Vgl. § 151d tBGB sowie die Ausführungen unter Teil 2 § 1 B I 2.

126 So im Ergebnis Knapp-Mikeš, Občanské právo hmotné, S. 324 und Baudyš, Právní rádce 3/1996, S. 20 f. Die dortigen Ausführungen sind indes denkbar knapp, da wohl die insbesondere für deutsche Leser interessante Problematik nicht erkannt wurde. Barešová/Baudiš gehen in ihrem Kommentar zu § 11 tLiegenschaftseintrG auf die Frage des gutgläubigen Erwerbs nicht ein.

127 In Abgrenzung zum unberechtigten Eigenbesitzer und zum Fremdbesitzer, vgl. Bičovský/Holub, § 130 tBGB.

128 Laut Bičovský/Holub, § 130 tBGB, müssen allerdings konkrete Anhaltspunkte für einen für die Annahme eines berechtigten Eigenbesitzes vorliegen.

IV. Miteigentum und Gesamthandseigentum

Das tschechische Sachenrecht kennt sowohl Miteigentum als auch Gesamthandseigentum[129]. Beide Rechtsinstitute sind in den §§ 136 ff tBGB geregelt.

1. Miteigentum nach Anteilen (§§ 137 - 142 tBGB)

Auch das tschechische Recht versteht unter Miteigentum das Eigentumsrecht mehrerer Personen an ein und derselben Sache[130]. Dabei drückt der Anteil den Umfang aus, in welchem sich die Miteigentümer an den Rechten und Pflichten beteiligen, die mit dem Miteigentum an einer gemeinschaftlichen Sache verbunden sind. Sofern nichts anderes vereinbart ist, üben die Miteigentümer das Eigentum zu gleichen Anteilen aus. Jeder Miteigentümer darf über seinen Anteil verfügen, allerdings ist den anderen Miteigentümern in § 141 tBGB zwingend ein Vorkaufsrecht eingeräumt. Ein solches Vorkaufsrecht besteht jedoch nicht im Falle der Veräußerung eines Anteils an sogenannte nahestehende Personen i.S.d. § 116 tBGB[131]. Derartige nahestehende Personen sind Verwandte in gerader Linie, Geschwister und Ehegatten. Auch andere Personen in einem familienähnlichen Verhältnis gelten gemäß § 116 tBGB als einander nahestehend, wenn eine Beeinträchtigung, die eine von ihnen erlitten hat, auch von der anderen Person in begründeter Weise als eigene Beeinträchtigung empfunden würde. Aufgrund der Tatsache, daß diese Legaldefinition von nahestehenden Personen durchaus eine Reihe von Auslegungsschwierigkeiten[132] mit sich bringt, ist die Beurteilung eines Vorkaufsrechts im Rahmen von Miteigentum nach Anteilen unter besonderer Vorsicht vorzunehmen.

2. Gesamthandseigentum (§§ 143 - 152 tBGB)

In den §§ 143 ff. tBGB wird das „anteillose Miteigentum"[133] geregelt, das in seiner Ausformung dem Gesamthandseigentum nach deutschem Recht entspricht. Es findet ausschließlich auf Ehegatten Anwendung. Nach §§ 143 ff. tBGB ist der gesetzliche Güterstand von Eheleuten der Güterstand der Gütergemeinschaft. Gesamthandseigentum der Ehegatten wird alles, was Gegenstand des Eigentums sein kann und was durch einen der Ehegatten während der Ehe erworben worden ist, mit Ausnahme der

---

129 Vgl. auch die Darstellung bei Köhne, Osteuropa Recht 1/1996, S. 48 ff., 55.
130 Petrus, Eigentums- und Nutzungsrechte, S. 10.
131 Siehe auch den Verweis bei Bičovský/Holub, § 140 tBGB.
132 Dieses Problem wird von der Kommentarliteratur allerdings nicht gesehen.
133 So die wörtliche Übersetzung.

durch Erbschaft oder Schenkung erworbenen Sachen sowie Sachen, die nach ihrer Natur dem persönlichen Gebrauch oder der Berufsausübung nur eines Ehegatten dienen, und Sachen, die im Rahmen der Vorschriften über die Rückerstattung von Eigentum dem Ehegatten herausgegeben werden, dem die herausgegebene Sache vor der Eheschließung gehört hat oder dem die Sache als Rechtsnachfolger des ursprünglichen Eigentümers herausgegeben worden ist[134]. Nach Eheschließung können die Eheleute von dem Gesetz abweichende Regelungen treffen[135]. Dabei wird der Verkehrsschutz durch § 143 a Abs. 3 S. 2 tBGB gewährleistet. Demnach können sich die Eheleute gegenüber Dritten nur dann auf eine vom Gesetz abweichende Regelung berufen, wenn die individuelle vertragliche Regelung dem Dritten bekannt war[136]. Zwar kann im Rahmen der vorliegenden Arbeit nicht im einzelnen auf zivil- und familienrechtliche Grundfragen eingegangen werden. Das Gesamthandseigentum von Eheleute für Kreditgeber stellt jedoch eine nicht zu vernachlässigende Unsicherheitsquelle dar. Bei Gewährung eines Kredits an eine natürliche Person muß sich der Kreditgeber die folgenden Fragen stellen:

- Ist der Kreditnehmer verheiratet?
- Wurde das Sicherungsmittel während der Ehe erworben?
- Beruht es möglicherweise auf Schenkung, Erbfolge oder Restitution?
- Handelt es sich bei der geplanten Bestellung der Sicherheit an dem Sicherungsmittel um einen gewöhnlichen Gebrauch der Sache?
- Dient das Sicherungsmittel ausschließlich der unternehmerischen Tätigkeit des Kreditnehmers und stellt daher kein Gesamthandsvermögen dar?
- Haben die Eheleute einen von der gesetzlichen Regelung abweichenden Ehevertrag geschlossen?

Diese Unsicherheit besteht auch dann, wenn nur der Kreditnehmer als Eigentümer im Liegenschaftskataster eingetragen ist, da die Liegenschaft auch unter diesen Voraussetzungen zum Gesamthandsvermögen gehören kann. Die jüngste Praxis der Katasterbehörden geht dahin, bereits bei Eintragung zu verlangen, daß der Kaufvertrag von beiden Eheleuten unterschrieben wurde, um Unsicherheiten vorzubeugen[137]. Die Kreditinstitute

---

134 § 143 tBGB.

135 In der Praxis wird der Güterstand der Gütergemeinschaft und damit auch die Bildung von Gesamthandseigentum sehr häufig ausgeschlossen.

136 Bičovský/Holub zu § 143a tBGB.

137 Diese Praxis wurde in Gesprächen mit Rechtsanwälten in Prag bestätigt.

müssen daher in der Praxis streng darauf achten, daß beide Eheleute den Vertrag unterzeichnen, durch den die Sicherheit bestellt wird. Anderenfalls wäre die Ungültigkeit nach § 145 Abs. 1 S. 2 tBGB die Folge. Eine Erleichterung für das Kreditgeschäft stellt die zur Zeit geltende Regelung jedenfalls nicht dar. Eine Novellierung ist zwar geplant; es ist allerdings unwahrscheinlich, daß der Gesetzgeber vollends vom Grundsatz des Gesamthandeigentums abweichen wird. Eher wird es sich bei der Novellierung um eine Ausweitung der Vertragsfreiheit hinsichtlich der güterrechtlichen Stellung der Eheleute handeln[138].

C. Abtretung von Forderungen und anderen Rechten (§§ 524 - 530 tBGB)

Grundsätzlich kann nach tschechischem Recht jede Forderung durch schriftlichen[139] Vertrag[140] abgetreten werden. Eine Zustimmung des Schuldners ist nicht erforderlich[141]. Mit der abgetretenen Forderung gehen auch die Nebenforderungen und alle sonst mit der Forderung verbundenen Rechte über. Der Zedent ist verpflichtet, dem Schuldner die Abtretung ohne unnötige Verzögerung anzuzeigen. Andernfalls kann sich der Schuldner, wie aus dem deutschen Recht bekannt[142], durch Leistung an den bisherigen Gläubiger befreien[143]. Dies schließt indes die Möglichkeit einer stillen Zession nicht aus, da die Anzeige gegenüber dem Schuldner keine Wirksamkeitsvoraussetzung für die Abtretung ist. Der insoweit leicht mißverständliche Gesetzeswortlaut führt in der Praxis oft zu Schwierigkeiten, da die Zedenten ihrer „Verpflichtung“ zur Anzeige gegenüber dem Schuldner meinen nachkommen zu müssen. Indes offenbart § 530 tBGB, daß der Gesetzgeber die Möglichkeit einer stillen Zession durchaus vorgesehen hat[144]. Der Schuldner ist zur Leistung an den Zessionar verpflichtet, wenn dieser die Forderungsabtretung dem Schuldner gegenüber nachweist.

---

138 Diese Einschätzung beruht auf verschiedenen Gesprächen mit Rechtsanwälten und Richtern.

139 Im Gegensatz zum deutschen Recht (§ 398 BGB) sieht das tschechische Recht in § 524 Abs.1 tBGB die Schriftform vor. Nichteinhaltung der Schriftform bewirkt Unwirksamkeit der Abtretung nach § 40 Abs. 1 tBGB.

140 Hierbei handelt es sich um einen Vertrag mit verpflichtender und verfügender Wirkung.

141 Vgl. Bičovský/Holub zu § 524 tBGB.

142 Vgl. § 407 Abs. 1 BGB.

143 Dies bestimmt ausdrücklich § 526 Abs. 1 tBGB.

144 Im Ergebnis ebenfalls für die Zulässigkeit der stillen Zession Daubner, RIW 1997, S. 648 ff., 649.

Dieser Nachweis wird in der Regel mit der schriftlichen Abtretungserklärung zu erbringen sein[145]. Sofern die Erfüllung der abgetretenen Forderung durch ein Pfandrecht, eine Bürgschaft oder auf andere Weise gesichert ist, ist der alte Gläubiger verpflichtet, die Forderungsabtretung dem Sicherungsgeber anzuzeigen und dem neuen Gläubiger alle Urkunden zu übergeben und alle notwendigen Auskünfte zu erteilen, welche die abgetretene Forderung betreffen[146]. Ausgeschlossen ist die Abtretung einer Forderung oder eines Rechts freilich bei Vorliegen eines gesetzlichen[147] oder vertraglichen[148] Abtretungsverbotes. Eine trotz Verbotes vorgenommene Abtretung ist unwirksam[149].

Die Einwendungen des Schuldners gegen die Forderung werden durch die Abtretung nicht berührt[150]. Er ist auch zur Aufrechnung gegenüber dem Zessionar mit Forderungen berechtigt, die er zum Zeitpunkt der Benachrichtigung durch den Zedenten oder Nachweis der Abtretung durch den Zessionar bereits hatte[151]. Im Unterschied zum deutschen Recht setzt die Aufrechnungsmöglichkeit gegenüber dem Zessionar jedoch voraus, daß der Schulder die bestehenden aufrechenbaren Forderungen unverzüglich nach seiner Benachrichtigung von der Abtretung dem Zessionar bekannt gibt.

Dem insoweit eindeutigen Gesetzeswortlaut zufolge muß der Schuldner bei Benachrichtigung von einer Abtretung äußerst sorgfältig reagieren, um seine Aufrechnungsmöglichkeit nicht zu verlieren. Es erscheint zweifelhaft, ob diese Regelung sinnvoll ist. Hier wird das Interesse des Zessionars an einer einwendungsfreien Forderung in unbilliger Weise über das Interesse des - unbeteiligten Schuldners an der Erhaltung seiner Aufrechnungsmöglichkeit gestellt[152].

---

145 Vgl. auch Bičovský/Holub zu § 526 tBGB.

146 § 528 tBGB; eine Sanktion bei Nichtbeachtung der Informationspflichten ist jedoch nicht ausdrücklich vorgesehen. Laut Bičovský/Holub, § 528 tBGB, kommt eine Schadensersatzpflicht des Zedenten aus Vertragsverletzung in Betracht, wenn infolge einer ungenügenden Benachrichtigung ein Schaden eingetreten ist.

147 §§ 525 Abs. 1 iVm 579 tBGB (persönliche Rechte, Schmerzensgeldansprüche etc.).

148 Dies bestimmt § 525 Abs. 2 tBGB ausdrücklich.

149 Vgl. Bičovskýy/Holub zu § 525 tBGB.

150 § 529 Abs. 1 tBGB.

151 § 529 Abs. 2 tBGB.

152 Die Kommentarliteratur scheint dieses Problem nicht zu erkennen, vgl. z.B. Bičovský/Holub zu § 529 tBGB.

D. Das Liegenschaftsrecht

I. Historische Entwicklung

Zum Verständnis der derzeitigen Rechtslage im Hinblick auf den dinglichen Rechtserwerb von Immobilien ist es erforderlich, kurz die Entwicklung des Grundbuchrechts in der Tschechischen Republik darzustellen[153].

Bereits im Jahre 1871 wurde durch das Allgemeine Buchgesetz[154] vom 25. Juli 1871 das Grundbuch eingeführt, in welches Eigentums- und andere dingliche Rechte an Immobilien eingetragen wurden[155]. In der Folgezeit ähnelte das Liegenschaftsrecht dem heute in Deutschland geltenden Recht. Bis zum 31. Dezember 1949 erfolgte der rechtsgeschäftliche Eigentumsübergang an Grundstücken und Gebäuden ausschließlich durch konstitutive Eintragung des Eigentumsüberganges in das Grundbuch. Dabei wurde der gute Glaube an die Richtigkeit der Eintragungen im Grundbuch geschützt[156].

Mit Inkrafttreten des 1. ČSR[157]-Zivilgesetzbuches am 1. Januar 1950 ging das Eigentum an Grundstücken sowie Gebäuden bereits durch Abschluß des Kaufvertrages bzw. eines sonstigen verpflichtend-verfügenden Vertrages[158] über. Zwar war weiterhin eine Eintragung in das Grundbuch möglich, eine derartige Pflicht bestand jedoch seit dieser Zeit nicht mehr. Eine Vollständigkeit der Grundbücher aus dieser Zeit ist daher nicht gewährleistet. Seit dem 1. Juli 1951 war für eine wirksame Übertragung des Eigentums eine entsprechende Bewilligung des zuständigen Bezirksausschusses erforderlich.

Am 1. April 1964 trat das auch heute noch - wenn auch mit erheblichen Änderungen - geltende tBGB in Kraft. Neben dem Abschluß eines schuldrechtlichen Vertrags war zur Übertragung des Eigentums an Grundstücken und Gebäuden auch die Registrierung des Vertrages durch das staatliche Notariat erforderlich[159]. Der Übergang des Grundstücks bzw. des Gebäudes in Privateigentum fand erst mit der Registrierung beim

---

153 Vgl. auch Köhne, Osteuropa Recht 1/1996, S. 48 ff., 72 f. sowie die ausführliche Darstellung bei Bruk, Právní rádce 1/1994, 37 ff.

154 Obecný knihovní zákon ze dne 25. července 1871 (Allgemeines Buchgesetz vom 25. Juli 1871)

155 Vgl. Bruk, Právní rádce 1/1994, S. 37 ff., 37.

156 Vgl. auch zum folgenden Scheifele/Thaeter, Unternehmenskauf S. 15.

157 Mit dem Prädikat "sozialistisch" wurde die ČSR erst 1960 ausgestattet, wodurch sie zur ČSSR wurde.

158 Z.B. durch Schenkung.

159 Knapp - Mikeš, Občanské právo hmotné, S. 324.

staatlichen Notariat statt. Demgegenüber vollzog sich die Eigentumsübertragung in sozialistisches Gemeinschaftseigentum bereits mit Vertragsabschluß[160]. Die bis dahin "freiwillig" geführten Grundbücher wurden geschlossen und an ihre Stelle trat die sogenannte "Evidenz der Liegenschaften", die von den zuständigen Behörden für Geodäsie und Kartographie geführt wurde. Der gute Glaube an die Eintragungen wurde nicht geschützt und die Eintragungen hatten lediglich deklaratorische Wirkung.

Die geltende Rechtslage stellt weiterhin auf die "Evidenz der Liegenschaften" ab, die nunmehr auf der Grundlage des tLiegenschaftsEintrG vom 28. April 1992, in Kraft getreten am 1. Januar 1993, als Teil des Liegenschaftskatasters weitergeführt wird.

II. Inhaltliche Ausgestaltung

1. Liegenschaftskataster

Im Gegensatz zum deutschen Liegenschaftsrecht werden die Liegenschaftskataster nicht von unabhängigen Gerichten, sondern von staatlichen Behörden geführt[161]. Gegenstand der Eintragung sind Rechte an Immobilien, und zwar das Eigentum, das Pfandrecht (gemeint ist das Grundpfandrecht bzw. die Hypothek), Reallasten, das dingliche Vorkaufsrecht sowie andere Rechte, sofern sie wie dingliche Rechte an Immobilien ausgestaltet sind[162].

Auf Antrag einer Vertragspartei oder einer anderen berechtigten Person eröffnet die zuständige Behörde das Eintragungsverfahren[163]. Dabei überprüft sie gem. § 5 Abs. 1 tLiegenschaftsEintrG das Katasterblatt im Hinblick auf die Berechtigung der Vertragsparteien, über den Vertragsgegenstand zu verfügen. Ferner prüft es, ob die Rechtshandlung in der vorgeschriebenen Form durchgeführt wurde, ob die Vertragsabreden der Parteien ausreichend bestimmt und verständlich sind und ob eine

---

160 Knapp - Mikeš, Občanské právo hmotné, S. 324.

161 Kritisch hierzu Fiala/Matas, Právní praxe 4/1993, S. 230 ff., 234 mit der Begründung, daß die Bedeutung des Liegenschaftskatasters es erfordere, seine Führung in die Hände der unabhängigen Justiz zu legen. Der für die anderslautende Entscheidung des Gesetzgebers ausschlaggebende Personalmangel bei der Justiz müsse behoben werden. Ähnlich auch Holub, Právní rádce 3/1993, S. 53 ff., 53. Dem ist vorbehaltlos zuzustimmen.

162 § 1 Abs. 1 tLiegenschaftsEintrG.

163 § 4 tLiegenschaftsEintrG.

Beschränkung der Vertragsfreiheit vorliegt. (Legalitätsgrundsatz[164]). Diese Prüfungspflicht wird in der Praxis durchaus ernst genommen und auch weit ausgelegt. Nach einer Entscheidung des Kreisgerichts České Budějovice[165] darf und muß das Katasteramt auch solche Umstände berücksichtigen, die ihm aus anderen Verfahren bekannt sind und die nicht aus den von den Parteien vorgelegten Unterlagen allein hervorgehen. Dies ist im Sinne der Rechtssicherheit zu begrüßen.

Sofern diese Voraussetzungen erfüllt sind, nimmt die zuständige Behörde die beantragte Eintragung vor. Andere Formen der Eintragung sind in § 7 tLiegenschaftsEintrG geregelt. Dabei handelt es sich um Eintragungen, die aufgrund gesetzlicher Regelung, der Entscheidung eines staatlichen Organs, dem Zuschlag auf einer öffentlichen Versteigerung, der Ersitzung, dem Zuwachs oder der Verarbeitung vorgenommen werden. Eintragungen nach § 9 tLiegenschaftsEintrG beruhen auf der Eröffnung der Zwangsvollstreckung durch Verkauf der Liegenschaft, der Eröffnung des Konkursverfahrens über den Eigentümer der Liegenschaft sowie der Eröffnung eines Enteignungsverfahrens. Gem. § 13 tLiegenschaftsEintrG hat jeder das Recht auf Einsichtnahme in das Liegenschaftskataster und Auszüge hieraus. Der Öffentlichkeitsgrundsatz wird daher weiter als im deutschen Recht verstanden, welches in § 12 Abs. 1 GBO die Darlegung eines berechtigten Interesses verlangt. Es bleibt abzuwarten, ob dieses weitgefaßte Einsichtsrecht auch wirklich praktikabel ist. Bislang ist eine deutliche Überlastung der Katasterbehörden festzustellen.

2. *Verfügung*

Die Rechtsänderung findet mit der Eintragung in das Liegenschaftskataster statt, sofern das tBGB oder ein anderes Gesetz nichts anderes vorsieht[166]. Gem. § 2 Abs. 3 tLiegenschaftsEintrG wirkt die Eintragung auf den Tag des Eingangs des Antrages bei der Katasterbehörde zurück. Neben dem rückwirkenden Übergang des Eigentums ist daher zu beachten, daß auch die Gefahr für Schäden oder Haftungsansprüche rückwirkend übergeht[167].

3. *Öffentlicher Glaube des Liegenschaftskatasters*

Die tschechische Rechtsordnung schützt den gutgläubigen Erwerber einer Liegenschaft nur in begrenztem Umfang. Entgegen anderslautenden Stim-

---

164 Knapp - Mikeš, Občanské právo hmotné, S. 337.

165 Entscheidung des Kreisgerichts České Budějovice (Budweis) vom 9.6.1993, Az. 10 Ca 114/93.

166 § 2 Abs. 2 tLiegenschaftsEintrG.

167 Vgl. auch Bohata, Jahrbuch für Ostrecht Band XXXVII 1996, S. 335 ff., 343.

men in der Literatur[168] sieht auch das seit dem 1.1.1993 geltende tLiegenschaftsEintrG einen gutgläubigen Erwerb, wie er im deutschen Recht in § 892 BGB besteht, nicht vor[169].

4. Rangprinzipien

Das neue tschechische Liegenschaftsrecht beruht auf dem römischrechtlichen Grundsatz „prior tempore, potior iure"[170]. Nach § 12 Abs. 2 tLiegenschaftsEintrG richtet sich die Reihenfolge der Eintragungen in das Kataster nach dem zeitlichen Eingang der Anträge auf Eintragung. Aus dem genannten Grundsatz folgt auch, daß eine erstrangige Eintragung durch eine spätere Eintragung nicht gegen den Willen des Berechtigten beseitigt oder in ihrem Rechtsumfang eingeschränkt werden kann. Gesetzliche Bestimmungen über die Möglichkeit von Rangänderungsverträgen bestehen nicht. Auch aus der Praxis sind über die Zulässigkeit von Rangänderungsverträgen keine Erkenntnisse vorhanden. Im Rahmen der Vertragsfreiheit ist eine vertragsbedingte Prioritätsänderung m.E. als zulässig anzusehen, solange keine Beeinträchtigung der Rechte Dritter gegeben ist. Der Prioritätsgrundsatz findet seine Ausprägung ferner auch im materiellen Recht[171]. Dennoch ergeben sich hinsichtlich der Zwangsvollstreckung und des Konkurses erhebliche Rechtsunsicherheiten. Auf diese wird an den entsprechenden Stellen dieser Abhandlung näher eingegangen.

Festzuhalten ist jedoch bereits an dieser Stelle, daß es keinen Rangvorbehalt, wie er etwa im deutschen Recht bekannt ist[172], gibt. Bei Erlöschen einer vorrangigen Hypothek rücken daher zwingend die nachrangigen Hypotheken an deren Rang. Dies ist insbesondere bei Umschuldungsmaßnahmen problematisch, da der Sicherungsgeber auf diese Weise sein vorrangiges Grundpfandrecht verlieren kann. In der Praxis behalf man sich daher häufig mit der Eintragung eines Belastungs- und Veräußerungsverbotes in das Liegenschaftskataster, um von vornherein die Bestellung nachrangiger Rechte zu unterbinden[173]. Die Möglichkeit einer derartigen Eintragung ist jedoch seit einer Entscheidung

---

168 Vgl. Scheifele/Thaeter, Unternehmenskauf, S. 16; Daubner/Munková, Právní rozhledy 4/1993, S. 117,118; wohl auch so zu verstehen, aber nicht eindeutig Fiala/Matas, Právní praxe 4/1993, S. 230 ff., 233.

169 Auf die obigen Ausführungen zum gutgläubigen Erwerb in Teil 1 § 2 B III wird verwiesen.

170 Knapp - Mikeš, Občanské právo hmotné, S. 335.

171 § 151b tBGB, vgl. auch Sauer, RIW 1996, S. 646 ff., 650.

172 Vgl. § 881 BGB.

173 So noch Pitkowitz/Schwalm-Tlapak, ÖBA 7/1993, 519 ff.; Sauer, RIW 1996, S. 646 ff.

des Stadtgerichts Prag[174] sehr zweifelhaft. Demnach kann ein Belastungs- und Veräußerungsverbot nicht ins Liegenschaftskataster eingetragen werden, weil es dem Charakter einer dinglichen Last nicht entspricht. Dem ist im Ergebnis zuzustimmen, da die Beschränkung der Dispositionsfreiheit keine dingliche Last darstellt und dem numerus clausus des Sachenrechts widerspricht[175]. Die Folge ist, daß derartige Vereinbarungen zukünftig nur noch mit schuldrechtlicher Wirkung erfolgen können.

5. *Vormerkung*

Das im deutschen Recht bekannte und in der täglichen Praxis zur Absicherung von Grundstückskaufverträgen außerordentlich bedeutsame Rechtsinstitut der Vormerkung[176] ist der tschechischen Rechtsordnung unbekannt[177]. Allerdings kennt die tschechische Rechtsordnung in § 603 Abs. 2 tBGB und § 1 Abs. 1 tLiegenschaftsEintrG ein dingliches Vorkaufsrecht, das weitgehend § 1094 BGB entspricht[178]. Ein solches muß durch schriftlichen Vertrag vereinbart sein und wird mit Eintragung in das Liegenschaftskataster wirksam. Der Berechtigte bleibt auch bei Nichtausübung seines Vorkaufsrechts gegenüber dem Rechtsnachfolger des ursprünglich Verpflichteten vorkaufsberechtigt. Das Vorkaufsrecht kann in seiner Rechtswirkung jedoch kaum die Sicherungsfunktion der im deutschen Recht bekannten Vormerkung ersetzen. Die für den Vorkaufsberechtigten stets ungewisse Höhe des Ausübungspreises verhindert in tatsächlicher Hinsicht die effektive Absicherung des Übertragungsanspruches.

6. *Widerspruch und Berichtigungsanspruch*

Einen dem § 899 BGB entsprechenden Widerspruch gegen die Richtigkeit des Grundbuchs kennt das tschechische Recht nicht. Auch ein Berichtigungsanspruch ist in den einschlägigen Gesetzen nicht ausdrücklich normiert. Allerdings kann nach § 4 tLiegenschaftsEintrG die Eröffnung eines Eintragungsverfahrens außer von den Vertragsparteien auch von einer "anderen berechtigten Person" beantragt werden. Es erscheint daher möglich, daß der Inhaber eines im Liegenschaftskataster nicht

---

174 Entscheidung des Stadtgerichts Prag (Městský soud v Praze) vom 6.6.1995, Az. 33 Ca 34/95.

175 Ebenso Fiala, Právní rozhledy 2/1995, S. 65 ff., 67; a.A. wohl Kindl, Právní rozhledy 6/1994, S. 207 f.

176 § 883 BGB.

177 So auch Daubner/Munková, Právní rozhledy 4/1993, S. 117 ff., 119; Köhne, Osteuropa Recht 1/1996, S. 48 ff., 73.

178 Vgl. auch Köhne, Osteuropa Recht 1/1996, S. 48 ff., 69.

berücksichtigten Rechts seinen Berichtigungsanspruch auf § 4 tLiegenschaftsEintrG stützen kann[179].

III. Umfang des Begriffs Liegenschaft

1. Grundstücke

Gemäß § 119 Abs. 2 tBGB zählen zu den unbeweglichen Sachen bzw. Liegenschaften[180] Grundstücke sowie Gebäude, die durch eine feste Grundlage mit dem Erdboden verbunden sind[181]. Zum Gegenstand des Eigentumsrechts an einer Sache gehört als wesentlicher Bestandteil der Sache alles, was zu ihrem Wesen gehört und nicht abgetrennt werden kann, ohne daß sie dadurch entwertet würde[182]. Zwar fehlt im tschechischen Recht eine eindeutige Regelung im Sinne des § 93 BGB, wonach wesentliche Bestandteile nicht Gegenstand besonderer Rechte sein können. In der Literatur[183] wird jedoch zutreffend aus der Begriffsbestimmung des § 120 tBGB gefolgert, daß Bestandteile, solange sie nicht von der Hauptsache getrennt sind, keine eigenen Sachen darstellen und daher auch nicht Gegenstand einer eigenständigen rechtlichen Beziehung sein können. Zu der Sache gehört eigentumsrechtlich ferner der Zuwachs[184], solange er Bestandteil der Hauptsache ist. Auch nach Trennung verbleibt das Eigentum am Zuwachs beim Eigentümer der Hauptsache[185].

2. Gebäude

Gebäude sind ausdrücklich nicht Bestandteil des Grundstücks und damit ein selbständiges Eigentumsobjekt und Sicherungsgegenstand[186]. Dieser Rechtszustand besteht seit der Zivilrechtsreform 1951 und stößt in der

---

179 Eine Erörterung dieser Frage in der rechtswissenschaftlichen Literatur ist nicht ersichtlich.

180 Im folgenden soll der Begriff „Liegenschaften“ Verwendung finden.

181 Vgl. die ausführliche Darstellung bei Köhne, Osteuropa Recht 1/1996, S. 48 ff., 53 f.

182 § 120 Abs. 1 tBGB.

183 Jehlička/Švestka/Škárová/Vodička-Švestka § 120 Anm. 1; Bičovský/Holub zu § 120 tBGB

184 § 135a tBGB.

185 So z.B. Früchte, die von einem Baum auf das Nachbargrundstück fallen, vgl. Jehlička/Švestka/Škárová/Vodička-Jehlička § 135a Anm. 2.

186 § 120 Abs. 2 tBGB; dies gilt auch dann, wenn das Gebäude durch festes Fundament mit dem Erdboden verbunden ist, vgl. Köhne, Osteuropa Recht 1/1996, S. 48 ff., 53.

rechtswissenschaftlichen Literatur[187] zunehmend auf Kritik, da sie im Widerspruch zu dem auf römischem Recht beruhenden Grundsatz von Einheit des Eigentums an Grund und Bebauung (superficies solo cedit) stehe und in der Praxis zu unerwünschten Ergebnissen führe[188]. Gemeint sind vermutlich die dadurch bedingte Unübersichtlichkeit des Liegenschaftskatasters sowie die immanenten rechtlichen Auseinandersetzungen zwischen den Eigentümern von Grundstück und dem darauf errichteten Gebäude.

3. *Wohnungen*

Neben Grundstücken und Gebäuden können auch Wohnungen Gegenstand des Eigentums und somit auch gesonderte Sicherungsgegenstände sein[189]. Wohnungen sind dann Immobilien im Rechtssinne, wenn sie sich in einem Gebäude befinden, welches durch eine feste Grundlage mit dem Erdboden verbunden ist - andernfalls handelt es sich um bewegliche Sachen[190]. Das tWohnungseigentumsgesetz enthält die näheren Bedingungen für den Eigentumserwerb an Wohnungen und Nichtwohnraum sowohl im Hinblick auf bereits bestehende Gebäude als auch auf noch zu errichtende Gebäude[191].

E. Besitz

Das tschechische Recht regelt das Rechtsinstitut "Besitz" ausdrücklich in den §§ 129 bis 131 tBGB. Gegenstand des Besitzes können nach § 129 Abs. 2 tBGB Sachen und auch Rechte sein, sofern sie eine dauernde oder wiederholte Ausübung zulassen. Allerdings wird in diesen Vorschriften lediglich der berechtigte und der unberechtigte Eigenbesitz behandelt. Berechtigt ist der Besitzer dann, wenn er die Sache gutgläubig als seine

---

187 Jehlička/Švestka/Škárová/Vodička-Švestka § 120 Anm. 2; vgl. auch ausführlich zur historischen Entwicklung Jindřich, Právní rozhledy 11/1996, S. 508 ff.

188 Köhne, Osteuropa Recht 1/1996, S. 48 ff., 54.

189 Vgl. § 125 Abs. 1 tBGB i.V.m. dem Wohnungseigentumsgesetz; Zákon, kterým se upravují některé spoluvlastnické vtahy k bytum a nebytovým prostorum (zákon o vlastnictví bytů) zu dne 24. března 1994, č. 72/1994 Sb., ve znění zákona č. 273/1994 Sb. (Gesetz zur Regelung von Miteigentumsbeziehungen an Gebäuden und von Eigentumsbeziehungen an Wohnungen und Nichtwohnraum (Wohnungseigentumsgesetz) vom 24. März 1994, Nr. 72/1994 Slg., in der Fassung des Gesetzes Nr. 273/1994 Slg., im folgenden „tWohnungseigentumsgesetz".

190 Jehlička/Švestka/Škárová/Vodička-Jehlička § 125 Anm. 2.

191 Siehe auch Köhne, Osteuropa Recht 1/1996, S. 48 ff., 54.

eigene besitzt. Ihm wird in § 130 tBGB im wesentlichen ein eigentumsähnlicher Schutz gegenüber Dritten gewährt[192]. Gegenüber dem wahren Eigentümer ist er zur Herausgabe der Sache nur gegen Erstattung der aufgewandten zweckmäßigen Kosten verpflichtet. Das Institut des gemeinsamen berechtigten Eigenbesitzes durch zwei oder mehr Personen sieht das Gesetz zwar nicht vor, es ist indes von der rechtswissenschaftlichen Literatur[193] unter Einbeziehung des römischen Rechts (composessio) entwickelt worden. Das Institut des berechtigten Eigenbesitzes ist in der tschechischen Rechtsordnung insbesondere im Hinblick auf den Eigentumsübergang durch Ersitzung nach § 134 tBGB von Bedeutung[194]. Demnach setzt die Ersitzung den berechtigten Eigenbesitz für eine Dauer von drei Jahren bei beweglichen und zehn Jahren bei unbeweglichen Sachen voraus. Der Fremdbesitz wird im tBGB dagegen nicht geregelt. Berechtigte Fremdbesitzer, wie etwa der Mieter einer Sache, sind jedoch durch § 126 Abs. 2 tBGB vor Beeinträchtigung ihres Besitzes geschützt. Diese Vorschrift verleiht demjenigen, der "berechtigt ist, die Sache bei sich zu haben[195]", Schutz vor verbotener Eigenmacht in gleichem Umfang wie einem Eigentümer nach § 126 Abs. 1 tBGB.

---

192 Bičovský/Holub, § 130 tBGB; im übrigen entspricht die Regelung in den Grundzügen dem im deutschen Recht bekannten Eigentümer-Besitzer-Verhältnis, §§ 987 ff. BGB.

193 Knapp - Švestka, Občanské právo hmotné, S. 219.

194 Siehe Knapp - Švestka, Občanské právo hmotné, S. 217.

195 So die wörtliche Übersetzung, in der Literatur wird der Begriff "Detention" verwendet.

Zweiter Teil: Entstehung und Untergang von Sicherungsrechten

§ 1 Liegenschaften

A. Einführung

I. Gesetzliche Ausgestaltung

Bei dem Grundpfandrecht handelt es sich insbesondere bei der Kreditgewährung durch Banken um eines der wirksamsten und am häufigsten verwendeten Sicherungsmittel[196]. Umso mehr erstaunt, welch geringen Umfang die gesetzlichen Bestimmungen zur Regelung dieses wichtigen Sicherungsinstruments einnehmen. Der tschechische Gesetzgeber hat sich bei der Neukodifikation 1992 entschieden, das Grundpfandrecht materiellrechtlich zusammen mit dem Pfandrecht an beweglichen Sachen in nicht mehr als 7 Paragraphen[197] nebst einer weiteren Vorschrift aus dem tHGB[198] zu regeln. Dabei besteht der einzige Unterschied zwischen dem Grundpfandrecht und dem Pfandrecht an beweglichen Sachen darin, daß für das Grundpfandrecht eine Eintragung in das Liegenschaftskataster erforderlich ist[199], während für das Pfandrecht an beweglichen Sachen andere Publikationsakte vorgesehen sind. Bei diesen Vorgaben kann es nicht verwundern, daß die aus dem deutschen Recht bekannte Vielfalt des Hypotheken- und Grundschuldrechts im tschechischen Recht nicht anzutreffen ist.

Es bleibt anzumerken, daß es sich bei den zitierten Bestimmungen um äußerst unvollständige rechtliche Regelungen handelt[200]. Hinzu kommt, daß in der Praxis nur wenig Erfahrung im Umgang mit Grundpfandrechten und deren rechtlichen Erfordernissen besteht. So haben selbst die großen

---

196 Vgl die praxisorientierte und brauchbare Darstellung bei Holeyšovský, Newsletter Praha, S. 10; ferner Sedlářová, Ekonom 19/1995, S. 65; übertrieben erscheint dagegen die Ansicht Daubners, RIW 1997, S. 648 ff., 648, daß Immobilien wegen der Unsicherheit des Eigentumsnachweises als Sicherungsmittel weitgehend ausscheiden müßten; ein gewisser Unsicherheitsfaktor ist aber sicherlich einzuräumen.

197 §§ 151a bis 151g tBGB.

198 § 299 tHGB.

199 Vgl. § 151b Abs. 2 tBGB.

200 Kopáč/Švestka, Právní rozhledy 8/1995, S. 310 f., ordnen sie den Marktverhältnissen des 19. Jahrhunderts zu.

Kreditinstitute in der Regel erst Anfang 1995 mit der Gewährung von Hypothekendarlehen begonnen. Gerichtliche Entscheidungen hinsichtlich der Verwertung solcher Grundpfandrechte sind praktisch nicht vorhanden. Die bestehenden Bewertungsschwierigkeiten insbesondere bei Immobilien mit gewerblichem Charakter außerhalb der Großregion Prag[201] spielen ebenfalls eine Rolle.

Die tschechische Rechtsordnung kennt ausschließlich das Institut der Buchhypothek, eine - im deutschen Recht[202] bekannte - Briefhypothek existiert nicht. Dies erschwert die Übertragbarkeit einer hypothekarisch gesicherten Forderung nach tschechischem Recht erheblich, da stets die Eintragung im Liegenschaftskataster erforderlich ist[203]. Das Institut der Sicherungshypothek[204] ist unbekannt. Auch die im deutschen Recht existierende Eigentümerhypothek[205] bzw. Eigentümergrundschuld ist in der tschechischen Rechtsordnung nicht vorhanden. Aufgrund der Akzessorietät von Forderung und Hypothek erlischt die Hypothek in jedem Falle mit Erlöschen der Forderung. Die Bestellung einer Art von Höchstbetragshypothek[206] wird dagegen durch die in § 299 Abs. 1 tHGB enthaltene Regelung ermöglicht. Demnach kann eine Hypothek für eine bestimmte Zeit, bis zu einer bestimmten Höhe und für eine bestimmte Art von Forderungen eingerichtet werden. Trotz der Knappheit der gesetzlichen Regelung ist daher die Möglichkeit der Bestellung einer Höchstbetragshypothek gegeben. Die Grundschuld und somit auch die Sicherungsgrundschuld als nicht akzessorisches Recht an einer Liegenschaft kennt das tschechische Recht nicht.

II. Hypothekenpfandbriefe

Neben dem gewöhnlichen Grundpfandrecht wurden in den §§ 297 und 298 tHGB Regelungen über die Ausstellung von Hypothekenpfandbriefen[207] getroffen. Diese Vorschriften sind später durch das

---

201 Vgl. Piltz/Randak, S. 105 ff., 108.

202 Im deutschen Recht ist die Erteilung einer Briefhypothek als gesetzliche Grundform in § 1116 BGB ausgestaltet.

203 Im Falle der deutschen Briefhypothek reicht dagegen die Übergabe des Hypothekenbriefs aus, § 1154 Abs. 1 BGB.

204 Die Sicherungshypothek (§ 1184 BGB) ermöglicht die Einschränkung der Verkehrsfähigkeit der Hypothek, vgl. Weber, Kreditsicherheiten, S. 210.

205 §§ 1163, 1177 BGB.

206 Vgl. im deutschen Recht § 1190 BGB.

207 Zum Recht der Hypothekenpfandbriefe und dem derzeitigen Entwicklungsstand vgl. Vrba, Právo a podnikání 4/1996, S. 15 ff. ; Klein, Právní rádce 10/1996, S. 12 ff.; Neubauer/Stöcker, Der langfristige Kredit 1995, S. 398 ff.

Änderungsgesetz Nr. 84/1995 entfernt und in das Gesetz über Schuldverschreibungen[208] integriert worden. Mit dem Gesetz über Schuldverschreibungen verfügt die Tschechische Republik als erster Reformstaat Mittel- und Osteuropas[209] über eine Wohnungskreditwirtschaft mit handelbaren Hypothekenpfandbriefen. Zur Ausstellung solcher Hypothekenpfandbriefe sind ausschließlich staatlich konzessionierte Hypothekenbanken berechtigt. Konzessionen sind bislang der IPB, KB, ČS, ČMHB sowie der Vereinsbank (CZ), einer Tochter der Bayerischen Vereinsbank, erteilt worden. Die Forderungen aus den Hypothekenpfandbriefen werden nach § 337 tZPO infolge der Änderung durch das Gesetz 84/1995 im Rahmen der Zwangsvollstreckung vorrangig vor anderen Grundpfandrechten befriedigt[210]. Auch im Falle des Konkurses der Hypothekenbank werden die Inhaber der Hypothekenpfandbriefe nach § 32 Abs. 3 tKonkursG[211] vorrangig befriedigt. Die Handelbarkeit der Hypothekenpfandbriefe hat jedoch keinen Einfluß auf die Bestellung oder Übertragung der Hypothek. Hypothekengläubiger bleibt die den Hypothekenpfandbrief emittierende Hypothekenbank[212].

B. Das Grundpfandrecht im einzelnen

I. Entstehung des Grundpfandrechts

1. Durch Erwerb vom Berechtigten

a) Forderung

Voraussetzung für die Bestellung eines Grundpfandrechts ist zunächst eine zu sichernde Forderung, da das tschechische Recht das Pfandrecht an einer Immobilie strikt dem Akzessorietätsprinzip[213] unterstellt. Dies hat zur Folge, daß eine Hypothek ausschließlich zum Zwecke der Sicherung einer

---

208 Zákon o dluhopisech ze dne 26. listopadu 1990 č. 530/1990 Sb. (Gesetz über Schuldverschreibungen vom 26. November 1990 Slg. Nr. 530/1990), im folgenden „Gesetz über Schuldverschreibungen".

209 Vgl. ferner Budík, Ekonom 25/1995, S. 2 ; Bureš, Ekonom 3/1996, S. 63; Frýdmanová/Tomašek, Ekonom 15/1995, S. 29 f.; Nesnídal, Ekonom 23/1995, S. 59; Vantuch, Právní rozhledy 10/1995, S. 399 ff.

210 Schelleová, Ekonom 32/1995, S. 54.

211 Zákon o konkurzu a vyrovnání zu dne 11. července 1991 č. 328/1991 Sb. (Gesetz über den Konkurs und Vergleich vom 11. Juli 1991, Nr. 328/1991 Slg.), im folgenden „tKonkursG".

212 Vgl. auch Dědič/Tuček, Ekonom 14/1995, S. 31 f.

213 Vgl. statt vieler Kopáč, Obchodní Kontrakty, S. 149; ausdrücklich auch die Entscheidung des Oberen Gerichts Prag vom 27.9.1994, Az. 5 Cmo 33/1994 in Soudní rozhledy 3/1996, S. 49 f.

Forderung bestellt werden kann[214]. Die Vorschriften des tBGB verlangen nicht, daß es sich bei der zu sichernden Forderung um eine zum Zeitpunkt der Bestellung des Grundpfandrechts bereits existierende Forderung handeln muß. Ein Grundpfandrecht kann auch für eine lediglich zukünftig entstehende oder bedingte Forderung bestellt werden[215]. Die wirksame Entstehung des Grundpfandrechts ist aufgrund der Akzessorietät freilich von dem Entstehen der gesicherten Forderung abhängig. Für das Kreditgeschäft ist daher festzuhalten, daß eine Valutierung des Darlehens keine Voraussetzung für die Bestellung des Grundpfandrechts ist. Ferner muß es sich nicht notwendigerweise um eine Geldforderung handeln, denn auch etwa ein Anspruch auf Vornahme einer bestimmten Handlung oder eines Unterlassens läßt sich durch die Bestellung eines Pfandrechts sichern[216]. Dies gilt der gesetzlichen Regelung zufolge sowohl für Grundpfandrechte als auch für Pfandrechte an beweglichen Sachen. Eine Absicherung von anderen als Geldforderungen durch Grundpfandrechte wäre allerdings ungewöhnlich[217]. Zumindest wäre zu fordern, daß das eingetragene Grundpfandrecht auf einen - und sei es ersatzweise bestimmten - Geldbetrag lauten muß. Andernfalls wäre eine Bewertung des Sicherungsumfangs für nachrangige Gläubiger kaum möglich[218]. Vermutlich liegt daher ein Versehen des Gesetzgebers vor, so daß § 151a Abs. 2 tBGB lediglich auf Pfandrechte an beweglichen Sachen anzuwenden ist, bei denen sich die Eintragungsproblematik nicht stellt. Da das tschechische Recht die Entstehung eines Pfandrechtes strikt unter den Grundsatz der Akzessorietät gestellt hat, scheitert die Bestellung einer Hypothek an der Nichtigkeit der zu sichernden Forderung[219]. Der Eintritt der Verjährung der gesicherten Forderung hat dagegen keine Auswirkung

---

214 Wie bereits erwähnt kennt das tschechische Recht eine nichtakzessorische Grundschuld nicht.

215 § 151b Abs. 5 tBGB; Bičovský/Holub führen in ihrer Kommentierung zu § 151b tBGB zutreffend aus, daß es einerseits lediglich unsicher sein kann, wann die Forderung in der Zukunft entstehen wird (obligatio certa an, incerto quando), andererseits auch das „Ob" unsicher sein kann (obligatio incerta an, incerto quando). Vgl. auch Salvová/Zbranková, Právo a podnikání 2/1999, S. 2 ff.

216 § 151a Abs. 2 tBGB.

217 Holeyšovský, Newsletter Praha, S. 12, weist zutreffend darauf hin, daß Schwierigkeiten bei der konkreten Bewertung der Forderung auftreten können. Weder Holeyšovský noch Bičovský/Holub, § 151a tBGB, unterscheiden diesbezüglich jedoch zwischen Grundpfandrechten und Pfandrechten an beweglichen Sachen.

218 Aus diesem Grund ist nach deutschem Recht die Bestellung eines Pfandrechts nur an beweglichen Sachen möglich, vgl. § 1228 Abs. 2 Satz 2 BGB. Die Bestellung einer Hypothek setzt hingegen eine Geldforderung voraus, vgl. MünchKomm-Eickmann, § 1113 Rn 27.

219 Eliáš, Pravní praxe v podnikání 7-8/1995, S. 6 ff., 13.

auf das bestellte Grundpfandrecht. Auch nach Verjährungseintritt bleibt dem Grundpfandgläubiger die Möglichkeit der Verwertung des Grundpfandrechts erhalten[220].

b) Verfügungsberechtigung

Für die Bestellung eines Grundpfandrechts an einer Immobilie ist es erforderlich, daß der Verpfänder zu der Verfügung berechtigt ist. Dies ist er entweder als Eigentümer der zu verpfändenden Liegenschaft, oder aber wenn der Eigentümer seine Zustimmung zu der Verpfändung erteilt hat[221].

c) Vertrag

Voraussetzung für die Bestellung einer Hypothek ist nach § 151b Abs. 1 tBGB ferner ein schriftlicher[222] Vertrag zwischen den Parteien. Da die Katasterämter für die Eintragung in der Praxis allerdings aufgrund interner Verwaltungsanweisungen eine notarielle Beurkundung verlangen, erfolgt stets eine notarielle Beurkundung der Bestellungsverträge[223]. Nach § 151b Abs. 4 tBGB müssen im schriftlichen Vertrag sowohl das Pfandobjekt, im vorliegenden Fall also die Liegenschaft, als auch die zu sichernde Forderung genau bestimmt[224] sein. Die genauen Grenzen des Bestimmtheitserfordernisses sind von der Rechtsprechung erst noch zu erarbeiten. Folge der unzureichenden Bestimmtheit einer Rechtshandlung ist nach § 37 Abs. 1 tBGB deren Unwirksamkeit[225].

aa) Bestimmtheit der Forderung

Gemäß § 151b Abs. 4 tBGB muß die zu sichernde Forderung bereits in dem schriftlichen Pfandvertrag bestimmt sein. Weitergehende Anforderungen an die Bestimmtheit der Forderung stellt das Gesetz nicht auf. Vielmehr kann nach § 151b Abs. 5 tBGB auch für eine erst zukünftige oder

---

220 Vgl. § 151f Abs. 1 2. Halbsatz tBGB sowie Eliáš, Pravní praxe v podnikání 7-8/1995, S. 6 ff., 13.

221 Dies ergibt sich aus § 151d Abs. 1 tBGB. Zu dessen Anwendbarkeit auf Grundpfandrechte siehe unten Ziffer 2.

222 Formmangel hat die absolute Ungültigkeit zur Folge, vgl. Faldyna/Hušek/Des - Faldyna S. 11.

223 Diese Verwaltungsanweisungen sind nicht offiziell veröffentlicht worden, vgl. Pitkowitz/Schwalm-Tlapak, ÖBA S. 519 ff., 524 sowie Sauer, RIW 1996, S. 646 ff., 650.

224 Vgl. auch Bičovsky/Holub, § 151b tBGB, wo das Erfordernis der Bestimmtheit besonders betont wird.

225 § 37 Abs. 1 tBGB bestimmt ausdrücklich, daß u.a. eine nicht ausreichend bestimmte Rechtshandlung unwirksam ist.

nur bedingte Forderung ein Pfandrecht bestellt werden. Bei der Bestellung eines Grundpfandrechts für eine zukünftige Forderung wäre in der deutschen Terminologie freilich nicht mehr von der Bestimmtheit, sondern vielmehr von der Bestimmbarkeit der zu sichernden Forderung zu sprechen. Eine derartige sprachliche Unterscheidung ist in der tschechischen Rechtsordnung hingegen - noch - nicht zu beobachten[226]. Möglicherweise wird sich das tschechische Recht mit zunehmender Differenzierung in dieser Frage dem deutschen Recht annähern.

Weitergehende Regelungen sind für unternehmerische Verhältnissse in der wichtigen Vorschrift § 299 Abs. 1 tHGB enthalten. Demnach kann ein Pfandrecht auch für eine bestimmte Zeit, bis zu einer bestimmten Höhe und für eine bestimmte Art von Forderungen, die dem Pfandgläubiger gegenüber dem Schuldner in Zukunft entstehen werden, bestellt werden.

Die Regelung des § 299 Abs. 1 tHGB ermöglicht ihrem Wortlaut zufolge eine erhebliche Flexibilisierung des Grundpfandrechts, das gemäß den bereits zitierten Vorschriften des tBGB streng akzessorisch an eine bestimmte Forderung gebunden ist. Sie ist daher für das gesamte Hypothekenrecht von hervorgehobener Bedeutung, da die geringe Regelungsdichte der §§ 151a ff. tBGB keinen ausreichenden Gestaltungsspielraum für die wirtschaftlichen Anforderungen der Praxis bietet[227]. In der Praxis wird daher häufig auf § 299 Abs. 1 tHGB zurückgegriffen[228].

Eine rechtswissenschaftliche Durchdringung der Möglichkeiten, die § 299 Abs. 1 tHGB im einzelnen bietet, hat indes noch nicht stattgefunden. Die ganz überwiegenden Literaturstimmen beschränken sich auf die bloße Wiederholung des Gesetzeswortlauts[229]. Vom Wortlaut her gesehen ermöglicht § 299 Abs. 1 tHGB auch die Bestellung einer Höchstbetragshypothek im Sinne des deutschen Rechts[230], wobei freilich dieser Begriff in

---

226 Möglich ist sie dagegen ohne weiteres: určitost (Bestimmtheit) - určitelnost (Bestimmbarkeit). Leider sind in Rechtsprechung und Literatur noch keine näheren Kriterien erarbeitet worden, wann eine ausreichende Bestimmtheit angenommen werden kann. Die Frage nach derartigen Kriterien wird auch nicht gestellt, vgl. z.B. Jehlička/Švestka/Škárová/Vodička-Jehlička zu § 151b tBGB.

227 Anderer Auffassung wohl Eliáš, Pravní praxe v podnikání 7-8/1995, S. 6 ff., 13, der - ohne nähere Begründung - ausführt, die Möglichkeiten des § 299 tHGB biete bereits die Regelung des tBGB. Dem kann angesichts des offensichtlich unterschiedlichen Wortlauts der Vorschriften nicht gefolgt werden.

228 Vgl. Holeyšovský, Newsletter Praha, S. 16; Chalupa, Obchodní právo 1993, S. 14 ff., 18.

229 Z.B. Štenglová/Plíva/Tomsa - Štenglová zu § 299 tHGB.

230 § 1190 BGB.

der tschechischen Rechtsordnung nicht bekannt ist. Es ist zweifellos möglich, ein Grundpfandrecht für einen Höchstbetrag von einer bestimmten Summe einzutragen. Eine Auslegung des Begriffs „bestimmte Art von Forderungen“ ergibt ohne weiteres, daß hierdurch auch die Sicherung von „Forderungen aus Geschäftsbeziehungen” ermöglicht wird. Im Bereich des Kreditwesens bietet es sich an, dieses Instrument zur Absicherung von kurzfristigen und revolvierenden Krediten mit gleichem Sicherungszweck zu verwenden[231].

Zu beachten ist, daß § 299 tHGB im Rahmen eines Kreditvertrages auch auf Rechtsverhältnisse anwendbar ist, bei denen die Parteien keine Unternehmer sind. Gemäß § 261 Abs. 3 lit. d tHGB finden die Vorschriften des tHGB nämlich unabhängig von der Unternehmereigenschaft der Parteien auf Kreditverträge Anwendung. Die wichtige Regelung des § 299 Abs. 1 tHGB kann daher auch Anwendung gegenüber Privatleuten finden, was im Kreditgeschäft durchaus von Bedeutung ist[232].

bb) Bestimmtheit der Pfandsache

Auch die Bestimmtheit bezüglich der das Pfandobjekt darstellenden Liegenschaft wird in § 151b Abs. 4 tBGB geregelt. Diese muß bereits im schriftlichen Pfandvertrag mit Bestimmtheit bezeichnet sein[233]. Aufgrund der Tatsache, daß Grundstück und Gebäude nach tschechischem Recht nicht notwendigerweise das gleiche rechtliche Schicksal haben müssen, ist hier insbesondere auf das Erfordernis der genauen Bezeichnung des zu verpfändenden Gebäudes hinzuweisen. Dies kann vor allem dann Schwierigkeiten bereiten, wenn ein Grundstück mit mehreren Gebäuden bebaut ist oder das Liegenschaftskataster hinsichtlich der Bebauung eines Grundstückes nicht eindeutig ist.

Von großem Interesse für die beteiligten Kreditinstitute war die Frage, ab welchem Zeitpunkt ein sich noch im Bau befindliches Gebäude mit einem Grundpfandrecht belastet werden kann. Früher herrschte die Meinung vor, daß ein Gebäude erst nach der sogenannten Kolaudation belastet werden könne, d.h. erst wenn das Gebäude von staatlicher Seite als den baurechtlichen Bestimmungen entsprechend abgenommen war. Erst dann sei eine Eintragung in das Liegenschaftskataster und sodann die Bestellung eines Grundpfandrechts möglich. Diese Ansicht lehnte das Oberste Gericht in

---

231 So auch Holeyšovský, Newsletter Praha, S. 16.

232 Freilich könnte gemäß § 262 Abs. 2 tHGB auch jederzeit die Anwendbarkeit der tHGB - Vorschriften durch Nichtunternehmer vereinbart werden.

233 Vgl. auch hierzu Bičovský/Holub, § 151b tBGB.

einer einschlägigen Entscheidung[234] mit der zutreffenden Begründung ab, daß demzufolge ein baurechtswidriges Gebäude wohl als nicht existent angesehen werden müsse. Das Gericht entschied, daß ein Gebäude ab dem Zeitpunkt eintragungs- und belastungsfähig sei, zu dem es auf unverwechselbare Weise individualisiert sei. Dies sei bereits der Fall, wenn das erste sich über der Erde befindliche Stockwerk errichtet worden sei. Dieses Urteil war insbesondere für Immobilienkredite von Bedeutung, da es eine Finanzierung ermöglichte, mit der durch Belastung des Grundstücks die Mittel der ersten Bautätigkeiten abgesichert wurden und sodann in einem zweiten Abschnitt die Sicherung durch Belastung des sich noch im Bau befindlichen Gebäudes erfolgte. Allerdings begegnet diese Finanzierungsweise in der Praxis Schwierigkeiten, da die Katasterämter die ergangene Entscheidung nicht durchweg zur Kenntnis nehmen wollen[235].

Aufgrund des Wortlautes von § 151f Abs. 2 tBGB wird in der Literatur auch die Bestellung einer Gesamthypothek[236] für zulässig erachtet[237]. Demnach können zur Absicherung einer Forderung Grundpfandrechte an verschiedenen Liegenschaften bestellt werden. Mangels anderweitiger Bestimmungen oder Meinungen kann davon ausgegangen werden, daß die Haftung der Liegenschaften untereinander der Regelung der Gesamtschuld entspricht[238]. Dies kann für den Fall, daß es sich um unterschiedliche Eigentümer der verpfändeten Liegenschaften handelt und ein Ausgleich zwischen ihnen durchzuführen ist, durchaus von Bedeutung sein. Gegenstand des Grundpfandrechts kann schließlich auch ein Miteigentumsanteil sein. Auch dies ist zwar gesetzlich nicht ausdrücklich geregelt, entspricht jedoch der allgemeinen Auffassung in der Literatur[239], da es sich um einen übertragbaren Vermögenswert handelt. Es wird jedoch auch darauf hingewiesen, daß die Bestellung eines Grundpfand-

---

234 Oberstes Gericht Az. 3 Cdo 111/92, abgedruckt in: Právní rozhledy 2/93, S. 46.

235 Diese Information beruht auf Gesprächen mit in Prag tätigen Juristen.

236 Vgl. § 1132 BGB; der im deutschen Recht bestehende Theorienstreit, ob es sich hierbei um ein einheitliches Recht (Einheitstheorie) oder um mehrere Rechte (Vielheitstheorie) handelt, spielt im tschechischen Recht keine Rolle. Zum deutschen Recht vgl. zusammenfassend und mit weiteren Nachweisen Weber, Kreditsicherheiten, S. 215 f.

237 Holeyšovský, Newsletter Praha, S. 12; Chalupa, Obchodní právo 1993, S. 14 ff., 17; Kopáč, Obchodní Kontrakty, S. 152.

238 Dies entspricht der Rechtslage im deutschen Recht, vgl. Weber, Kreditsicherheiten, S. 215 sowie Schimansky/Bunte/Lwowski-Merkel, § 94 Rn 13, 156 ff., und stellt eine sachgerechte Lösung dar.

239 Holeyšovský, Newsletter Praha, S. 13; Kopáč, Obchodní Kontrakty, S. 151.

rechts an einem Miteigentumsanteil von den Banken nach Möglichkeit vermieden wird, da die Verwertungsmöglichkeiten geringer sind[240].

d) Publizitätserfordernis

Die vertragliche Einigung der Parteien reicht jedoch zur wirksamen Bestellung einer Hypothek nicht aus. Zu der vertraglichen Einigung muß ferner die Eintragung der Hypothek in das Liegenschaftskataster hinzukommen. Gemäß § 151b Abs. 2 tBGB entsteht die Hypothek rechtswirksam erst mit der Eintragung in das Liegenschaftsregister. Nach zutreffender Auffassung[241] müssen die Voraussetzungen des Bestellungsvertrages und der Eintragung kumulativ vorliegen. Der Antrag auf Eintragung der Hypothek ist gemäß § 4 tLiegenschaftsEintrG von der Vertragspartei oder einer anderen berechtigten Person zu stellen. Da diese Bestimmung nicht ausdrücklich vorschreibt, welche der Vertragsparteien, der Sicherungsgeber oder der Sicherungsnehmer, den Antrag zu stellen hat, wird der Antrag auf Eintragung der Hypothek in der Praxis bisweilen von beiden Parteien unter Vorlegung des Bestellungsvertrages gestellt. Dem Wortlaut des § 4 zufolge reicht jedoch die Antragstellung durch eine Partei ausdrücklich aus. Dies wird auch in der rechtswissenschaftlichen Literatur bestätigt[242]. In der Regel wird daher von den Parteien pragmatisch vertraglich vereinbart, von welcher Seite der Antrag zu stellen ist[243]. Die Notwendigkeit der Vorlage des Bestellungsvertrages vor der Katasterbehörde ergibt sich aus § 5 Abs. 1 tLiegenschaftsEintrG[244]. Dieser Vorschrift zufolge muß der Vertrag durch die Katasterbehörde auf die Verfügungsberechtigung der Parteien, hinreichende Bestimmtheit, Verständlichkeit sowie Einhaltung der Grenzen der Vertragsfreiheit überprüft werden. Nicht erforderlich ist dagegen die Vorlage des Kreditvertrags[245]. In der Regel bilden der Kreditvertrag und der Bestellungsvertrag getrennte Urkunden.

Weitere Entstehungsvoraussetzungen wie etwa Anzeigenerfordernisse oder die Übergabe eines Briefes bestehen nicht. Insbesondere gilt dies auch für die in § 151b Abs. 4 tBGB bestimmte Pflicht zur Kennzeichnung

---

240 So wohl zutreffend Holeyšovský, Newsletter Praha S. 13: Der Wert eines Miteigentumsanteils dürfte insbesondere bei nicht gewerblich genutzten Objekten sehr gering sein.

241 Holeyšovský, Newsletter Praha, S. 19 f.

242 Kommentar zum tLiegenschaftsEintrG ohne Autorenangabe in Právní rádce 11/1995, S. 26 ff.

243 Vgl. § 4 Abs. VI. und § 7 Abs. IV. des als Anlage 4 beigefügten Vertragsmusters.

244 Zum Prüfungsumfang durch das Katasteramt vgl. auch die obigen Ausführungen unter Teil 1 § 2 E.

245 Vgl. Holeyšovský, Newsletter Praha, S. 21.

der Pfandsache. Diese Pflicht besteht nach einhelliger Auffassung nur für bewegliche Sachen. Aus der mißlungenen gesetzlichen Regelung geht dies allerdings nicht eindeutig hervor[246]. Weitere Entstehungsvoraussetzungen bestehen auch nicht für die Bestellung einer Hypothek nach den Vorschriften über die Hypothekenpfandbriefe. Auch hier entsteht die Hypothek bereits mit Eintragung in das Liegenschaftskataster. Erst nach der Eintragung in das Kataster ist der Aussteller des Hypothekenpfandbriefes berechtigt, den Pfandbrief in Umlauf zu bringen.

Gemäß § 2 Abs. 2 tLiegenschaftsEintrG entsteht die Hypothek endgültig erst mit ihrer Eintragung in das Kataster. Durch die in § 2 Abs. 3 tLiegenschaftsEintrG vorgesehene Rückwirkung wird die rechtliche Wirkung der Hypothek jedoch zeitlich verlagert. Demnach entstehen die rechtlichen Wirkungen der Eintragung bereits auf der Grundlage der rechtskräftigen Entscheidung der Katasterbehörde über die Bewilligung des Antrags auf Eintragung, und zwar rückwirkend zum Tag der Einreichung des Antrags auf Eintragung bei dem zuständigen Katasteramt. Entscheidend für die Rangfolge eines Grundpfandrechts ist daher weder der Zeitpunkt der Entscheidung über die Eintragung noch die Eintragung selbst, sondern der Zeitpunkt der Antragstellung[247]. Aus diesem Grunde gewährt § 2 Abs. 3 tLiegenschaftsEintrG auch ausdrücklich ein Einsichtsrecht in die eingegangenen, aber noch nicht bearbeiteten Anträge. In diesem Zusammenhang wird eine gewisse Rechtsunsicherheit festgestellt[248], da der in Deutschland z.T. gebräuchliche Bleistiftvermerk im Grundbuch bzgl. eines Antrages nicht existiert. Eine etwaige Rechtsunsicherheit läßt sich indes m.E. durch Ausübung des Einsichtnahmerechts ausschließen.

e) Haftungsverband

Der Haftungsverband einer Hypothek erfaßt sämtliche Sachen und Rechte, die neben der eigentlichen Liegenschaft selbst ebenfalls dem Pfandrecht des Pfandgläubigers unterliegen. Im tschechischen Recht bestimmt § 151a Abs. 1 Halbsatz 2 tBGB, daß sich das Pfandrecht auf das Pfand, das Zubehör und den Zuwachs mit Ausnahme der bereits abgetrennten Früchte erstreckt[249].

---

246 Es ist bezeichnend für die unzureichende gesetzliche Regelung, daß Holeyšovský, Newsletter Praha, S. 17 und Eliáš, Právní praxe v podnikání 7-8/1995, S. 6 ff., 10 es für erforderlich halten, diesen Hinweis ausdrücklich zu geben.

247 Holeyšovský,Newsletter Praha, S. 19.

248 Čížkovský/Brych, Der langfristige Kredit 1995, S.702 ff., 702.

249 So auch unter Beschränkung auf die Wiederholung des Gesetzeswortlauts Bičovský/Holub, § 151a tBGB und Holeyšovský, Newsletter Praha, S. 10.

aa) Liegenschaft

Zum inneren Kern des Haftungsverbandes gehört selbstverständlich zunächst die verpfändete Liegenschaft selbst. Im tschechischen Recht ist es, wie oben gezeigt[250], möglich, für Grundstück und Gebäude jeweils getrennte Hypotheken zu bestellen. Ebenso muß der Eigentümer eines Grundstückes nicht notwendigerweise auch Eigentümer des darauf errichteten Gebäudes sein[251]. Deswegen ist eine genaue Zuordnung der den Haftungsverband bildenden Sachen und Rechten zu den betreffenden Grundstücken und Gebäuden vorzunehmen. Schließlich sind bezüglich Grundstück und Gebäude zwei unterschiedliche und eigenständige Haftungsverbände zu bestimmen.

bb) Bestandteile

Zu der Pfandsache selbst gehören ihre Bestandteile[252]. Diese werden in § 120 Abs. 1 tBGB definiert. Demnach ist Bestandteil einer Sache alles, was zu ihrem Wesen gehört und nicht abgetrennt werden kann, ohne daß sie dadurch entwertet würde[253]. Der Begriff der Entwertung ist dabei nicht allein materiell zu verstehen. Es kann sich vielmehr auch um eine funktionelle oder gar ästhetische Entwertung handeln[254].

cc) Zubehör

Der in § 151 a tBGB verwendete Begriff des Zubehörs[255] (přislušenství) wird in § 121 tBGB näher erläutert. Demnach sind Zubehör einer Sache solche Sachen, die dem Eigentümer der Hauptsache zustehen und die von ihm dazu bestimmt sind, dauerhaft mit der Hauptsache zusammen benutzt zu werden[256]. Gemäß § 121 Abs. 2 tBGB sind die Nebenräume und die zum Gebrauch mit der Wohnung bestimmten Räumlichkeiten Zubehör der Wohnung. § 121 Abs. 3 tBGB bestimmt, daß das "Zubehör einer

---

250 Vgl. die Ausführungen unter Teil 1 § 2 D III 1 und 2.

251 Vgl. § 120 Abs. 2 tBGB.

252 Vgl. auch hierzu die Ausführungen unter Teil 1 § 2 D III 1.

253 So sind z.B. die auf dem Grundstück wachsenden Pflanzen Bestandteil des Grundstücks (Entscheidung B 23/75, zitiert nach Bičovský/Holub § 120 tBGB). Der Anbau an ein Familienhaus wurde ebenfalls als Bestandteil des Hauses klassifiziert (Entscheidung NS 3 Cz 23/92, zitiert nach Bičovský/Holub § 120 tBGB).

254 Entscheidung NS 3 Cz 39/91, zitiert nach Bičovský/Holub § 120.

255 Siehe auch die Darstellung bei Bureš/Drápal, S. 7.

256 Als Beispiel für das Zubehör zu einem Grundstück werden Zäune genannt, Bičovský/Holub, § 121 tBGB.

Forderung" deren Zinsen, die Verzugszinsen und -gebühren und die mit ihrer Geltendmachung verbundenen Kosten sind[257]. Im Gegensatz zum Bestandteil nach § 120 tBGB ist das Zubehör nach § 121 tBGB ein eigenständiger Gegenstand und teilt das rechtliche Schicksal der Hauptsache nicht notwendigerweise. Erforderlich ist daher, daß sich die als Zubehör in Betracht kommenden Sachen ebenfalls im Eigentum des Eigentümers der Hauptsache befinden[258]. Mit Veräußerung von Zubehör durch den Eigentümer scheidet dieses aus dem Haftungsverband aus[259]. Nähere Regelungen über die wichtige Frage der Enthaftung[260] kennt das tschechische Recht nicht.

dd) Zuwachs

Gemäß § 151a tBGB gehört auch der Zuwachs[261] (přírůstky[262]) grundsätzlich zum Hypothekenverband. Allerdings macht § 151a tBGB die ausdrückliche Ausnahme, daß Früchte nur insoweit vom Haftungsverband umfaßt sind, als sie nicht abgetrennt sind[263]. In der Literatur[264] werden unter dem Oberbegriff Zuwachs natürliche Früchte[265] und sogenannte zivile Früchte[266] unterschieden. Demnach erscheint es vertretbar, auch etwa Miet- oder Pachtforderungen als Zuwachs zum Hypothekenverband zu zählen[267].

---

257 In der deutschen Terminologie würde man wohl eher von Nebenforderungen sprechen.

258 Hierauf weisen Bičovský/Holub, § 121 tBGB, zutreffend hin. Dies entspricht auch der deutschen Rechtslage, vgl. § 1120 BGB am Ende.

259 Dies führen Bičovský/Holub, § 121 tBGB, aus, ohne auf die Problematik der - möglicherweise unzulässigen - Verringerung des Haftungsverbandes einzugehen.

260 Vgl. §§ 1121 und 1122 BGB, wo eine Enthaftung nur vor der Beschlagnahme ermöglicht wird.

261 Siehe hierzu auch Köhne, Osteuropa Recht 1/1996, S. 48 ff., 53.

262 Siehe § 135a tBGB.

263 Freilich liegen die Früchte auch nach Abtrennung noch im Eigentum des Eigentümers der Hauptsache, vgl. § 135a tBGB.

264 Bičovský/Holub, § 135a tBGB.

265 Fructus naturales, z.B. Obst am Baum.

266 Fructus civiles, z.B. Geldzinsen.

267 Übereinstimmend Pitkowitz/Schwalm-Tlapak, ÖBA 7/1993, S. 519 ff., 524. Dort wird allerdings im Hinblick auf die ungesicherte Rechtslage empfohlen, die Verpfändung von Mietforderungen im Zweifel gesondert vorzunehmen. Dem ist in praktischer Hinsicht zuzustimmen.

2. *Durch Erwerb vom Nichtberechtigten*

Der Erwerb eines Pfandrechts von einem Nichtberechtigten ist in § 151d tBGB[268] geregelt:

> *Verpfändet jemand eine fremde Sache ohne Zustimmung des Eigentümers oder desjenigen, der an der Sache ein anderes mit dem Pfandrecht unvereinbares dingliches Recht hat, so entsteht das Pfandrecht nur, wenn die Sache dem Pfandgläubiger übergeben wird und dieser sie in gutem Glauben entgegennimmt, daß der Verpfänder berechtigt ist, die Sache zu verpfänden.*

Es ist streitig[269], ob diese Vorschrift auch für den gutgläubigen Erwerb eines Grundpfandrechts gilt. Gegen die Anwendung spricht zunächst der Wortlaut „Übergabe", der nicht auf die Eintragung eines Grundpfandrechts paßt. Ferner wird eine historische Auslegung bemüht, derzufolge die beiden Vorgänger des § 151d tBGB, nämlich § 456 AGBG und § 193 Zivilgesetzbuch 1950, ausdrücklich von der Verpfändung einer „beweglichen" Sache gesprochen haben[270]. Schließlich scheint in der Literatur auch die Meinung vorzuherrschen, zum gutgläubigen Erwerb eines Grundpfandrechts könne es bereits deswegen nicht kommen, weil die Eintragung eines Grundpfandrechts nicht ohne Wissen und Zustimmung des Eigentümers der Liegenschaft erfolgen könne[271]. Dem ist entgegenzuhalten, daß der Wortlaut „Übergabe" auf einem bloßen Versehen des Gesetzgebers beruhen könnte, das auf die - solche Fehler provozierende - gemeinsame Regelung der beiden Sicherungsinstrumente in den §§ 151a ff. tBGB zurückzuführen wäre. Dem historischen Argument ist entgegenzuhalten, daß die gegenwärtige Regelung eine Beschränkung auf „bewegliche Sachen" eben nicht kennt und daher insbesondere auch im Zusammenhang mit dem neu eingeführten Liegenschaftskataster für Grundpfandrechte relevant sein könnte. Nicht stichhaltig ist schließlich das vermeintlich „logische" Argument, daß es zur Frage des gutgläubigen Erwerbs eines Grundpfandrechts nicht kommen könne. Es ist durchaus vorstellbar, daß ein als Eigentümer im Liegenschaftskataster eingetragener Verpfänder - aus welchen Gründen auch immer - nicht der tatsächliche

---

268 Die §§ 151a ff. tBGB gelten, wie bereits unter Teil 2 § 1 I A ausgeführt, sowohl für Pfandrechte an beweglichen als auch an unbeweglichen Sachen.

269 Die wohl herrschende Meinung lehnt dies ab, vgl. Faldyna/Hušek/Des-Faldyna, S. 16; Holeyšovský, Newsletter Praha, S. 16; Pitkowitz/Schwalm-Tlapak ÖBA 7/1993, S. 519 ff., 526.

270 Hierauf weisen Pitkowitz/Schwalm-Tlapak, ÖBA 7/1993, S. 519 ff., 526, hin.

271 So tatsächlich Faldyna/Hušek/Des-Faldyna, S. 16.

Eigentümer ist. Es spricht daher einiges dafür, § 151d tBGB auch auf die Bestellung von Grundpfandrechten anzuwenden.

Der Verpfänder handelt dann ohne Verfügungsbefugnis, wenn er weder Eigentümer der Pfandsache ist, noch der wirkliche Eigentümer der Bestellung eines Grundpfandrechts zugestimmt hat. Eine solche Zustimmung kann entweder in einer vorherigen Einwilligung[272] oder in einer nachträglichen Genehmigung[273] liegen. In beiden Fällen bedarf die Zustimmung der Schriftform, da das vorzunehmende Rechtsgeschäft ebenfalls dem Schriftformerfordernis unterliegt[274].

Das Merkmal der Gutgläubigkeit ist im Liegenschaftsrecht im Zusammenhang mit dem öffentlichen Glauben des Katasters gesondert in § 11 tLiegenschaftsEintrG geregelt[275]. Erforderlich ist eine Katastereintragung, die den Verpfänder - fälschlicherweise - als Eigentümer ausweist. Denkbar ist ferner die in § 151d tBGB als zweite Alternative vorgesehene Möglichkeit, daß derjenige, welcher der Bestellung eines Grundpfandrechts zustimmt, als Eigentümer im Liegenschaftskataster eingetragen ist. Entscheidend ist, daß die Eintragung nach dem Inkrafttreten des tLiegenschaftsEintrG, also dem 1.1.1993 vorgenommen wurde. Eintragungen vor diesem Datum genießen keinen öffentlichen Glauben[276]. An dieser Stelle ist darauf hinzuweisen, daß im Gegensatz zum gutgläubigen Erwerb einer Liegenschaft, der wie oben ausgeführt nur über die Vorschriften über die Ersitzung erfolgen kann, beim gutgläubigen Erwerb eines Grundpfandrechts der Übertragungstatbestand tatsächlich im tBGB geregelt ist. Hierin liegt der maßgebliche Unterschied zum gutgläubigen Erwerb des Eigentums an einer Liegenschaft, bei dem eine derartige Übertragungsrechtsfolge nicht geregelt ist und bei der aus diesem Grund der gutgläubige Erwerb nicht in Betracht kommt.

3. *Andere Entstehungsarten*

Die tschechische Rechtsordnung sieht neben den oben genannten Entstehungsarten ferner die Errichtung eines Grundpfandrechts in den folgenden Fällen vor:

---

272 § 31 Abs. 1 tBGB.

273 Vgl. § 33 Abs. 2 S. 1 2. Alt. tBGB.

274 Vgl. § 31 Abs. 4 S. 1 tBGB; siehe auch Kopáč, Obchodní Kontrakty S. 151.

275 Vgl. zum genauen Wortlaut Teil 1 § 2 D II 3.

276 Das ergibt sich aus § 19 i.V.m. § 11 tLiegenschaftsEintrG, vgl. auch - insoweit zutreffend - Pitkowitz/Schwalm-Tlapak, ÖBA 7/1993, S. 519 ff., 521.

a) Grundpfandrecht des Arbeitgebers

Gemäß der zum 1.6.1994 eingeführten Novelle Nr. 74/1994 Slg. zum tArbG[277] kann ein Grundpfandrecht auch zur Absicherung eines Schadensersatzanspruches des Arbeitgebers gegenüber dem Arbeitnehmer bestellt werden[278]. Es handelt sich jedoch nicht um ein gesetzliches Grundpfandrecht, Entstehungsgrund ist auch hier ein Vertrag[279] zwischen den Parteien. Die Ausgestaltung dieser Vorschrift ist dogmatisch verfehlt[280]. So wird ausdrücklich bestimmt, daß das Grundpfandrecht am Tag der Eintragung in das Liegenschaftskataster entsteht[281], was einen offensichtlichen Widerspruch zu § 2 Abs. 3 tLiegenschaftsEintrG darstellt[282]. Ferner soll die Übertragung der mit dem Grundpfandrecht belasteten Liegenschaft durch den Arbeitnehmer an einen Dritten ohne die Zustimmung des Arbeitgebers unwirksam sein[283]. Ein derartiger Eingriff in die Verfügungsberechtigung des Eigentümers, enthalten in einem Arbeitsgesetz und ohne jegliche Rücksichtnahme auf die dogmatischen Grundkonzeptionen des materiellen Zivilrechts, kann nur als verfehlt bezeichnet werden. So erstaunt es nicht, daß diesbezüglich bereits jetzt Verwirrung in der Literatur[284] herrscht. Es darf vermutet werden, daß diese Regelung, sofern denn von ihr Gebrauch[285] gemacht wird, in der Praxis zu erheblichen Rechtsunsicherheiten führen wird.

b) Erbengemeinschaft

Gemäß § 151 b Abs. 1 iVm § 482 Abs. 1 tBGB kann ein Pfandrecht auch entstehen, wenn dieses von einer Erbengemeinschaft im Rahmen der

---

277 Zákoník práce ze dne 16. června 1965 č. 65/1965 Sb. (Arbeitsgesetzbuch vom 16. Juni 1965 Nr. 65/1965 Slg.), im folgenden „tArbG".

278 Für die Notwendigkeit einer solchen ausdrücklichen Regelung kommen lediglich arbeitsrechtliche Gründe in Betracht, die hier nicht näher erörtert werden sollen.

279 § 248 Abs. 1 tBGB.

280 Vgl. die ausführliche Darstellung bei Holeyšovský, Newsletter Praha, S. 21 f.; ebenso Fiala, Právní rozhledy 2/1995, S. 65 ff., 66.

281 § 248 Abs. 2 Satz 2 tArbG.

282 Demnach wird die Eintragung rückwirkend zum Tag der Antragstellung wirksam.

283 Das ergibt sich ausdrücklich aus § 248 Abs. 3 tArbG.

284 Eine Kommentierung findet sich bei Součková, § 248 tArbG. Unter anderem wird behauptet, dem Grundpfandrecht nach § 248 tArbG käme keine dingliche Wirkung, sondern lediglich schuldrechtliche Wirkung zwischen den Parteien zu. Dieser Ansicht sind auch Bureš/Drápal, S. 2.

285 Es ist bislang noch kein Fall publik geworden.

Erbauseinandersetzung vereinbart[286] wird und vom zuständigen Gericht genehmigt wird[287]. Diese Vereinbarung muß dem Wortlaut des Gesetzes zufolge nicht notwendigerweise schriftlich erfolgen. Im Falle eines Grundpfandrechts ist die Schriftform jedoch im Hinblick auf die notwendige Eintragung in das Liegenschaftskataster erforderlich. Auch diese Vorschrift ist in der Praxis kaum von Bedeutung.

c) Richterliches Grundpfandrecht

Im Rahmen der Zwangsvollstreckung kann gemäß §§ 338a, 338b tZPO zur Sicherung der zu vollstreckenden Forderung durch gerichtlichen Beschluß ein Grundpfandrecht bestellt werden. Dieses richterliche Grundpfandrecht entspricht in seiner Ausgestaltung der Zwangshypothek im deutschen Recht, §§ 866, 867 ZPO. Es handelt sich um ein eigenständiges Instrument der Zwangsvollstreckung[288]. Dem Wortlaut von § 338 a tZPO zufolge entsteht das Grundpfandrecht bereits aufgrund des richterlichen Beschlusses, nicht erst mit Eintragung in das Liegenschaftskataster. Eine Eintragung in das Liegenschaftskataster erfolgt nach §§ 14 Abs. 2 i.V.m. 7 Abs. 1 tLiegenschaftsEintrG lediglich als „Nachtrag" (záznam), wenn die Rechtsänderung bereits aufgrund Gesetzes oder Entscheidung eines staatlichen Organs vorgenommen wurde. Letzteres liegt hier vor. Dem Nachtrag kommt daher keine konstitutive Wirkung[289] zu. Dies hat zwangsläufig zur Folge, daß das Liegenschaftskataster nicht notwendigerweise vollständige Auskunft über bestehende Rechte Dritter gibt[290]. Neben dem eingeschränkten Schutz des guten Glaubens ist daher auch insoweit ein erheblicher Unterschied zu dem deutschen Grundbuch gegeben.

---

286 Im Grunde genommen handelt es sich aufgrund der notwendigen Vereinbarung um ein vertragliches Pfandrecht, vgl. auch Bureš/Drápal, S. 2.

287 Siehe auch die Erläuterungen bei Rychetský in Právní rádce 2/1993, S. 11 ff. sowie Holeyšovský, Newsletter Praha, S. 38.

288 Vgl. die Entscheidung des Kreisgerichts České Budějovice (Budweis) - Zweigstelle Tábor, vom 27.4.1995, Az. 15 Do 130/95.

289 So auch Kopáč, Právní rádce 4/1993, S. 16 ff., 18; derselbe in Obchodní Kontrakty S. 154; Kozel, Právní rádce 10/1996, S. 9 ff., 9. Laut Holeyšovský, Newsletter Praha, S. 37 f. ist streitig, ob das richterliche Grundpfandrecht durch konstitutive Eintragung (vklad) oder lediglich durch deklaratorischen Nachtrag (záznam) entsteht, wobei er keine Präferierung erkennen läßt. M.E. kann angesichts des klaren Wortlauts der Vorschriften den tLiegenschaftsEintrG nur von einem deklaratorischen Nachtrag ausgegangen werden.

290 Dies wird zu Recht von Kopáč, Obchodní Kontrakty, S. 154 wegen der dadurch eintretenden Rechtsunsicherheit beklagt.

d) Steuerliches Grundpfandrecht

Ein gesetzliches Grundpfandrecht ist schließlich in § 72 des tschechischen Gesetzes über die Verwaltung von Steuern und Gebühren[291] vorgesehen. Das Grundpfandrecht entsteht bereits aufgrund eines steuerlichen Verwaltungsaktes[292]. Der genaue Entstehungszeitpunkt kann in dem Bescheid selbst angegeben werden, nämlich entweder der Tag der Zustellung des Bestellungsbescheides an den Steuerschuldner, der Tag der Zustellung des Steuerfestsetzungsbescheides oder der Tag der Fälligkeit von Steuervorauszahlungen, § 72 Abs. 2 tSteuerverwaltungsG. Eine Nachtragung der Entstehung in das Liegenschaftskataster hat auch hier lediglich deklaratorische Wirkung[293]. Von erheblichem Interesse ist die Regelung in § 72 Abs. 4 Satz 1 tSteuerverwaltungsG. Sie beinhaltet eine Anweisung an das Katasteramt, spätestens an dem der Zustellung folgenden Tag auf dem betreffenden Katasterblatt eine Eintragung zu machen, daß „die Rechtsverhältnisse von einer Änderung betroffen" seien. Ab Vornahme dieser Eintragung darf über die Liegenschaft in keiner Hinsicht mehr wirtschaftlich verfügt werden[294]. Obwohl das Steuergrundpfandrecht sich in seiner Rangordnung an den bereits bestehenden bzw. beantragten Grundpfandrechten orientiert[295], werden - neben der Dispositionsbefugnis des Eigentümers - auch die vorrangigen Grundpfandrechte anderer Gläubiger hierdurch erheblich beeinflußt. Die in der Praxis vorherrschende Verwertungsart der außergerichtlichen Verwertung wird hierdurch unmöglich gemacht[296]. Die Verweisung der übrigen Gläubiger auf eine gerichtliche Verwertung bedeutet erhebliche Nachteile sowohl hinsichtlich der Zeitdauer als auch der Höhe des Verwertungserlöses. Auch vor diesem Hintergrund muß eine Absicherung durch ein Grundpfandrecht überaus vorsichtig beurteilt werden.

---

291 Zákon České národní rady o správě daní a poplatků č. 337/1992 Sb. ze dne 5. května 1992 (Gesetz des Tschechischen Nationalrates über die Verwaltung von Steuern und Gebühren Nr. 337/1992 Slg. vom 5. Mai 1992), im folgenden „tSteuerverwaltungsG".

292 § 72 Abs. 1 tSteuerverwaltungsG.

293 Das ist eindeutig, vgl. Holeyšovský, Newsletter Praha, S.29 f.; Čvančara, Právní rozhledy 2/1997, S. 74 ff., 75.

294 § 72 Abs. 4 Satz 2 tSteuerverwaltungsG.

295 § 72 Abs. 3 Satz 2 tSteuerverwaltungsG; ferner Holeyšovský, Newsletter Praha, S. 29.

296 Vgl. auch Holeyšovský, Newsletter Praha, S. 29 f.

II. Untergang des Grundpfandrechts

1. Erlöschen der Forderung

Als akzessorisches Sicherungsinstrument erlischt das Grundpfandrecht, wenn die gesicherte Hauptforderung erlischt[297]. Einer gesonderten Löschung im Kataster bedarf es für den Untergang der Hypothek nicht. Als Erlöschensgründe kommen vor allem die folgenden in Betracht[298]:

a) Tilgung

Die gesicherte Forderung erlischt bei ordnungsgemäßer Erfüllung durch den Hauptschuldner. Allerdings ist hier zu beachten, daß unterschiedliche Vorschriften über die Erfüllung zur Anwendung kommen, und zwar abhängig davon, ob es sich um eine dem tBGB oder dem tHGB unterliegende Hauptforderung handelt[299]. Zur Erfüllung der Hauptforderung nach tHGB ist auch der - von dem Hauptschuldner unterschiedliche - Sicherungsgeber berechtigt, wenn der Hauptschuldner seine Verpflichtung verletzt hat[300]. Folge der Erfüllung durch den Sicherungsgeber ist eine cessio legis[301]. In diesem Zusammenhang stellt sich die Frage nach einem Sicherungsausgleich[302], falls weitere Dritte ebenfalls akzessorische

---

297. § 151g Satz 1 1. Alternative tBGB; vgl. auch Kopáč, Obchodní Kontrakty, S. 159; Mikeš, Právní rádce 12/1994, S. 10 f., 10.

298 Weitere denkbare forderungsbezogene Erlöschensgründe sind Unmöglichkeit (§ 575 tBGB), Zeitablauf (§ 578 tBGB), Tod (§ 579 tBGB), Aufrechnung (§ 580 tBGB), Verwirkung (§ 583 tBGB), Konfusion (§ 584 tBGB), Abstandszahlung (§ 355 tHGB), Rücktritt (§§ 48 ff. tBGB und §§ 344 ff. tHGB), vgl. hierzu auch Holeyšovský, Newsletter Praha, S. 58 ff.; zur Frage des Untergangs infolge Rücktritts vom Vertrag siehe Vajgant, Právní rádce 12/1996, S. 57.

299 Vgl. § 559 Abs. 1 tBGB und §§ 324 ff. tHGB; zur Unterscheidung siehe ferner auch Holeyšovský, Newsletter Praha, S. 58 sowie Faldyna/Hušek/Des - Faldyna S. 85.

300 § 332 Abs. 1 tHGB; im Umkehrschluß heißt das, daß bei einer dem tBGB unterliegenden Forderung die Erfüllung durch den Sicherungsgeber nicht möglich ist. So andeutungsweise auch Štenglová/Plíva/Tomsa - Tomsa zu § 332 tHGB.

301 § 332 Abs. 2 tHGB, siehe auch Kopáč, Obchodní Kontrakty, S. 160, der sich allerdings auf die Wiederholung des Gesetzeswortlautes beschränkt, wonach „der Verpfänder in die Stellung des Gläubigers eintritt".

302 In diesem Fall ist zu fragen, inwiefern die übrigen Sicherheiten dem neuen Gläubiger aufgrund der cessio legis zur Verfügung stehen. Zur Darstellung der deutschen Rechtslage vergleiche ausführlich Tiedtke, WM 1990, 1270 ff.

Sicherheiten für die Forderung bestellt haben. Diese Frage wird eingehend im Rahmen der Ausführungen zur Bürgschaft behandelt[303].

b) Verzicht

Ferner kann der Gläubiger nach § 574 tBGB auf seinen Anspruch verzichten. Ein solcher Verzicht bedarf der Schriftform und darf sich nach § 574 Abs. 2 tBGB nicht auf lediglich zukünftige Rechte beziehen[304].

2. Untergang der Pfandsache

Nach § 151g tBGB erlischt die Sicherung infolge Untergangs[305] des Pfandgegenstandes. Da § 151a tBGB sowohl auf Pfandrechte an beweglichen Sachen als auch auf Grundpfandrechte anwendbar ist, dürfte der häufigste Fall des Untergangs eines Pfandgegenstandes bei einem Pfandrecht an einer beweglichen Sache vorliegen. Der Untergang einer unbeweglichen Sache dürfte dagegen eher der Ausnahmefall sein. Allerdings kann § 151g tBGB auch bei Grundpfandrechten Anwendung finden, etwa wenn ein Gebäude allein zum Gegenstand eines Grundpfandrechts gemacht wurde. Dem Schutz des Sicherungsnehmers dient in diesem Fall § 151e Abs. 3 tBGB, der ihm einen Anspruch auf nachträgliche Bestellung von Sicherheiten verleiht[306]. Entsprechendes ergibt sich ferner aus § 505 tHGB, wenn es sich bei der gesicherten Forderung um einen Kreditvertrag nach tHGB handelt[307].

3. Hinterlegung

Nach § 151g 1. Halbsatz 2. Alt. tBGB erlischt das Pfandrecht, sofern der Verpfänder den Wert des Pfandgegenstandes bei dem Pfandgläubiger hinterlegt. Auch hier handelt es sich um eine Regelung zum Schutze des Sicherungsgebers, da er durch Hinterlegung die Vollstreckung in sein Eigentum abwenden kann[308]. Diese Vorschrift bereitet in der Praxis der Kreditvergabe insofern große Schwierigkeiten, als die Methode der

---

303 Vgl. im einzelnen die Ausführungen zur Bürgschaft unter Teil 2 § 4 A III 3 b.

304 Auf diese Problematik ist im Rahmen der Globalzession näher einzugehen, vgl. Teil 2 § 3 C III.

305 Der Begriff des Untergangs wird in der Literatur nicht problematisiert, vgl. z.B. Holeyšovský, Newsletter Praha, S. 64 oder Bičovský/Holub, § 151g tBGB.

306 Dieser Anspruch dürfte freilich in der Regel bereits aus dem Vertragsverhältnis hervorgehen.

307 Vgl. die Ausführungen unter Teil 1 § 2 A II.

308 So auch Kopáč, Obchodní Kontrakty, S. 159 f.

Wertberechnung[309] umstritten[310] ist. Ein freier Markt für Immobilien hat sich aufgrund der beschränkten Zulassung von Devisenausländern[311] sowie anhängiger Rückübertragungsansprüche bislang kaum bilden können. Einerseits kommt hier die Anwendung der Wertermittlungsverordnung des Finanzministeriums[312] in Betracht. Diese tWertermittlungsVO findet vor allem für die Feststellung der Steuerpflicht (Erbschafts-, Schenkungs-, Einkommens- und Immobiliensteuer) sowie - umstrittenerweise - auf das Konkurs- und Zwangsvollstreckungsrecht Anwendung. Allerdings ist der anhand der tWertermittlungsVO ermittelte Wert häufig um das Zwei- bis Dreifache höher als der bislang erkennbare Marktwert[313].

Als weitere Bewertungsmethode kommt das im novellierten Gesetz über Schuldver-schreibungen vorgesehene Verfahren in Betracht. Dieses erlaubt den Hypothekenbanken durch entsprechende Änderung des Gesetzes über Schuldverschreibungen[314], den "üblichen Preis" der verpfändeten Liegen-schaft selbst zu ermitteln. Nähere Ausführungen zu der Art und Weise dieser Ermittlung macht die gesetzliche Regelung allerdings nicht. Angesichts dieser Schwierigkeiten ist es weiterhin fraglich, wie der Wert der Liegenschaft zu ermitteln ist. In der Praxis käme daher zunächst die vertragliche Festsetzung eines vereinbarten Wertes in Betracht. Dies stößt allerdings ebenfalls auf Schwierigkeiten, da die tschechischen Immobilienwerte derzeit allzu großen Schwankungen unterworfen sind. Als beste Lösung erscheint daher die vertragliche Einigung auf einen hausinternen Sachverständigen oder einen unabhängigen Dritten, welcher die Bewertung der Immobilie im Bedarfsfall durchzuführen hat[315].

---

309 Überflüssigerweise spricht das Gesetz von „cena" (Preis) und nicht etwa „hodnota" (Wert); vgl. zu dem gleichen Übersetzungsproblem im Falle des § 151d tBGB Pitkowitz/Schwalm-Tlapak, ÖBA 7/1993, S. 519 ff., 525.

310 Vgl. Čížkovský/Brych, Der langfristige Kredit 1995, S. 702 ff., 702 f.

311 Devisenausländer dürfen nur unter starken Beschränkungen Eigentum an Liegenschaften erwerben, vgl. § 25 tDevisenG und die Ausführungen bei Pitkowitz/Schwalm-Tlapak, ÖBA S. 519 ff., 521.

312 Vyhláška Ministerstva financí o oceňování staveb, pozemků a trvalých porostů ze dne 25. srpna 1994 č. 178/1994 Sb. (Verordnung des Finanzministeriums über die Bewertung von Gebäuden, Grundstücken und Forsten vom 25. August 1994, Nr. 178/94 Slg.), im folgenden „tWertermittlungsVO"; im Jahre 1996 ist vom Finanzministerium eine aktualisierte Fassung der tWertermittlungsVO herausgegeben worden, vgl. hierzu die Darstellung von Kuba, Obchodní právo 5/1996, S. 13 ff.

313 Čížkovský/Brych, Der langfristige Kredit 1995, S. 702 ff.

314 Vgl. den neugefaßten § 15 Abs. 2 des Gesetzes über Schuldverschreibungen.

315 Dies wurde in Gesprächen mit Bankenvertretern bestätigt.

4. *Verzicht durch Pfandgläubiger*

Nach § 151g Satz 1 2. Halbsatz tBGB erlischt das Grundpfandrecht infolge Verzichts des Pfandgläubigers auf das Sicherungsrecht. Dieser Fall des Erlöschens des Pfandrechts ist streng vom Verzicht nach § 574 tBGB zu unterscheiden, bei dem der Gläubiger auf die gesicherte Forderung verzichtet. Dort ist der Untergang des Pfandrechts lediglich die Folge des Erlöschens der Forderung. Der Verzicht auf das Pfandrecht nach § 151g tBGB bedarf der notariellen Beurkundung. Dies ist insofern bemerkenswert, als selbst die Bestellung eines Grundpfandrechts nach § 151b Abs. 1 tBGB sowie überhaupt die Übertragung von Immobilieneigentum[316] lediglich der Schriftform bedarf[317]. Eine Erklärung hierfür wäre, daß es sich nach dem Gesetzeswortlaut um eine einseitige Rechtshandlung handelt, während der Verzicht auf eine Forderung gemäß § 574 tBGB ausdrücklich eines zweiseitigen Vertrages zwischen den Parteien bedarf[318]. Das Vorliegen eines einseitigen Verzichts durch eine Partei könnte zwischen den Parteien äußerst streitig sein, so daß eine notarielle Beurkundung diesem Streit vorbeugen könnte. Die Bedeutung dieser Vorschrift ist in der Praxis für Umschuldungen und Umstrukturierungen von Sicherheiten nicht unerheblich[319].

Im Hinblick auf den Schutz anderer Sicherungsgeber erhebt sich die Frage, wie sich ein Verzicht auf andere (akzessorische) Sicherheiten auswirkt. Eine dem § 776 BGB entsprechende Regelung kennt das tschechische Recht nicht, so daß ein Bürge wohl noch in vollem Umfang in Anspruch genommen werden könnte[320]. Ferner fehlt es auch an einer Regelung, derzufolge zumindest die Geber von akzessorischen Sicherheiten untereinander gesamtschuldnerisch haften. Es käme daher allenfalls eine analoge Anwendung der Vorschriften über die Gesamtschuldnerschaft[321] in Betracht. Die Zulässigkeit der Analogie ist in

---

316 Vgl. § 46 Abs. 1 tBGB.

317 Vgl. auch Jindřich, Právní rádce 12/1994, S. 48 f. Die Katasterbehörden verlangen in der Praxis allerdings aufgrund interner Anweisungen die Beglaubigung des Kaufvertrages durch einen Rechtsanwalt oder Notar.

318 Es ist streitig, ob § 151g tBGB tatsächlich eine einseitige Rechtshandlung vorsieht, vgl. ablehnend Holeyšovský, Newsletter Praha, S. 62, mit der - andeutungsweisen - Begründung, der Gesetzgeber habe in § 151g nicht dogmatisch von § 574 tBGB abweichen wollen.

319 So Holeyšovský, Newsletter Praha, S. 62, mit dem ergänzenden Hinweis, daß es hierdurch aufgrund des notariellen Formzwangs zu weiteren Kosten für den Kreditnehmer kommt.

320 Auch die rechtswissenschaftliche Literatur hat diese Frage noch in keiner Weise angesprochen. Dies zeigt erneut, daß das Kreditsicherheitenrecht noch in einem Anfangsstadium begriffen ist.

321 § 511 tBGB.

§ 853 tBGB ausdrücklich geregelt. Demnach sind auf Zivilrechtsbeziehungen, die nicht ausdrücklich gesetzlich geregelt sind, diejenigen Vorschriften anzuwenden, die dem Inhalt und Zweck der in Frage stehenden Rechtsbeziehung am nächsten kommen. Das Erfordernis der unbewußten Regelungslücke ist konkludent auch in dieser Legaldefinition der Analogie enthalten[322]. Vorliegend ist diese Voraussetzung zu bejahen. In diesem Rahmen wäre aufgrund des Verzichts des Pfandgläubigers der Haftungsumfang der übrigen Sicherungsgeber anteilmäßig zu kürzen. Dieses Ergebnis entspräche auch der deutschen Rechtslage[323].

5. *Zeitablauf*

Sofern das Grundpfandrecht gemäß § 299 Abs. 1 tHGB nur für eine bestimmte Zeitdauer bestellt wurde, erlischt es automatisch nach § 151g Satz 1 2. Halbsatz 2. Alt. tBGB mit deren Ablauf.

6. *Konkurs*

Nach § 14 Abs. 1 f) in Verbindung mit § 28 Abs. 1 tKonkursG[324] erlöschen sowohl Pfand- wie auch Zurückbehaltungsrechte bei Eröffnung des Konkurses über das Vermögen des Schuldners, sofern sie während der letzten zwei Monate vor Eröffnung des Konkurses bestellt wurden. Diese Vorschrift dient offensichtlich dem Schutz von Massegläubigern vor vorsätzlicher Benachteiligung durch den Gemeinschuldner[325]. Es erscheint zweifelhaft[326], ob eine derartig rigorose, lediglich auf das Zeitmoment abstellende Regelung ohne Berücksichtigung der näheren Umstände der Sicherheitenbestellung, insbesondere einer tatsächlichen Benachteiligung der anderen Gläubiger, sachgerecht ist[327]. M.E. trägt diese Regelung zur bestehenden Rechtsunsicherheit bei, da auch bei Gewährung eines werthaltigen Darlehens durch unbeteiligte Dritte[328] damit gerechnet werden

---

322 Vgl. in diesem Sinne Bičovský-Holub zu § 853 tBGB.

323 Vgl. ausführlich Reinicke/Tiedtke, S. 65 f.

324 Zákon o konkursu a vyrovnání ze dne 11. července 1991 č. 328/1991 Sb. (Gesetz über den Konkurs und den Vergleich vom 11. Juli 1991, Slg. Nr. 328/1991), im folgenden „tKonkursG".

325 Zoulík § 14 Anm. 4 tKonkursG.

326 Dies wird in der tschechischen Literatur jedoch nicht problematisiert, vgl. z.B. Zoulík, § 14 tKonkursG; Holeyšovský, Newsletter Praha, S. 62; Kopáč, Obchodní Kontrakty, S. 160. Diese Literaturstimmen beschränken sich weitgehend auf die Wiederholung des Gesetzeswortlautes.

327 Das deutsche Recht stellt auf eine tatsächliche oder beabsichtigte Benachteiligung ab, vgl. § 3 Anfechtungsgesetz.

328 Die Absicherung von Gesellschafterdarlehen ist auch nach deutschem Recht anfechtbar, vgl. § 3b Anfechtungsgesetz i.V.m. § 32a GmbHG.

muß, daß jegliche Sicherung im Falle eines baldigen Konkurses des Schuldners entfällt.

7. *Gutgläubiger lastenfreier Erwerb der Liegenschaft*

Ein Erlöschen des Grundpfandrechts kommt auch aufgrund gutgläubigen lastenfreien Erwerbs der Liegenschaft in Betracht[329]. Hier ist zunächst die Anwendbarkeit von § 151d Abs. 2 tBGB auf das Grundpfandrecht fraglich. M.E. sind die Voraussetzungen für die Anwendbarkeit gegeben, zumal im Gegensatz zu § 151d Abs. 1 tBGB hier nicht der Wortlaut „Übergabe" einer Anwendung entgegensteht[330].

Dem Wortlaut zufolge wirkt bei einer auf einem Vertrag[331] beruhenden Veräußerung des Pfandgegenstandes (Liegenschaft) ein bereits bestelltes (Grund-)Pfandrecht nur dann gegenüber dem Erwerber der Pfandsache (Liegenschaft), wenn er von der Existenz des (Grund-)Pfandrechts wußte oder wissen mußte. Hier sind zwei Dinge festzuhalten:

Zum einen stellt der Wortlaut eine Umkehrung von Grundsatz und Ausnahme dar. Ausgangspunkt sollte sein, daß ein Grundpfandrecht selbstverständlich auch gegenüber dem Erwerber wirkt (Grundsatz), es sei denn (Ausnahme), er wäre gutgläubig von der Nichtexistenz eines Grundpfandrechts ausgegangen. Bei § 151d Abs. 2 tBGB ist es umgekehrt und daher dogmatisch verfehlt[332].

Zum anderen bewirkt ein solcher gutgläubiger Erwerb nicht den Untergang des Grundpfandrechts, sondern dem Gesetzeswortlaut zufolge „wirkt das (Grund-)Pfandrecht nicht gegenüber dem Erwerber". Es entfaltet daher lediglich inter partes keine Wirkung mehr, erlischt jedoch nicht inter omnes. Dies wird in der Literatur nicht diskutiert. Angesichts des klaren Wortlauts ist jedoch von diesem Ergebnis auszugehen, zumal das frühere

---

329 § 151d Abs. 2 tBGB.

330 Vgl. oben Ziff. 2., Erwerb vom Nichtberechtigten; dieser Ansicht sind mit dem gleichen Argument auch Bureš/Drápal, S. 6; mit gleichem Ergebnis, aber ohne Begründung Jůzlová, Právní rozhledy 11/1996, S. 517 ff., 518; a.A. Švestka/Mikeš, Všehrd 5/1993, S. 4 ff., 7 f., die allerdings die Anwendbarkeit von § 151d Abs. 2 tBGB auf das Bestehen des steuerlichen Grundpfandrechts nicht erkennen und daher unzutreffend eine Anwendbarkeit dieser Vorschrift auf Liegenschaften verneinen.

331 Im Falle eines gesetzlichen Eigentumsüberganges, z.B. aufgrund von Restitutionsgesetzen, findet § 151d Abs. 2 tBGB dagegen keine Anwendung, so zutreffend Jůzlová, Právní rozhledy 11/1996, S. 517 ff., 518.

332 Von der tschechischen Literatur ist diese Fragestellung bislang nicht angesprochen worden.

sozialistische Wirtschaftsgesetz das Pfandrecht ebenfalls nicht als dingliches, sondern als schuldrechtliches Institut ausgestaltet hatte[333]. Im Falle der Weiterübertragung der Liegenschaft auf einen - nicht gutgläubigen - Dritten wäre das Grundpfandrecht daher wieder gegenüber dem Eigentümer wirksam. Es muß bezweifelt werden, ob dies eine praktikable Lösung ist.

Die Gutgläubigkeit des Erwerbers kommt sowohl bei vertraglichen als auch bei gesetzlichen Grundpfandrechten in Betracht. Vertragliche Grundpfandrechte bedürfen zu ihrem Entstehen einer konstitutiven Eintragung[334]. Diese wirkt auf den Tag der Antragstellung zurück[335]. Das Vorliegen eines Antrages auf Eintragung wird vom Katasteramt sofort im Liegenschaftskataster vermerkt[336]. In diesem Falle dürfte ein „Wissen oder Wissenmüssen" des Erwerbers zu bejahen sein, so daß ein gutgläubiger lastenfreier Erwerb ausscheidet.

Bei den gesetzlichen Grundpfandrechten bzw. solchen, die auf einer Entscheidung einer staatlichen Stelle beruhen[337], bedarf es keiner konstitutiven Eintragung (vklad), sondern lediglich eines Nachtrages (záznam). Der Erwerber mußte bei fehlendem Nachtrag also nicht wissen, daß ein Grundpfandrecht besteht. Hier kommt ein gutgläubiger lastenfreier Erwerb in Betracht. Die Voraussetzungen für den gutgläubigen Erwerb im Zusammenhang mit den Bestimmungen des tLiegenschaftsEintrG sind in der Literatur kaum vertieft worden. Nach einer zutreffenden Auffassung[338] besteht eine detaillierte Nachforschungspflicht des Erwerbers hinsichtlich etwaiger steuerlicher Grundpfandrechte nicht, so daß ein diesbezügliches Wissen-müssen in der Regel zu verneinen ist.

8. *Verfallklausel*

Denkbar wäre auch eine Vereinbarung in der Sicherungsabrede, derzufolge der Sicherungsnehmer bei Eintritt der Pfandreife Eigentümer der verpfändeten Liegenschaft werden solle (sogenannte "Verfallklausel"). Eine solche Klausel wäre allerdings als unwirksam anzusehen, da sie der gesetzlichen Ausgestaltung des Pfandrechts widerspricht und daher gegen

---

333 Vgl. hierzu die Entscheidung des Obersten Gerichts vom 16.11.1995, Az 14/95/Fa.

334 § 151b Abs. 2 tBGB.

335 § 2 Abs. 3 tLiegenschaftsEintrG.

336 Zumindest sieht das § 12 Abs. 1 tLiegenschaftsEintrG so vor.

337 § 14 Abs. 2 i.V.m. § 7 Abs. 1 tLiegenschaftsEintrG.

338 Čvančara, Právní rozhledy 2/1997, S. 74 ff., 76.

wesentliche gesetzliche Regelungen verstoßen würde[339]. Die Folge wäre Nichtigkeit nach § 39 tBGB. Die Verfallklausel kann daher nicht als Grund für den Untergang des Pfandrechts angesehen werden. Dieses Ergebnis entspricht im übrigen auch der deutschen Rechtslage, vgl. § 1229 BGB.

9. *Gerichtliche Verwertung*

Grundpfandrechte erlöschen schließlich auch grundsätzlich im Rahmen einer gerichtlichen Verwertung der Liegenschaft. § 337 Abs. 1 d) tZPO regelt die Rangfolge der Befriedigung der bestehenden Grundpfandrechte im Rahmen der Zwangsvollstreckung im Sinne des Löschungsprinzips. Das Bestehenbleiben einzelner Grundpfandrechte beim Übergang der versteigerten Liegenschaft auf den Erwerber ist daher gesetzlich nicht vorgesehen[340].

10. *Schuldübernahme*

Durch Vertrag des Schuldners mit einem Dritten kann nach § 531 Abs. 1 tBGB die Schuld auf diesen Dritten übertragen werden. Voraussetzung ist allerdings die Zustimmung des Gläubigers. Der Schutz eines Sicherungsgebers, der von dem Schuldner verschieden ist, wird durch § 532 tBGB bewirkt. Demzufolge erlischt die Sicherung, falls nicht auch der Sicherungsgeber der Schuldübernahme zustimmt. Im Falle der Übertragung der Schuld auf einen Dritten kommt es daher gemäß § 532 tBGB zum Untergang eines Grundpfandrechts, wenn der vom Schuldner verschiedene Verpfänder der Übertragung der Schuld nicht zustimmt[341]. Die fehlende Zustimmung des Sicherungsgebers hat allerdings keinen Einfluß auf die gesicherte Forderung selbst.

III. Übertragung des Grundpfandrechts

1. *Schulderneuerung/Forderungsauswechslung*

Nach § 570 können sich Gläubiger und Schuldner auf eine Erneuerung bzw. Änderung der Forderung einigen. Dadurch wird die alte Forderung

---

339 Einhellige Meinung: Kopáč, Právní rozhledy 5/1993, S. 15 ff.; Chalupa, Obchodní právo 3/1996, S. 12 ff., 13; Kopáč/Švestka, Právní rozhledy 5/1995, S. 189 f.

340 Das deutsche Zwangsversteigerungsrecht richtet sich dagegen nach dem Übernahmeprinzip, vgl. § 52 Abs. 1 Satz 1 ZVG sowie die Ausführungen bei Zeller/Stöber ZVG § 52 Rn 2. Lediglich aufgrund besonderer Vereinbarung kann das Fortbestehen eines Grundpfandrechtes bewirkt werden, vgl. hierzu die Ausführungen unter Teil 3 § 1 A II.

341 Zu dem gleichen Ergebnis kommt Holeyšovský, Newsletter Praha, S. 42.

durch eine neue ersetzt. Gemäß § 572 Abs. 1 tBGB bleibt eine für die ursprüngliche Forderung bestellte Sicherheit grundsätzlich auch für die neue Forderung erhalten. Hierbei handelt es sich um eine vertragsbedingte Durchbrechung des Akzessorietätsgrundsatzes, die eine rangwahrende Forderungsauswechslung ermöglicht[342]. Allerdings wird der Sicherungsgeber, sofern es sich um eine von dem Schuldner verschiedene Person handelt, sowie andere berechtigte Personen, in der Regel andere Gläubiger, durch § 572 Abs. 1 S. 2 tBGB geschützt. Demzufolge wird, falls diese Personen der Schulderneuerung nicht zustimmen, der Umfang der Sicherheit auf den ursprünglichen Umfang begrenzt und alle Einwendungen gegen die ursprüngliche Forderung bleiben erhalten. Problematisch erscheint jedoch, daß die Forderungsauswechslung in § 570 tBGB und somit im allgemeinen Teil des Schuldrechts geregelt ist. Für die Auswechslung einer durch ein Grundpfandrecht gesicherten Forderung schreibt das Gesetz nicht vor, welche Voraussetzungen zur Entstehung des Grundpfandrechts an der neuen Forderung erfüllt sein müssen[343]. Gemäß der somit ausschließlich maßgeblichen Regelung in § 572 Abs. 1 tBGB wäre eine Eintragung in das Liegenschaftskataster daher nicht erforderlich[344]. Die materielle Richtigkeit des Liegenschaftskatasters wird hierdurch erheblich beeinträchtigt.

2. *Abtretung der Forderung*

Sofern die gesicherte Hauptforderung nach den Vorschriften der §§ 524 ff. tBGB an einen Dritten abgetreten wird, gehen nach § 524 Abs. 2 tBGB sämtliche mit ihr „verbundenen“ Rechte ebenfalls auf den Zessionar über. Insoweit stellt sich die Frage, welche Rechte von diesem Wortlaut umfaßt sind. Unstreitig ist zunächst, daß als "verbundene Rechte" vor allem die für die Hauptforderung bestellten Sicherungsrechte anzusehen sind[345]. Sicherlich gilt dies uneingeschränkt für die akzessorischen Sicherungsrechte, da in ihrer Anbindung an die gesicherte Forderung gerade ihr akzessorischer Charakter zum Ausdruck kommt. Es fragt sich indes, ob neben den akzessorischen Rechten auch die nichtakzessorischen Sicherungsrechte[346] ohne zusätzlichen Rechtsakt auf

---

342 Zur Forderungsauswechslung nach deutschem Recht vgl. § 1180 BGB.

343 Im deutschen Recht ist die Einigung sowie Eintragung in das Grundbuch erforderlich, § 1180 BGB. Die tschechische Literatur schweigt zu dieser wichtigen Frage.

344 Piltz/Randak S. 105 ff., 113, halten die Eintragung aus Gründen der Vorsicht dennoch für empfehlenswert. Dem ist zuzustimmen.

345 So ohne Unterscheidung in akzessorische und nichtakzessorische Sicherheiten Jehlička/Švestka/Škárová/Vodička-Škárová, § 524 Ziff. 8.

346 Z.B. Sicherungseigentum, Bankgarantie.

den Zessionar übergehen[347]. Der Gesetzeswortlaut „verbundene Rechte" gibt auf diese Frage keine eindeutige Antwort. In dogmatischer Hinsicht gibt es jedoch keinen Anlaß, die nichtakzessorischen Sicherungsrechte ebenso wie die akzessorischen zu behandeln. Nichtakzessorische Sicherungsrechte sind als solche weder an das Bestehen noch an die Inhaberschaft von Forderungen gebunden. Als „verbundene" Sicherungsrechte können daher nur die aufgrund ihrer Akzessorietät mit der Forderung verbundenen Sicherungsrechte angesehen werden.

In Betracht käme allenfalls noch die Auslegung, daß in der Abtretungserklärung des Zedenten konkludent der Wille zur Übertragung auch der nichtakzessorischen Sicherheiten enthalten wäre. Für diese Annahme gibt der Gesetzeswortlaut jedoch keine ausreichenden Anhaltspunkte. § 524 Abs. 2 ist daher dahingehend auszulegen, daß lediglich die akzessorischen Sicherungsrechte auf den Zessionar übergehen. Hinsichtlich der selbständigen Sicherungsrechte könnte dagegen ein Anspruch des Zessionars auf gesonderte Übertragung bejaht werden, falls nicht die Sicherungsabrede mit dem Sicherungsgeber entgegensteht[348].

Problematisch sind indes auch hier die Formvoraussetzungen für den Übergang eines Grundpfandrechts auf den Zessionar[349]. Das tschechische Recht enthält diesbezüglich keine weiteren Regelungen, insbesondere kein Eintragungserfordernis. Insofern stellt sich die Frage, ob § 151b Abs. 2 tBGB, der die Erstbestellung eines Grundpfandrechts regelt, auch für den rechtsgeschäftlichen Nachfolgeerwerb heranzuziehen ist[350]. Dies ist im Sinne einer möglichst weitgehenden materiellen Richtigkeit des Liegenschaftskatasters nachdrücklich zu befürworten. Während des gegenwärtigen, von Rechtsunsicherheit geprägten Zustandes ist jedenfalls aus Gründen der Vorsicht eine Eintragung in das Liegenschaftskataster dringend anzuraten.

---

347 Im deutschen Recht gehen gemäß § 401 Abs. 1 BGB lediglich die akzessorischen Sicherungsrechte bereits mit der Abtretung auf den Zessionar über.

348 Dies würde der deutschen Rechtslage entsprechen, vgl. Palandt-Heinrichs § 401 Rn 5 unter Berufung auf BGHZ 80, 232; 110,43; OLG Köln NJW 1990, 3214.

349 Vgl. zum deutschen Recht §§ 1153, 1154 BGB, welche die Eintragung in das Grundbuch voraussetzen.

350 Erstaunlicherweise gibt es zu dieser wichtigen Frage keine weiterführende Literatur.

3. *Gutgläubiger Erwerb des Grundpfandrechts*

Eine interessante Fragestellung ergibt sich bei Vorliegen des folgenden Sachverhalts[351]:

> *Nach Bestellung des Grundpfandrechts, d.h. Vornahme der entsprechenden Eintragung in das Liegenschaftskataster[352], erfolgt eine Abtretung der Forderung nebst Grundpfandrecht[353] an einen Zessionar. Sodann stellt sich heraus, daß die zu sichernde Forderung aus einem beliebigen Grund als von Anfang an nichtig angesehen werden muß.*

Fraglich ist nunmehr, ob der Zessionar gutgläubig Forderung und/oder Grundpfandrecht erworben hat. Nach deutschem Recht hätte der Erwerber nach §§ 873, 891, 892 und 1138 BGB unter fiktiver Aufrechterhaltung der Forderung die Hypothek erworben. Diese Regelung beruht auf dem Gedanken, daß der öffentliche Glaube an die im Grundbuch - wenngleich für eine nichtige Forderung - eingetragene Hypothek im Hinblick auf die gewünschte Umlauffähigkeit der Hypothek als schützenswert angesehen wird[354]. Einen derart weitgehenden Schutz des gutgläubigen Erwerbers kennt das tschechische Recht nicht. Vielmehr sieht das Gesetz keine Regelung für diese Konstellation einer nichtigen Forderung vor. Trotz Eintragung des Grundpfandrechts in das Liegenschaftskataster muß daher angenommen werden[355], daß das Grundpfandrecht bei Nichtigkeit der gesicherten Forderung ebenfalls als nicht entstanden angesehen wird. Freilich bedeutet ein solches Ergebnis eine erhebliche Einschränkung des Schutzes des öffentlichen Glaubens im Hinblick auf das Liegenschaftskataster. Allein die Überprüfung der ordnungsgemäßen Eintragung eines Grundpfandrechts kann daher nicht als ausreichend angesehen werden, um die Rechtsposition des Forderungserwerbers zu schützen. Vielmehr ist es erforderlich, den Bestand der Forderung selbst zu prüfen. Dies dürfte dem Erwerber indes schwer fallen, da es in der Regel eine Vielzahl von ihm nicht notwendigerweise bekannten Gründen für eine Unwirksamkeit der Forderung geben kann. Im Vergleich zum deutschen Recht ist daher auch in dieser Fallkonstellation ein erheblich geringerer Umfang des öffentlichen Glaubens des Liegenschaftskatasters festzustellen.

---

351 Es sind freilich noch weitere Konstellationen denkbar, vgl. Reinicke/Tiedtke, S. 300 ff.

352 § 151b Abs. 2 tBGB.

353 § 524 Abs. 2 tBGB.

354 Reinicke/Tiedtke, S. 301; Scholz/Lwowski Rn 761 f.

355 Weder Rechtsprechung noch Literatur sind zu dieser Frage vorhanden.

IV. Durchsetzbarkeit

Das tschechische Recht enthält keine ausdrückliche Regelung über Einwendungen oder Einreden, die der Eigentümer dem Gläubiger bei Inanspruchnahme aus dem Grundpfandrecht entgegenhalten kann. Einzig das Verbot der Erhebung der Einrede der Verjährung ist gesetzlich niedergelegt[356]. Zwar ist für das Sicherungsinstrument Bürgschaft eine umfassende Regelung in § 548 Abs. 2 tBGB bzw. in § 306 Abs. 2 tHGB enthalten. Sowohl für das Grundpfandrecht als auch für das Pfandrecht an beweglichen Sachen fehlt jedoch eine entsprechende Regelung. Während das deutsche Recht insoweit in § 1137 und § 1211 BGB ausdrücklich auf die Regelung zur Bürgschaft in § 770 BGB verweist, bleibt diese Frage im tschechischen Recht offen. Auch ohne eine entsprechende Regelung kann der Eigentümer aus eigenem Recht Einreden gegen das Grundpfandrecht geltend machen, insbesondere kann er sich darauf berufen, daß das Grundpfandrecht nicht besteht oder einem anderen Pfandgläubiger zusteht. Die Einreden des Bürgen werden ihm gesetzlich zwar nicht ausdrücklich zugestanden. Es stellt sich allerdings die Frage, ob die Vorschriften der §§ 548 Abs. 2 tBGB und 306 Abs. 2 tHGB analoge[357] Anwendung finden können. Hierfür spricht insbesondere, daß kein Grund erkennbar ist, warum der Verpfänder insoweit gegenüber dem Bürgen benachteiligt sein sollte[358]. Insbesondere aufgrund der Akzessorietät von Grundpfandrecht zur Hauptforderung ist es sachgerecht, dem Eigentümer die Einreden des Hauptschuldners gegen die Forderung zuzugestehen. Vorliegend ist somit von einer unbeabsichtigten Regelungslücke auszugehen. Im Ergebnis ist der Eigentümer daher zur Geltendmachung sämtlicher Einreden, die auch dem Bürgen zustehen, berechtigt. Hierzu zählen insbesondere auch die Aufrechnung mit einer Forderung des Schuldners[359].

Die Einrede der beschränkten Erbenhaftung ist auch im tschechischen Erbrecht bekannt[360]. Systematisch richtig müßte diese Einrede der beschränkten Erbenhaftung für den - vom Hauptschuldner unterschiedlichen - Sicherungsgeber ausgeschlossen sein[361], da der Eintritt des Sicherungsfalls sich in einer derartigen Konstellation aktualisiert[362]. Die

---

356 Vgl. § 151f Abs. 1 tBGB.

357 Vgl. § 853 tBGB.

358 Diese Frage wurde bislang nicht in Rechtsprechung oder Literatur erörtert.

359 Dies ergibt sich aus § 306 Abs. 2 tHGB.

360 Vgl. § 470 Abs. 1 tBGB.

361 Im deutschen Recht wird ein Ausschluß der Einrede der beschränkten Erbenhaftung in § 1137 Abs. 1 Satz 2 tBGB vorgenommen.

362 Siehe hierzu auch Weber, Kreditsicherheiten, S. 195.

tschechische Rechtsordnung sieht einen derartigen Ausschluß jedoch gesetzlich nicht vor. Die tschechische Literatur hat sich mit dieser Fragestellung kaum befaßt. Lediglich eine Literaturmeinung[363] behandelt die Frage im Rahmen des Bürgschaftsrechts und kommt zu der nicht näher begründeten Ansicht, daß dem Bürgen die Einrede der beschränkten Erbenhaftung aus § 470 verwehrt sei. Dem ist im Ergebnis zuzustimmen. Eine Übertragbarkeit der Überlegung auf das Grundpfandrecht ist m.E. möglich und richtig.

§ 2 Fahrnis

A. Pfandrecht

Wie bereits erwähnt, regelt das tschechische Recht das Pfandrecht an beweglichen Sachen gemeinsam mit dem Grundpfandrecht in den §§ 151a ff. tBGB[364]. Zur Vermeidung von Wiederholungen wird daher im folgenden lediglich auf die hierbei auftretenden Unterschiede in den Regelungen eingegangen. Im übrigen sei auf die obigen Ausführungen zum Grundpfandrecht sowie auf die rechtlichen Grundlagen in Teil 1 § 2 verwiesen.

I. Entstehung durch Erwerb vom Berechtigten

Zur Bestellung eines Pfandrechts bedarf es eines schriftlichen[365] Vertrages zwischen Pfandgläubiger und Pfandschuldner sowie eines Publizitätsaktes[366]. Die Erfüllung der gesetzlichen Voraussetzungen an den Publizitätsakt führt in der gegenwärtigen Praxis zum Teil zu unhaltbaren Zuständen. Dies hat mehrere Ursachen. Zum einen beruht dies auf einer zum Teil mangelhaften rechtlichen Regelung[367]. Zum anderen aber hat sich in der Praxis und zu einem erstaunlichen Umfang auch in der rechtswissen-

---

363 Kopáč, Obchodní Kontrakty, S. 170.

364 Ein gesondertes Registerpfandrecht wie etwa das polnische Recht kennt das tschechische Recht grundsätzlich nicht. Lediglich an eingetragenen Seeschiffen kann durch Eintragung in das Seeschiffahrtsregister ein Registerpfandrecht bestellt werden, § 24 Seeschiffahrtsgesetz.

365 § 151b Abs. 1 tBGB: im deutschen Recht verlangt das Gesetz keine Schriftform, vgl. § 1205 Abs. 1 BGB.

366 § 151b Abs.3 tBGB.

367 Bureš/Drápal, S. 2, führen aus, daß es sich bei den Vorschriften über das Pfandrecht um die am wenigsten geglückten Regelungen überhaupt handelt. Die Autoren sind Richter am Obersten Gericht der Tschechischen Republik.

schaftlichen Literatur[368] noch nicht endgültig durchgesetzt, daß es sich bei der gegenwärtigen Regelung um ein Besitzpfandrecht handelt. Dies ergibt sich indes ohne weiteres aus dem Gesetzeswortlaut. Die Verwirrung in der rechtswissenschaftlichen Literatur dürfte vorwiegend auf die - vormalige - Regelung des § 129 im sozialistischen Wirtschafts-gesetzbuch[369] zurückzuführen sein, die es dem Verpfänder ermöglichte, die Pfandsache in seinem Besitz zu halten unter der Voraussetzung, daß er sie für jeden erkennbar als „verpfändet" bezeichnete. Diese Regelung war auch noch Gegenstand einer gerichtlichen Entscheidung aus dem Jahre 1993[370], die sich allerdings im Kern mit einer anderen Frage befaßte. Dieses „Nachwirken" der alten Regelung hat jedoch bewirkt, daß in der gegenwärtigen Praxis Pfandrechte mit der Vereinbarung[371] bestellt werden, daß sie - contra legem[372] - im Besitz des Verpfänders verbleiben sollen.

Dies betrifft insbesondere Pfandsachen wie Industrieanlagen oder Maschinen, die der Verpfänder für seine weitere Geschäftstätigkeit benötigt. Richtigerweise sollte in derartigen Fällen eine Sicherungsübereignung vorgenommen werden. Dieses Sicherungsinstrument ist allerdings noch kaum verbreitet, vielfach sogar unbekannt. Jedenfalls ist festzuhalten, daß die auf die oben beschriebenen Weise bestellten „Pfandrechte" nicht als wirksam bestellt angesehen werden können.

---

368 Vgl. die Ausführungen bei Eliáš, Právní praxe v podnikání 7-8/1995, S. 6 ff., 12; Faldyna, Právo a podnikání 11/1996, S. 6 ff. sowie Faldyna/Hušek/Des - Faldyna S. 13.

369 Gesetz Nr. 109/1964 Slg.

370 Urteil des Kreishandelsgerichts Brno (Brünn) vom 8.12.1993, Az. 23 Nc 15/93.

371 Eine derartige Vereinbarung wird von Faldyna/Hušek/Des - Faldyna, S. 13, als unproblematisch dargestellt. Chalupa, Právní rádce 3/1996, S. 12 ff., 14 bezeichnet die Übergabe ausdrücklich als zwingende Voraussetzung und gelangt zu dem zutreffenden Ergebnis, daß eine anderweitige Vereinbarung der Parteien nicht zur wirksamen Bestellung eines Pfandrechts führt. Den Ausführungen von Holeyšovský, Newsletter Praha, S. 17 läßt sich nur konkludent entnehmen, daß im Gegensatz zu § 129 Abs. 2 Wirtschaftsgesetz auf eine Übergabe nicht verzichtet werden kann. Sämtliche sonstigen Meinungen begnügen sich mit einer kritiklosen Wiederholung des Gesetzeswortlauts, wonach eine „Übergabe" erforderlich sei. Daubner, RIW 1997, S. 648 ff., 648, spricht sich als deutschsprachiger Autor indes ebenfalls dafür aus, daß ein Pfandrecht nicht wirksam bestellt werden kann, wenn der Verpfänder die Pfandsache in seinem Besitz behält. Auf die andersartige Praxis in Tschechien geht er nicht ein.

372 Das Erfordernis der Übergabe ist in § 151b Abs. 3 tBGB ausdrücklich geregelt. Die Möglichkeit der Eintragung des Pfandrechts in eine Urkunde wird im folgenden erörtert.

1. *Übergabe an Pfandgläubiger*

Ebenso wie im deutschen Recht handelt es sich bei dem Pfandrecht nach §§ 151a ff. tBGB grundsätzlich um ein Besitzpfandrecht. Gemäß § 151 b Abs. 3 Alt. 1 tBGB ist es zur Bestellung eines Pfandrechts an einer beweglichen Sache daher erforderlich, die Pfandsache dem Pfandgläubiger zu übergeben. Diese Art der Pfandrechtsbestellung kommt insbesondere bei Wertsachen in Betracht[373]. Hierfür ist die Verschaffung von tatsächlicher Sachherrschaft ausreichend[374]. Sollte sich eine derartige Übergabe aufgrund der Eigenschaften der Pfandsache als unpraktikabel erweisen, so dürfte die Einräumung der tatsächlichen Sachherrschaft, z.B. durch Aushändigung sämtlicher Schlüssel zu einem Warenlager, als ausreichend erachtet werden[375]. Der im Falle des - heimlichen - Zurückbehaltens eines Schlüssels durch den Verpfänder entstehende schlichte Mitbesitz dürfte nicht als ausreichend für die Bestellung des Pfandrechts zu erachten sein[376]. Auch nach tschechischem Recht wäre das Merkmal der Übergabe im Sinne der Übertragung der tatsächlichen Sachherrschaft in diesem Fall nicht erfüllt.

2. *Eintragung in Urkunde*

An die Stelle der Übergabe der Pfandsache kann gemäß § 151b Abs. 3 Alt. 2 tBGB eine entsprechende Eintragung des Pfandrechts in eine Urkunde[377] treten. Voraussetzung ist allerdings, daß für die Pfandsache eine solche Urkunde existiert, welche - ähnlich wie das Liegenschaftskataster bei unbeweglichen Sachen - das Eigentum des Pfandschuldners beurkundet und ferner zur Verfügung über die Pfandsache unerläßlich ist[378]. Diese Form der Erfüllung des Publizitätserfordernisses ist in den

---

373 Vgl. Holeyšovský, Newsletter Praha, S. 16.

374 Das tschechische Besitzrecht unterscheidet lediglich zwischen (berechtigtem und unberechtigtem) Eigenbesitz (§§ 129 ff. tBGB) und der sogenannten Detention (Fremdbesitz), die allerdings nicht ausdrücklich geregelt ist.

375 So auch Eliáš, Právní praxe v podnikání 7-8/95 S. 6 ff., 11 f. Er schlägt allerdings in diesem Fall die notarielle Bestellung vor, was sicherlich nicht schadet, aber gesetzlich nicht gefordert ist.

376 Vgl. zum deutschen Recht § 1206 BGB, wo die Einräumung des qualifizierten Mitbesitzes vorausgesetzt wird; siehe auch Reinicke/Tiedtke, S. 266. In der tschechischen Literatur wurde die Frage - soweit ersichtlich - noch nicht angesprochen.

377 Auch im deutschen Recht plädiert Drobnig, Gutachten, S. 60 ff., 99, in Anlehnung an das System des Kraftfahrzeugbriefs für die Einführung von „Gerätebriefen“ für wertvolle Maschinen und Fahrzeuge.

378 So der Gesetzeswortlaut, § 151b Abs. 3 Alt. 2 tBGB. Gemeint sind „Traditionspapiere“.

Fällen von Interesse, in welchen die Übergabe der verpfändeten Sache aufgrund ihrer Beschaffenheit schwierig ist, oder aber wo es sachgerecht ist, den Pfandschuldner im Besitz der Pfandsache zu belassen, etwa um ihm durch den Gebrauch der Pfandsache die weitere Ausübung seiner gewerblichen Tätigkeit zu ermöglichen. Dies wird in der Praxis allerdings durch die oben genannten gesetzlichen Anforderungen an die Beschaffenheit der Urkunde weitgehend verhindert, da solche Urkunden nur selten vorhanden sind[379].

Zwar werden regelmäßig Autos aufgrund einer Eintragung in den sogenannten "Technischen Ausweis" verpfändet. Dabei handelt es sich um eine Urkunde, deren Führung dem Halter eines Kfz gesetzlich vorgeschrieben ist. Der mit der Eintragung versehene Technische Ausweis wird sodann an das Verkehrsinspektorat der Polizei der Tschechischen Republik weitergeleitet, wo ebenfalls eine Eintragung in das dort geführte Register erfolgt. Auf diese Weise wird verhindert, daß im Falle einer Neuausstellung des Ausweises nach Verlust oder ähnlichem ein pfandrechtsfreier Ausweis an den Eigentümer ausgehändigt wird[380]. Auch hier wird jedoch in der wissenschaftlichen Literatur heftig diskutiert, inwiefern dieser Technische Ausweis die an eine derartige Urkunde gestellten gesetzlichen Anforderungen erfüllt. Insbesondere wird in Frage gestellt, ob der Technische Ausweis tatsächlich das Eigentum des Halters beurkundet[381]. Dies ist bei genauer Betrachtung zu verneinen, da die Befugnis, das Auto im Straßenverkehr zu führen, von keinem Einfluß auf die gesetzliche Eigentumsordnung ist. Die Eigentümerstellung wird nicht durch den Technischen Ausweis bescheinigt, die Übertragung des Eigentums an einem Fahrzeug setzt auch nicht die Übergabe des Technischen Ausweises voraus[382]. Ferner hat sich eine Praxis entwickelt, wonach die Eigentümer von technischen Anlagen u.ä. sich vor einem Notar unter Hinzufügung einer technischen Beschreibung der Anlage ihr Eigentum an der Anlage bescheinigen lassen. In diese Urkunde wird sodann die Bestellung eines Pfandrechts eingetragen, womit die

---

379 Als - vermeintlicher - Musterfall wird hier stets der Technische Ausweis bei Kfz angegeben. Sonstige Beispiele werden in der tschechischen Literatur dagegen nicht aufgeführt.

380 So die Beschreibung von Grulich in Právní rádce 6/1996, S. 5 f.

381 So im Ergebnis ablehnend Holeyšovský, Newsletter Praha, S. 16 f.; Grozdanovič/Touška, Právní rádce 1/1993, 12 f.,13; Faldyna/Hušek/Des - Faldyna, S. 12. Sämtliche Autoren weisen jedoch darauf hin, daß dies gängige Praxis ist. Es gibt keine Literaturstimme, welche den „Technischen Ausweis“ ausdrücklich für eine Urkunde hielte, die die gesetzlichen Voraussetzungen erfüllte. Kopáč, Obchodní Kontrakty, S. 150, stellt die derzeitige Praxis lediglich kommentarlos dar.

382 Ebenso Bureš/Drápal, S. 10.

Voraussetzungen des § 151b Abs. 3 tBGB angeblich erfüllt seien[383]. Eine auf diese Weise hergestellte Urkunde ist freilich kein Traditionspapier, wie es das Gesetz voraussetzt. Die Bestellung derartiger Pfandrechte ist als unwirksam anzusehen.

3. *Übergabe an Dritten*

Als dritte und letzte[384] Alternative kann das Publizitätserfordernis gemäß § 151b Abs. 3 S. 2 tBGB auch durch Übergabe der Pfandsache an einen Dritten, auf den sich die Parteien des Pfandvertrages geeinigt haben, erfüllt werden[385]. Der Übergabe an den Dritten liegt in der Regel ein Verwahrungsvertrag[386] zugrunde.

4. *Kennzeichnung der Pfandsache*

§ 151b Abs. 4 tBGB sieht ferner vor, daß die Pfandsache in einer Weise gekennzeichnet werden muß, welche ihre Verpfändung für jedermann offensichtlich macht[387]. Eine entsprechende Regelung war bereits in dem zuvor erwähnten § 129 Wirtschaftsgesetz enthalten. Dort war sie auch sinnvoll, da die Pfandrechtsbestellung nach § 129 Wirtschaftsgesetz keinen weiteren zwingenden Publikationsakt vorsah. Es ist derzeit umstritten, ob die geforderte Kennzeichnung einen weiteren vollwertigen Publikationsakt[388] darstellt oder ob die Kennzeichnungspflicht lediglich zu den bereits beschriebenen Publikationsakten hinzukommt. Erstgenannte Ansicht argumentiert, daß sich § 151b Abs. 4 Satz 2 tBGB inhaltlich nicht auf den in Satz 1 geregelten Pfandvertrag beziehe. Vielmehr enthalte diese Regelung einen „versteckten" weiteren Publikationsakt[389], der dann in Betracht komme, wenn eine Übergabe der Pfandsache oder die Eintragung in eine Urkunde aufgrund der Eigenschaften ausscheide.

---

383 Vgl. die Darstellung bei Holeyšovský, Newsletter Praha, S. 16 f.. Auch er lehnt die Anfertigung einer derartigen Urkunde als nicht mit dem Gesetz vereinbar ab.

384 So zumindest nach der hier vertretenen Auffassung. Zur gegenwärtigen Praxis vgl. die obigen Ausführungen unter Teil 2 § 2 A I.

385 § 151b Abs. 3 Satz 2 tBGB ; Faldyna/Hušek/Des - Faldyna, S. 12, meinen, diese Alternative sei besonders praktikabel und erhöhe die Rechtssicherheit. Dies erscheint zweifelhaft, da immerhin ein weiteres Rechtssubjekt hinzugezogen werden muß.

386 §§ 747 ff. tBGB, vgl. auch die Darstellung zur Ausgestaltung des Verwahrungsvertrages bei Kopáč, Obchodní Kontrakty, S. 150.

387 § 151b Abs. 4 Satz 2 tBGB.

388 Die meisten Literaturstimmen sprechen sich für die Richtigkeit dieser Ansicht aus, vgl. Bureš/Drápal, S. 11. A.A. zuletzt Elek, Právní rozhledy 1/1999, S. 1 ff.

389 So ausdrücklich Bureš/Drápal, S. 11.

Dem ist jedoch die Systematik und der Wortlaut des Gesetzes entgegenzuhalten. In § 151b Abs. 3 sind die erforderlichen Publikationsakte abschließend geregelt. Dies ergibt sich aus dem Wortlaut „Zur Entstehung eines Pfandrechts...ist erforderlich..." (Ke vzniku zástavního práva...je třeba...). In Abs. 4 werden dagegen lediglich weitere Voraussetzungen geregelt, und zwar sowohl im Hinblick auf die Bestimmtheit des Vertrages (Satz 1) als auch auf die zusätzliche Kennzeichnung der Pfandsache (Satz 2). Schließlich ist der Gegenansicht vorzuwerfen, daß sie sich über die in § 151b Abs. 3 (abschließend) geregelten Publikationsakte hinwegsetzt, um auf die Einhaltung des Grundsatzes des Besitzpfandrechts aus Praktikabilitätsgründen verzichten zu können. Dabei wird übersehen, daß die tschechische Rechtsordnung mit dem Sicherungsinstrument der Sicherungsübereignung durchaus Möglichkeiten der Sicherung unter Beibehaltung des Besitzes eröffnet[390]. Dennoch muß diese Ansicht angesichts der Verhältnisse in der Praxis als derzeit herrschend angesehen werden. Hier wird wohl nur ein höchstrichterliches Urteil oder eine Bereinigung des Gesetzestextes Klarheit bringen können.

Nach der hier vertretenen Ansicht wird in der jetzigen Regelung des § 151b tBGB vorausgesetzt, daß zu Übergabe bzw. Eintragung jeweils noch eine Kennzeichnung der Pfandsache hinzukommt. Der Gegenansicht ist allerdings darin zuzustimmen, daß diese zusätzliche Kennzeichnungspflicht sachlich unnötig erscheint. Die in Abs. 3 beschriebenen Publikationsakte können jeweils als ausreichend erachtet werden. Der Gesetzgeber sollte die Kennzeichnungspflicht in § 151b Abs. 4 tBGB daher streichen. In der Praxis wird diese Kennzeichnungspflicht so ausgelegt, daß die Kennzeichnung für einen Betrachter sinnlich wahrnehmbar, gewissermaßen auf ersten Blick sichtbar sein muß[391]. Bei größeren Anlagen bietet sich ein fest befestigtes Metallschild an, bei Bildern z.B. eine Kennzeichnung auf der Rückseite. Schwierigkeiten bestehen offensichtlich bei der Kennzeichnung von Wertsachen wie Schmuck, Juwelen etc. Hier wird vorgeschlagen, die Beratung von „renommierten Firmen oder Experten, gegebenenfalls auch die Erfahrung ausländischer Firmen"

---

[390] Es ist bezeichnend, daß in keiner Literaturstimme das Wechselspiel zwischen Pfandrecht und Sicherungsübereignung angesprochen wird. Dies liegt sicherlich auch an der derzeit noch verbreiteten Unsicherheit hinsichtlich der Anwendung dieses Sicherungsinstruments, vgl. die folgenden Ausführungen unter B.

[391] Vgl. zum folgenden Faldyna/Hušek/Des - Faldyna, S. 13; die Frage des Übergabeerfordernisses wird dort allerdings contra legem und somit unzutreffend behandelt.

einzuholen[392]. Es gibt indes keinen nachvollziehbaren Grund, warum beispielsweise im Falle einer Bank, die sich zum Zwecke der Bestellung von Pfandrechten Schmuckstücke übergeben läßt, diese noch zusätzlich zu kennzeichnen sind. § 151b Abs. 4 sollte daher ersatzlos gestrichen werden. Dies gilt umso mehr, als unklar ist, ob die Kennzeichnung eine zwingende Voraussetzung für die wirksame Bestellung des Pfandrechts ist[393]. Weder die systematische noch die Wortlautauslegung kommen hier zu einem eindeutigen Ergebnis. Im Zweifel sollte im Sinne der Rechtssicherheit davon ausgegangen werden, daß die Kennzeichnung nicht zwingend erforderlich ist[394].

II. Entstehung durch Erwerb vom Nichtberechtigten

Im Gegensatz zum Erwerb vom Berechtigten ist für den Erwerb vom Nichtberechtigten unerläßliche Voraussetzung, daß die Pfandsache dem Pfandgläubiger übergeben wird[395]. Andere Möglichkeiten der Erfüllung des Publizitätserfordernisses bestehen dem Gesetzeswortlaut zufolge nicht. Es scheiden somit die Möglichkeit der Eintragung des Pfandrechts in eine Urkunde sowie die Übergabe an einen Dritten aus[396]. Der Pfandgläubiger muß sich im guten Glauben darüber befinden, daß der Verpfänder zur Verpfändung berechtigt ist[397]. Theoretisch bestehen daher zwei Möglichkeiten. Einerseits kann der Pfandgläubiger den Verpfänder für den Eigentümer der Pfandsache halten. Andererseits kann er an eine Zustimmung des wahren Eigentümers zur Bestellung eines Pfandrechts glauben. Eine Legaldefinition der Gutgläubigkeit besteht nicht[398]. Entscheidend für die Beurteilung der Gutgläubigkeit ist der Zeitpunkt der Entgegennahme der Sache. Spätere Bösgläubigkeit des Pfandgläubigers schadet daher nicht[399].

---

392 So tatsächlich Faldyna/Hušek/Des - Faldyna, S. 13. Die anderen Literaturstimmen beschreiben die Kennzeichnungspflicht nicht näher, sondern beschränken sich auf die Wiederholung des Gesetzestextes.

393 Laut Holeyšovský, Newsletter Praha, S. 17, handelt es sich nicht um eine zwingende Voraussetzung. Er folgert dies aus einem Vergleich mit der Regelung in § 129 Wirtschaftsgesetz.

394 Andere Literaturstimmen nehmen zu dieser Frage keine ausdrückliche Stellung, vgl. Kopáč, Obchodní Kontrakty, S. 149 ff., Faldyna/Hušek/Des - Faldyna, S. 12 f. Grulich, Právní rádce 6/1996, S. 5 f., 6, ist wohl dahingehend zu verstehen, daß die Kennzeichnung zwingend sei.

395 So ausdrücklich § 151d Abs. 1 tBGB.

396 So, wenn auch nicht ausdrücklich, Holeyšovský, Newsletter Praha, S. 16; Bičovský/Holub § 151d tBGB.

397 § 151d Abs. 1 tBGB.

398 Lediglich im Hinblick auf das Liegenschaftskataster gibt es in § 11 tLiegenschaftsEintrG nähere Regelungen zur Gutgläubigkeit.

399 So - ohne nähere Begründung - Bičovský/Holub § 151d.

III. Verhältnis während der Besitzzeit des Pfandgläubigers

Während der Dauer des Besitzes des Pfandgläubigers bestehen Rechte und Pflichten hinsichtlich der Verwahrung der Pfandsache, welche in § 151e tBGB konkretisiert werden. Demnach ist der Pfandgläubiger verpflichtet, die ihm anvertraute Pfandsache sorgsam zu behandeln und sie vor Beschädigung, Verlust und Vernichtung zu schützen. Dem Pfandgläubiger steht gegen den Verpfänder ein Anspruch auf Ersatz der gegebenenfalls aufgetretenen Kosten zu. Falls die Pfandsache an Wert verliert, so daß sie zur Sicherung der Forderung nicht mehr ausreicht, kann der Pfandgläubiger vom Schuldner verlangen, unverzüglich zusätzliche Sicherheiten zu leisten. Sofern dies nicht geschieht, wird der ungesicherte Teilbetrag fällig[400]. Dies hat zur Folge, daß der Pfandgläubiger zur sofortigen Verwertung der Pfandsache berechtigt ist. Ein Befriedigungsrecht besteht aufgrund des ausdrücklichen Gesetzeswortlauts jedoch nur in Höhe des ungesicherten Teilbetrages. Es bleibt unklar, wie der Pfandgläubiger in diesem Fall mit dem Rest des Verwertungserlöses zu verfahren hat[401]. Jedenfalls dürfte eine Pflicht zur Auskehrung an den Schuldner nicht bestehen, da dies einer Entwertung des Pfandrechts gleichkäme. Sinnvoll erscheint die Regelung des § 151e Abs. 3 daher nur dann, wenn die Pfandsache aufgrund ihrer Eigenschaften zu einer Teilverwertung in Höhe der ungesicherten Forderung geeignet ist.

IV. Gesetzliche Pfandrechte

Pfandrechte können ferner bei Vorliegen der jeweiligen gesetzlichen Voraussetzungen ex lege entstehen. Das tschechische Recht kennt gesetzliche Pfandrechte in folgenden Regelungen[402]:

Lagerunternehmer (§ 535 tHGB), Spedition (§ 608 tHGB), Beförderung (§ 628 tHGB), Bankverwahrung (§ 707 tHGB), Wertpapierverwahrung (§ 34 tWertpapierG), Wertpapierverwaltung (§ 37 tWertpapierG), Vermietung (§ 672 tBGB), Zoll (§ 305 Zollgesetz), Steuerverbindlichkeiten (§ 72 tSteuerverwaltungsG).

---

400 § 151e Abs. 3 tBGB.

401 In der tschechischen Literatur ist diese Frage bislang nicht angesprochen worden.

402 Vgl. auch die Aufzählungen bei Holeyšovský, Newsletter Praha, S. 22 ff. sowie Eliáš, Právní praxe v podnikání 7-8/1995, S. 6 ff., 10.

B. Sicherungsübereignung

I. Zulässigkeit und Funktion der Sicherungsübereignung

Kernpunkt der gesetzlichen Regelung der Sicherungsübereignung im tschechischen Recht ist § 553 tBGB[403]. Demnach kann die Erfüllung einer Verbindlichkeit durch die Abtretung eines Rechts des Schuldners an den Gläubiger gesichert werden. Der Vertrag bedarf der Schriftform[404]. Die Kürze dieser Regelung, das Fehlen wegweisender Rechtsprechung sowie die problematische Abgrenzung zu anderen Sicherungsinstrumenten haben zu erheblichen Irritationen hinsichtlich Zulässigkeit und Funktion der Sicherungsübereignung geführt[405]. Das Spektrum der vertretenen Meinungen wurde anläßlich der VII. Karlsbader Juristentage vom 17. Januar 1997 offenbar[406]:

Nach einer Meinung handelt es sich bei dem in § 553 tBGB geregelten Sicherungsinstrument gar nicht um eine Übertragung eines Rechts, sondern lediglich um die Einschränkung des subjektiven Rechts, z.B. die Auferlegung eines Verfügungsverbotes. Als Argumente wurden hierfür angeführt, daß eine tatsächliche Übertragung den Schutz des Schuldners nicht ausreichend gewährleiste, da eine Art Pfandverfall vorliege, sowie die Tatsache, daß eine Sicherungsübereignung weder in den vormaligen tschechischen Rechtsordnungen noch in den Rechtsordnungen des Auslands vorkomme. Dem Sicherungsinstrument nach § 553 tBGB käme daher ausschließlich eine Sicherungsfunktion, jedoch keine Verwertungsfunktion zu. Diese Ansicht ignoriert den Wortlaut von § 553 tBGB und die Tatsache, daß die Sicherungsübereignung z.B. in der deutschen Rechtsordnung von wesentlicher Bedeutung ist.

Einer weiteren Meinung zufolge handelt es sich bei der Sicherungsübereignung um eine wirkliche Übertragung eines Rechts, wobei die Parteien sich auf die Bedingungen für eine Rückübertragung einigen müssen. Wenn die Parteien freilich eine derartige Einigung unterlassen hätten, seien die rechtlichen Fragestellungen im Hinblick auf die

---

403 Eingeführt zum 1.1.1992 durch die Novelle 509/1991.

404 § 553 Abs. 2 tBGB.

405 Das Ausmaß der Ratlosigkeit offenbart die Stellungnahme von Zoufalý, VII. Karlsbader Juristentage 1997, S. 215 ff.

406 Bei den Karlsbader Juristentagen handelt es sich um eine wiederkehrende Veranstaltung der Vereinigung deutsch-tschechisch-slowakischer Juristen e.V., die für das Rechtsleben in der Tschechischen Republik von nicht unerheblicher Bedeutung ist. Die Wiedergabe der Meinungen orientiert sich an der zusammenfassenden Darstellung von Čermák, Bulletin advokacie 3/1997, S. 11 ff., 12.

Übertragung praktisch unübersehbar. Da das Gesetz keine Verwertungsart vorschreibe, sei dieses Sicherungsinstrument insbesondere für die Absicherung von Verträgen geeignet, bei denen keine „Ersatzerfüllung" möglich ist. Gemeint sind hiermit wohl unvertretbare Handlungen.

Eine dritte Ansicht[407] meint, die Übertragung müsse unter der auflösenden Bedingung der Erfüllung der gesicherten Forderung durch den Schuldner erfolgen, falls die Parteien nichts anderes vereinbaren. Bei Erfüllung der Bedingung werde die Übertragung ipso facto rückgängig gemacht. Eine Befriedigung des Gläubigers bei Nichterfüllung richte sich analog nach den Vorschriften über die Verwertung von Pfandrechten.

Angesichts eines derartigen Meinungsspektrums muß konstatiert werden, daß das Sicherungsinstrument der Sicherungsübereignung in der Tschechischen Republik noch nicht vollends etabliert ist, obgleich es in der Praxis der Banken bereits in zunehmendem Maße verwendet wird[408]. Zunächst ist festzuhalten, daß - ebenso wie im deutschen Recht - infolge der Ausgestaltung des Pfandrechts als Besitzpfandrecht ein besonderes Bedürfnis für das Institut der Sicherungsübereignung besteht. In wirtschaftlicher Hinsicht besteht in der Regel ein Interesse des Kreditnehmers daran, den Sicherungsgegenstand weiterhin für unternehmerische Zwecke zu nutzen. Es mag sich um Anlagegüter (z.B. Maschinen oder Fahrzeugpark) oder Umlaufgüter (Warenlager, Baumaterial etc.) handeln. Auch aus Sicht des Kreditgebers besteht ein erhebliches Interesse daran, dem gewerblichen Schuldner die produktive Verwendung des Sicherungsgutes zu ermöglichen, da dies die beste Gewähr für die Zurückzahlung des Kredites ist. Ein Besitzpfandrecht kann dieses Interesse nicht befriedigen[409]. Die Erkenntnis für ein derartiges Bedürfnis ist freilich weniger ausgeprägt, wenn in der tschechischen Praxis - contra legem - die Möglichkeit eines besitzlosen Pfandrechts angenommen wird[410].

---

407 Diese Ansicht wird von Plíva, Právní praxe v podnikání 3/1997, S. 1 ff., 5, vertreten.

408 Vgl. Holeyšovský, Newsletter Praha, S. 108; betont kritisch zur derzeitigen Verwendbarkeit der Sicherungsübereignung wegen unvollständiger gesetzlicher Regelungen und fehlender Rechtsprechung jedoch Zoufalý, Právní rozhledy 9/1997, 448 ff.

409 Vgl die Darstellung bei Weber, Kreditsicherheiten, S. 118; nachdrücklich im Hinblick auf die derzeitige Situation in Tschechien Daubner, RIW 1997, 648 ff., 649.

410 Siehe die obigen Ausführungen zum Pfandrecht an beweglichen Sachen, Teil 2 § 2 A.

Die Frage der Umgehung der Pfandrechtsvorschriften[411] durch die Ermöglichung des Sicherungseigentums stellt sich im tschechischen Recht noch weniger als im deutschen Recht[412]. § 553 Abs. 1 tBGB läßt die Übertragung von Rechten zur Sicherung einer Forderung ausdrücklich zu. Zwar verwendet das Gesetz nicht ausdrücklich den Wortlaut „Eigentum". Aus einem Vergleich mit § 554 tBGB, in dem die Sicherungsabtretung von „Forderungen" geregelt wird, läßt sich jedoch schließen, daß § 553 tBGB die Übertragung von Eigentum gemeint hat, da diese Vorschrift sonst weitgehend leerlaufen würde[413]. Lediglich in Einzelfällen könnte erwogen werden, die Bestellung von Sicherungseigentum als nichtig anzusehen. Dies könnte etwa der Fall sein, wenn sich eine Bank in erheblichem Umfang Sicherungseigentum durch einen Darlehensnehmer bestellen läßt und hierbei mit der Möglichkeit der Täuschung anderer Personen über die Kreditwürdigkeit des Darlehensnehmers rechnen muß[414].

Die äußerst kurze gesetzliche Regelung sowie die Tatsache, daß keine gesetzlichen Vorgaben über den Inhalt der zwischen den Parteien zu schließenden Sicherungsabrede und die Verwertungsmöglichkeiten bestehen, lassen ihrerseits nicht auf eine Unzulässigkeit der Sicherungsübereignung schließen. Vielmehr bleiben Gerichte und Rechtswissenschaft aufgerufen, diese Lücken fortschreitend auszufüllen[415]. Jedenfalls kann nicht ernsthaft behauptet werden, daß der Sicherungsübereignung lediglich aufgrund der Kürze der gesetzlichen Regelung keine Befriedigungsfunktion zukomme. Eine Befriedigungsfunktion ist vielmehr zu bejahen, die Verwertungsmechanismen müssen freilich noch entwickelt werden.

---

411 So andeutungsweise Zoufalý, VII. Karlsbader Juristentage, S. 215 ff., 216.

412 Im deutschen Recht ist lediglich das Besitzkonstitut, § 930 BGB, ausdrücklich geregelt.

413 Dieses Zwischenergebnis dürfte von der herrschenden Meinung im Schriftum getragen werden und kann daher als gesichert angesehen werden, vgl. Holeyšovský, Newsletter Praha, S. 108 derselbe in Právní rádce 2/1996, S. 8 ff., 8; im Ergebnis auch Linhart/Daubner, Právní rozhledy 2/1993, S. 37 ff.; Bičovský/Holub, § 553 tBGB; Kopáč, Obchodní Kontrakty, S. 194; Čermák, Bulletin advokacie 3/1997, S. 11 ff., 13; Humlová-Ueltzhöffer, WiRO 1997, S. 290 ff., 291; für eine analoge Anwendung dagegen Daubner, RIW 1997, S. 648 ff., 649.

414 Vgl. Daubner, RIW 1997, S. 648 ff., 649.

415 So insbesondere Čermák, Bulletin advokacie 3/1997, S. 11 ff., 13 ff. Freilich geben viele Literaturmeinungen ihrem Wunsch nach einer umfassenden Neuregelung durch den Gesetzgeber Ausdruck: Holeyšovský, Právní rádce 2/1996, S. 8 ff., 10; Zoufalý, VII. Karlsbader Juristentage, S. 215 ff., 223.

Auch die vielfach zitierten[416] steuerrechtlichen Fragestellungen bei der Ausgestaltung des Sicherungseigentums sind nicht unüberwindlich. Interessant ist hier die Tätigkeit des Gesetzgebers: Es existierten zunächst keine Regelungen, wer im Falle der Bestellung von Sicherungseigentum zur Abschreibung der Abnutzungen berechtigt sein sollte. Mangels ausdrücklicher Vorschriften zum wirtschaftlichen Eigentumsbegriff mußte davon ausgegangen werden, daß der rechtliche Eigentümer und damit der Sicherungsnehmer zur Abschreibung berechtigt sein sollte. Dies widersprach jedoch den Bedürfnissen der Praxis, denen zufolge stets der Sicherungsgeber den Sicherungsgegenstand in seinen Bilanzen ausweisen möchte[417]. In der Praxis behalf man sich daher unter anderem mit der Konstruktion einer lediglich aufschiebend bedingten Sicherungsübereignung. Das Sicherungseigentum sollte nur bei Eintritt von bestimmten Bedingungen auf den Sicherungsnehmer übergehen. Als solche Bedingungen kamen etwa die erhebliche Verschlechterung der Vermögenslage des Schuldners oder aber auch eine Änderung der Rechtslage in Betracht, derzufolge die Abschreibung durch den wirtschaftlichen Eigentümer möglich werden sollte[418]. Klarheit in dieser Frage wurde durch eine Änderung[419] der bilanzrechtlichen Vorschriften in §§ 27 k) und 28 tEStG[420] geschaffen, die es dem Sicherungsgeber als wirtschaftlichem Eigentümer ermöglicht, die sicherungsübereignete bewegliche Sache in seinen Bilanzen zu führen und die entsprechenden Abschreibungen für Abnutzungen durchzuführen, welches bislang nicht möglich war. Die Vorschriften des tEStG erwähnen ausdrücklich das sicherungsbedingt übertragene Eigentum und stellen somit klar, daß auch eine Eigentumsübertragung von § 553 tBGB erfaßt wird[421]. Weitere steuerrechtliche Fragestellungen im Hinblick auf Grundstückssteuer und Schenkungssteuer sind weiterhin ungeklärt[422].

---

416 Zoufalý, VII. Karlsbader Juristentage, S. 215 ff. sowie derselbe in Právní rozhledy 9/1997, S. 448 ff scheint hier die vordringlichsten Probleme in der Praxis zu sehen.

417 Vgl. die Darstellung bei Holeyšovský, Právní rádce 2/1996, S. 8 ff., 8.

418 Derartige in der Praxis verwendete Verträge sind dem Verfasser zugänglich gemacht worden.

419 Die Änderung erfolgte durch Gesetz Nr. 149/1995 Slg.

420 Zákon České národní řady o daních z příjmů ze dne 20. listopadu 1992 č. 586/1992 Sb. (Einkommensteuergesetz des Tschechischen Nationalrates vom 20. November 1992 Nr. 586/1992 Slg.) im folgenden „tEStG".

421 So auch Holeyšovský, Právní rádce 2/1996, S. 8 ff. sowie ausführlicher Humlová-Ueltzhöffer, WiRO 1997, S. 290 ff., 292.

422 Diese Fragestellungen sind freilich für die Praxis von erheblicher Bedeutung, vgl. insbesondere die Darstellung bei Humlová-Ueltzhöffer, WiRO 1997, S. 290 ff., 292 sowie Zoufalý, VII. Karlsbader Juristentage, S. 215 ff.

Hinsichtlich der Frage der Umsatzsteuerpflichtigkeit einer Sicherungsübereignung ist der Gesetzgeber mit Novelle 208/1997 vom 31. Juli 1997 tätig geworden: Mit Wirkung zum 1.1.1998 ist in § 7 Abs. 5 j) des tschechischen Umsatzsteuergesetzes[423] vorgesehen, daß die Übertragung von Sicherungseigentum an beweglichen Sachen im Zusammenhang mit einer Kreditgewährung durch eine Bank keine Umsatzsteuerpflicht auslöst. In der Praxis ist man sich weitgehend einig, daß dies im Umkehrschluß bedeutet, daß jede Sicherungübereignung außerhalb einer Kreditgewährung durch eine Bank nach der Intention des Gesetzgebers umsatzsteuerpflichtig sein soll. Dies ist aus mehreren Gründen von besonderer Brisanz. Zum einen stellt sich für die Vergangenheit die Frage, ob bereits durchgeführte Sicherungsübereignungen nachträglich versteuert werden müssen. Zum anderen ist zu fragen, ob hierdurch die Möglichkeit der Sicherungsübereignung nicht tatsächlich auf die Absicherung von Bankkrediten begrenzt wird. Da der Wert des Sicherungsgutes in den seltensten Fällen mit ausreichender Genauigkeit zu bestimmen sein dürfte, erscheint ohnehin zweifelhaft, ob die Erhebung einer Umsatzsteuer praktikabel ist. Diese Gesetzesnovelle wird in naher Zukunft sicherlich Gegenstand einer Auseinandersetzung werden. Es ist fraglich, ob sie in dieser Gestaltung im Ergebnis für den Gesetzgeber haltbar sein wird.

II. Entstehung von Sicherungseigentum

1. Forderung

Voraussetzung für die Entstehung von Sicherungseigentum ist zunächst eine zu sichernde Forderung. Nicht eindeutig ist, ob es sich hierbei um eine existente Forderung handeln muß oder ob eine künftige oder bedingte Forderung ausreicht. Im Gegensatz zu den Vorschriften über das Pfandrecht[424] regelt § 553 diese Frage nicht ausdrücklich. Daraus wird von Teilen der Literatur gefolgert, daß lediglich die Absicherung von bereits bestehenden Forderungen zulässig sei[425]. Dem ist nicht zuzustimmen. Ein sachlicher Grund ist für eine derartige Einschränkung nicht erkennbar. Der unterschiedliche Wortlaut in § 151b Abs. 5 tBGB läßt sich dafür nicht anführen. Denn § 553 tBGB ist insgesamt viel knapper gehalten, so daß ein Wille des Gesetzgebers zu einer abweichenden Regelung dieser Frage nicht auszumachen ist.

---

423 Zákon o dani z přidané hodnoty č. 588/1992 Sb. (Umsatzsteuergesetz Nr. 588/1992 Slg.), im folgenden „tUStG".

424 Vgl. § 151b Abs. 5 tBGB.

425 Siehe Zoufalý, VII. Karlsbader Juristentage, S. 215 ff., 220. So wohl auch, wenn auch nicht ausdrücklich, Holeyšovský, Právní rádce 2/1996, S. 8 ff., 8.

2. *Sicherungsvertrag*

Erforderlich ist ferner ein Sicherungsvertrag zwischen den Parteien. Dieser bedarf der Schriftform[426].

a) Parteien des Sicherungsvertrages

Zu beachten ist, daß es nach dem Wortlaut des § 553 tBGB zwingend der Hauptschuldner sein muß, der die Sicherungsübertragung vornimmt. Eine von einem Dritten vorgenommene Sicherungsübereignung zur Absicherung einer fremden Schuld ist daher nicht möglich[427]. Ein sachlicher Grund für diese Beschränkung auf das Eigentum des Schuldners ist indes nicht erkennbar. Eine analoge Anwendung kommt hier angesichts des eindeutigen Wortlauts und des klaren Unterschieds zu der in § 554 tBGB enthaltenen Regelung nicht in Betracht. In systematischer Hinsicht ist in dieser Voraussetzung daher eine Einschränkung der Sicherungsmöglichkeiten zu sehen, die weder aus rechtlichen noch aus tatsächlichen Gründen gerechtfertigt ist[428].

b) Eigentumsübertragung

Die rechtsgeschäftliche Übertragung von Eigentum wird in § 133 Abs. 1 tBGB geregelt. Aufgrund des im tschechischen Recht herrschenden Traditionsprinzips ist für die Übertragung von Eigentum an einer beweglichen Sache grundsätzlich die Übergabe der Sache an den Erwerber erforderlich. Dies gilt jedoch nur insoweit, als weder gesetzlich noch durch vertragliche Vereinbarung zwischen den Parteien etwas Abweichendes vorgesehen ist[429]. Bei der Sicherungsübereignung dürften die Parteien in der Regel vertraglich vereinbaren, daß das Eigentum ohne Übergabe auf den Sicherungsnehmer übergehen soll, da dem Sicherungs-

---

426 § 553 Abs. 2 tBGB.

427 Das ist einhellige Meinung, vgl. Bičovský/Holub zu § 553 tBGB; Holeyšovský, Právní rádce 2/1996, S. 8 ff., 8; Zoufalý, VII. Karlsbader Juristentage, S. 215 ff., 217 ; derselbe in Právní rozhledy 1997, S. 448 ff., 451; Humlová-Ueltzhöffer, WiRO 1997, S. 290 ff., 290; Chalupa, Právní rádce 3/1996, S. 12 ff., 15; Plíva, Právní praxe v podnikání 3/1997, S. 1 ff., 2.

428 Dies widerspricht dem von Simpson/Röver in Art. 4.3.1. des Model Law der EBRD aufgestellten Grundsatz des Kreditsicherungsrechts, daß eine Forderung sowohl durch den Schuldner selbst als auch durch einen Dritten absicherbar sein sollte.

429 Vgl. § 133 Abs. 1 tBGB.

geber die Möglichkeit erhalten werden soll, die Sache in seinem Besitz[430] zu behalten und sie benutzen zu können [431].

c) Sicherungsgegenstand

Üblicherweise wird es sich bei der Sicherungsübereignung um bewegliche Sachen handeln[432]. Allerdings ist auch die Übereignung von anderen Gegenständen denkbar. Die in der deutschen Praxis bekannte Sicherungsübereignung von einem Warenlager mit wechselndem Bestand ist in der Tschechischen Republik bislang noch nicht von Bedeutung[433]. Zwar spricht aus rechtlichen Erwägungen nichts gegen eine derartige Übereignung, vorausgesetzt, daß die sicherungsübergeigneten Sachen jederzeit eindeutig bestimmt[434] werden können, ohne daß hierzu Umstände herangezogen werden müssen, die außerhalb der Sicherungsabrede liegen. Ein antezipiertes Besitzkonstitut kann im Rahmen der Vertragsfreiheit ohne weiteres vereinbart werden[435]. Die tschechische Kreditsicherungspraxis hat diesbezüglich schlichtweg noch nicht ausreichende Erfahrungen mit dem Instrument der Sicherungsübereignung gemacht, als daß die Kreditinstitute gegenwärtig die Übereignung eines Warenlagers mit wechselndem Bestand zur Sicherung von Krediten akzeptieren würden.

In Betracht kommt grundsätzlich auch die sicherungsweise Übertragung von Eigentum an Liegenschaften, da ein ausdrücklicher gesetzlicher Wortlaut dem nicht entgegensteht[436]. Es ist allerdings auffallend, daß die bereits erwähnten steuerrechtlichen Vorschriften §§ 27, 28 tEStG lediglich

---

430 Hierbei dürfte es sich trotz der Eigentumsübertragung nicht um Eigenbesitz im Sinne des § 129 tBGB handeln, da es sich um eine treuhänderische Übertragung handelt.

431 Siehe rechtsvergleichend zum deutschen Recht Linhart/Daubner, Právní rozhledy 2/1993, S. 37 ff.; ferner auch Zoufalý, VII. Karlsbader Juristentage, S. 215 ff., 218; Zoufalý hält allerdings auch die Vorschriften über den gutgläubigen Erwerb im Rahmen des Handelskaufs (§ 446 tHGB) auf die Sicherungsübereignung für anwendbar. Dem ist nicht zuzustimmen, da kein Handelskauf, sondern eine Sicherungsübereignung vorliegt.

432 Holeyšovský, Právní rádce 2/1996, S. 8 ff., 8 f.

433 Angedeutet ist sie bei Zoufalý, VII. Karlsbader Juristentage, S. 215 ff., 219.

434 Zum Bestimmtheitsgrundsatz vgl. auch Daubner, RIW 1997, S. 648 ff., 649.

435 Freilich ist eine derartige Konstruktion gegenwärtig noch nicht üblich. Die Rechtsprechung hat sich hierzu noch nicht geäußert.

436 Für möglich halten dies auch Čermák, Bulletin advokacie 3/1997, S. 11 ff., 17; Holeyšovský, Právní rádce 2/1996, S. 8 ff., 9 ; Zoufalý, VII. Karlsbader Juristentage, S. 215 ff., 221; Plíva, Právní praxe v podnikání 3/1997, S. 1 ff., 2. Allerdings kommt dem in der Praxis wohl nur eine äußerst geringe Bedeutung zu.

das Sicherungseigentum an beweglichen Sachen zum Gegenstand haben. Dies wirft die Frage auf, ob der Gesetzgeber auch in § 553 tBGB lediglich die Sicherungsübereignung von beweglichen Sachen regeln wollte. Eine solche Schlußfolgerung wird jedoch zutreffend abgelehnt, da die Vorschriften des tEStG lediglich steuer- und bilanzrechtlichen Charakter haben. Eine materiellrechtliche Regelung zur Beschränkung des § 553 tBGB enthalten sie nicht[437]. Allerdings besteht für eine Sicherungsübereignung von Liegenschaften kein Bedarf, da mit dem Grundpfandrecht bereits ein Sicherungsmittel zur Verfügung steht, welches den Sicherungsgeber im Besitz der Sache beläßt. Das gleiche gilt im deutschen Recht, wo sogar zusätzlich die Möglichkeit der Bestellung einer nichtakzessorischen Sicherungsgrundschuld besteht.

d) Sicherungsabrede

Die Sicherungsabrede bildet die causa[438] für die Übertragung des Sicherungseigentums auf den Sicherungsnehmer. Sie enthält Rechte und Pflichten sowohl für den Sicherungsnehmer wie auch für den Sicherungsgeber. Für die Regelung des Anspruches des Sicherungsgebers auf Rückübertragung der Sache kommen zwei Möglichkeiten in Betracht:

Einerseits kann die Sicherungsübereignung von vornherein unter der auflösenden Bedingung der Tilgung der besicherten Forderung vereinbart werden. Eine Bedingung ist auflösend, wenn von ihrem Eintritt abhängt, ob die bereits eingetretenen Rechtswirkungen der Verfügung enden[439]. Mit Eintritt der Bedingung, also der Tilgung der besicherten Forderung durch den Schuldner, geht das Eigentum wieder automatisch und ohne weitere Handlungen des Sicherungsnehmers auf den Sicherungsgeber über. In der Literatur wird vertreten, daß durch diese Regelung eine Akzessorietät zwischen der gesicherten Forderung und dem Sicherungseigentum entstehe, da das Sicherungseigentum ebenfalls im Augenblick des Erlöschens der Forderung untergehe[440]. Diese Ansicht verkennt freilich, daß das Sicherungseigentum weder im Hinblick auf die Entstehung, noch auf die Höhe und auf den Inhaber der Forderung akzessorisch ist. Es handelt sich daher - wie im deutschen Recht - um ein nichtakzessorisches Sicherungsinstrument. Da der Sicherungsnehmer aufgrund seines Sicherungseigentums Vermögenswerte innehat, die er aber ausschließlich

---

437 Siehe zutreffend Holeyšovský, Právní rádce 2/1996, S. 8 ff., 9.

438 Siehe Čermák, Bulletin advokacie 3/1997, S. 11 ff., 15.

439 § 36 Abs. 2 S. 2 tBGB.

440 Vgl. Holeyšovský, Právní rádce 2/1996, S. 8 ff., 8 ; Zoufalý, VII. Karlsbader Juristentage, S. 215 ff., 218, geht sogar unterscheidungslos von einem akzessorischen Charakter der Sicherungsübereignung aus.

im Interesse des Sicherungsgebers ausüben soll, handelt es sich um ein Treuhandverhältnis.

Andererseits kann von den Parteien auch ein sogenanntes fiduziarisches[441] Sicherungseigentum vereinbart werden. In diesem Fall erfolgt die Sicherungsübereignung ohne auflösende Bedingung. Vereinbart werden muß daher, unter welchen Umständen der Sicherungsnehmer zur Rückübertragung des Eigentums an den Sicherungsgeber verpflichtet ist[442]. In aller Regel dürfte dies der Fall sein, sobald die besicherte Forderung erfüllt wurde.

Dies ist auch die in der Bankenpraxis bevorzugte Alternative[443], da die Banken auf diese Weise die Kontrolle darüber behalten, wann die sicherungsübereignete Sache an den Sicherungsgeber freigegeben wird. Bei Vereinbarung einer Sicherungsübereignung mit auflösender Bedingung hätte der Sicherungsgeber dagegen theoretisch die Möglichkeit der vorzeitigen Tilgung der Forderung mit der Folge der automatischen Rückübertragung der sicherungsübereigneten Sache. Ferner wird die Sicherungsabrede die Verpflichtung des Sicherungsnehmers enthalten, die in seinem Besitz verbleibende Sache ordnungsmäßig zu behandeln und gegebenenfalls zu versichern[444].

Von außerordentlicher Wichtigkeit ist die ausdrückliche Regelung des Verwertungsrechts des Sicherungsnehmers für den Fall, daß der Schulder seiner Verpflichtung nicht rechtzeitig und vollständig nachkommt. Hinsichtlich der in Betracht kommenden Verwertungsarten herrscht in der Literatur einige Irritation. So wird z.B. darauf verwiesen, daß eine Verwertung durch gerichtliche Versteigerung aufgrund eines Titels in

---

441 Der Begriff des fiduziarischen, also treuhänderischen Sicherungseigentums wird in der tschechischen Literatur stets zur Beschreibung dieser Regelungsalternative verwendet, vgl. Holeyšovský, Právní rádce 2/1996, S. 8 ff., 8; Kopáč, Obchodní Kontrakty, S. 195. Tatsächlich handelt es sich auch bei der zuerst vorgestellten Regelungsalternative um ein fiduziarisches Rechtsgeschäft.

442 Čermák, Bulletin advokacie 3/1997, S. 11 ff., 15, weist zu Recht darauf hin, daß es sich hierbei um einen schuldrechtlichen Anspruch handelt.

443 Holeyšovský, Newsletter Praha, S. 109.

444 Diese Verpflichtung ist regelmäßig in Sicherungsabreden nach deutschem Recht enthalten, vgl. Weber, Kreditsicherheiten, S. 125. In der tschechischen Literatur wird sie bislang nicht ausdrücklich erwähnt.

Betracht komme[445]. Diese Ansicht übersieht, daß der Sicherungsnehmer selbst rechtlicher Eigentümer der Sache ist und daher eine Vollstreckung gegen sich selbst nicht in Betracht kommt[446]. Vorzuziehen ist daher ein außergerichtlicher Verkauf durch den Sicherungsnehmer, wobei die einzelnen Bedingungen des Verkaufs wie Zeitpunkt und Preis nach Möglichkeit bereits von den Parteien vereinbart werden sollten[447]. Angesichts der fehlenden Rechtsprechung sowie der chronisch überlasteten Gerichte ist andernfalls mit langwierigen Rechtstreitigkeiten zu rechnen.

3. *Leihvertrag*

Für die Vereinbarung einer Sicherungsübereignung nach tschechischem Recht reicht die bloße Sicherungsabrede nicht aus, um in den Genuß der steuerlichen Abschreibungsmöglichkeiten für den Sicherungsgeber zu kommen. Aufgrund der strikten Handhabung der bilanzrechtlichen Vorschriften der §§ 27 und 28 tEStG durch die Finanzbehörden ist es erforderlich, daß zwischen Sicherungsgeber und Sicherungsnehmer als Verleiher zusätzlich ein Leihvertrag nach § 659 tBGB geschlossen wird[448]. Erst hierdurch kann sichergestellt werden, daß der das wirtschaftliche Eigentum innehabende Sicherungsgeber die Sicherungsache in seiner Bilanz ausweisen kann und zu den entsprechenden gesetzlichen Abschreibungen berechtigt ist. Da der Leihvertrag in erster Linie zur Vorlage bei den Finanzbehörden dient, ist der Abschluß eines schriftlichen Vertrages erforderlich[449]. Diese steuerrechtliche Voraussetzung ist jedoch nicht notwendigerweise von Belang für die zivilrechtlichen Verhältnisse zwischen Sicherungsgeber und Sicherungsnehmer. Es dürfte zutreffend

---

445 Čermák, Bulletin advokacie 3/1997, S. 11 ff., 15; Daubner, RIW 1997, S. 648 ff., 649, schlägt die entsprechende Anwendung der Vorschriften über die Verwertung des Pfandrechts vor. Dem ist nur insoweit zuzustimmen, als die außergerichtliche Verwertung gemäß § 299 Abs. 2 tHGB gemeint ist.

446 So zutreffend Holeyšovský, Právní rádce 2/1996, S. 8 ff., 10.

447 Laut Holeyšovský, Newsletter Praha, S. 109 haben die tschechischen Banken sich diesbezüglich ein detailliertes Know-how erarbeitet. Die Vertragswerke wurden der Prüfung vor einem höheren Gericht bislang jedoch nicht ausgesetzt. Es ist bezeichnend, wenn mit Holeyšovský der Leiter Rechtsabteilung einer der wichtigsten Banken des Landes (KB) mehrfach deutlich darauf hinweist, daß die Situation angesichts der fehlenden Gerichtsentscheidungen von erheblicher Rechtsunsicherheit geprägt ist. Humlová-Ueltzhöffer, WiRO 1997, S. 290 ff., 291 bestätigt ebenfalls den Mangel an weiterführenden Gerichtsurteilen.

448 § 28 Abs. 6 tEStG sieht einen solchen Leihvertrag ausdrücklich vor.

449 Einen Formulierungsvorschlag für einen solchen Leihvertrag gibt Humlová-Ueltzhöffer in WiRO 1997, S. 290 ff., 292 Fn 15.

sein, die Sicherungsabrede allein bereits für ausreichend zu halten, zumal ein Besitzkonstitut gesetzlich ohnehin nicht ausdrücklich vorgeschrieben ist[450].

II. Untergang des Sicherungseigentums

Das Sicherungseigentum erlischt mit Rückübertragung des Eigentums auf den Sicherungsgeber. Die Modalitäten der Rückübertragung hängen von den in der jeweiligen Sicherungsabrede getroffenen Vereinbarungen ab. So kommt insbesondere die Vereinbarung eines automatischen Rückübergangs auf den Sicherungsgeber durch Vereinbarung einer auflösenden Bedingung oder die einvernehmliche nachträgliche Rückübertragung in Betracht[451].

C. Eigentumsvorbehalt

Der Eigentumsvorbehalt ist das typische Sicherungsmittel der Warenkreditgeber. Ihm kommt keine Verwertungsfunktion, sondern lediglich eine Druckmittelfunktion gegenüber dem Käufer zu. Kommt der Käufer seinen kaufvertraglichen Verpflichtungen nicht nach, so steht dem Verkäufer nach Rücktritt vom Kaufvertrag neben dem vertraglichen Rückgabeanspruch ein Vindikationsanspruch zur Verfügung[452].

I. Entstehung des Eigentumsvorbehalts

Der einfache Eigentumsvorbehalt ist unter den in §§ 544 ff. tBGB enthaltenen Vorschriften in dem Kapitel über die "Sicherung von Forderungen" nicht aufgeführt[453]. Eine ausdrückliche gesetzliche Erwähnung findet er allerdings in § 601 tBGB bei den Vorschriften über den Kaufvertrag sowie in § 445 tHGB im Rahmen des Handelskaufs.

---

450 Im Gegensatz zum deutschen Recht, § 930 BGB.

451 Siehe die obigen Ausführungen unter I 2 d.

452 Vgl. Mruzek, Ekonom 41/1994, S. 83 f., 84. Die tschechische rechtswissenschaftliche Literatur hat sich mit der Problematik des Eigentumsvorbehalts allerdings bislang kaum befaßt, vgl. die zutreffende Darstellung zur gegenwärtigen Situation der rechtswissenschaftlichen Diskussion bei Humlová-Ueltzhöffer, WiRO 1997, S. 290 ff., 290 und dort Fn 1 mit weiteren Nachweisen.

453 Diese systematische Einteilung durch den Gesetzgeber ist zutreffend, da es sich bei dem Eigentumsvorbehalt um ein spezielles Sicherungsinstrument im Kaufrecht handelt, so daß eine dortige Regelung sachgerecht ist. Vgl. auch die systematische Stellung im deutschen Recht, § 455 BGB.

Wesentliche Unterschiede beider Regelungen bestehen nicht. Im folgenden orientiert sich die Darstellung an der handelsrechtlichen Regelung. Demnach können die Parteien schriftlich vereinbaren, daß der Käufer das Eigentum nicht bereits mit Übergabe der Kaufsache nach § 443 tHGB, sondern erst später erwerben soll. Diese Regelung widerspricht dem Traditionsprinzip[454] des tschechischen Sachenrechts nicht, da auch § 133 Abs. 1 tBGB es den Parteien ermöglicht, hinsichtlich des Zeitpunkts des Eigentumserwerbs vom Gesetz abweichende vertragliche Regelungen zu treffen[455]. Sowohl nach tHGB als auch nach tBGB ist daher die Vereinbarung eines Eigentumsvorbehalts möglich[456].

1. *Kaufvertrag*

Voraussetzung ist nach §§ 443 ff. tHGB zunächst ein Handelskaufvertrag. Dies setzt die Unternehmereigenschaft der Parteien des Kaufvertrages voraus. Die Anwendbarkeit der Vorschriften über den Eigentumsvorbehalt nach §§ 443 ff. tHGB kann jedoch auch von Nichtunternehmern frei vereinbart werden[457].

2. *Schriftlicher Eigentumsvorbehalt*

Nach § 445 tHGB müssen die Parteien des Handelskaufvertrages schriftlich[458] vereinbaren, daß das Eigentum nicht bereits mit Übergabe der Kaufsache übergehen soll. Darüber hinaus können die Parteien vereinbaren, zu welchem späteren Zeitpunkt das Eigentum auf den Erwerber übergehen soll. Sofern die Parteien keinen bestimmten Zeitpunkt für die Übertragung des Eigentums vereinbaren, geht das Eigentum nach § 445 S. 2 tHGB im Zweifel mit der vollständigen Zahlung des Kaufpreises über. Das Gesetz geht daher von der Vereinbarung einer aufschiebenden Bedingung[459] aus.

---

454 Vgl. die Ausführungen bei Köhne, Osteuropa Recht 1/1996, S. 48 ff., 63; Daubner, WiRO 1994, S. 417 ff., 419; Knapp-Švestka, S. 223.

455 Dies ergibt sich eindeutig aus dem Gesetzestext, vgl. auch Bičovský/Holub, § 133 tBGB.

456 Für die jeweilige Anwendbarkeit ist entscheidend, ob sich der Kaufvertrag nach tBGB oder tHGB richtet, vgl. hierzu die Ausführungen in Teil 1 § 2.

457 Eine derartige Vereinbarung bedarf der Schriftform, § 262 Abs. 1 und 2 tHGB.

458 Ein solches Schriftformerfordernis kennt der Eigentumsvorbehalt nach deutschem Recht nicht, § 455 BGB.

459 § 36 Abs. 2 Satz 1 tBGB. Die Parteien können freilich auch eine auflösende Bedingung (§ 36 Abs. 2 Satz 2 tBGB) für den Eigentumsübergang vereinbaren.

II. Untergang des vorbehaltenen Eigentums

1. *Kaufpreiszahlung*

Der Eigentumsvorbehalt erlischt mit Eintritt der vereinbarten Bedingung, in der Regel mit der fristgerechten Kaufpreiszahlung.

2. *Gutgläubiger Erwerb durch Dritten*

Nach § 446 tHGB kann ein Dritter gutgläubig Eigentum an Waren vom Nichtberechtigten erwerben. Hierbei handelt es sich um eine wichtige Ausnahme im tschechischen Recht, da ein gutgläubiger Eigentumserwerb grundsätzlich nicht möglich ist[460]. Voraussetzung ist, daß der Dritte im Rahmen eines Handelskaufes zu dem Zeitpunkt, in dem die übrigen Voraussetzungen für den Eigentumserwerb vorliegen, nicht weiß, daß der Verkäufer weder Eigentümer noch verfügungsberechtigt war. Zeitpunkt des Eigentumserwerbs ist grundsätzlich die Übergabe der Kaufsache an den Käufer[461]. Wenn der Vorbehaltskäufer die Vorbehaltsware daher an einen gutgläubigen Dritten weiterveräußert, verliert der Vorbehaltsverkäufer sein Eigentum und der Eigentumsvorbehalt erlischt. Der Schutz des Vorbehaltsverkäufers wird hierdurch beträchtlich verringert.

3. *Abtretung der Kaufpreisforderung*

Bei einer Abtretung der Kaufpreisforderung durch den Vorbehaltsverkäufer an einen Dritten verliert der Vorbehaltsverkäufer nicht ipso facto auch das vorbehaltene Eigentum. Da es sich nicht um ein akzessorisches Sicherungsinstrument handelt, verbleibt das Vorbehaltseigentum beim Vorbehaltsverkäufer, obgleich dieser nun nicht mehr Inhaber der gesicherten Kaufpreisforderung ist.

III. Erweiterungsformen des Eigentumsvorbehaltes

Neben dem ausdrücklich normierten einfachen Eigentumsvorbehalt sieht die tschechische Rechtsordnung zumindest ausdrücklich keine

---

460 Daß es sich hierbei um einen Ausnahmetatbestand handelt, erkennt auch Štenglová/Plíva/Tomsa - Tomsa, § 446 tHGB; Dědič - Švarc dagegen beschränken sich auf eine weitgehende Wiederholung des Gesetzeswortlauts, vgl. die Kommentierung zu § 446 tHGB.

461 Dieser Grundsatz ergibt sich aus § 443 Abs. 1 tHGB. Falsch ist insofern die Darstellung bei Štenglová/Plíva/Tomsa-Tomsa, § 446 tHGB, wonach Gutgläubigkeit im Zeitpunkt des Abschlusses des Kaufvertrages vorliegen müsse.

Erweiterungsformen des Eigentumsvorbehalts vor[462]. Im deutschen Recht sind dagegen verschiedene Erweiterungsformen entwickelt worden und auch in der Praxis von erheblicher Bedeutung[463]. Im einzelnen werden unterschieden:

- weitergeleiteter Eigentumsvorbehalt
- nachgeschalteter Eigentumsvorbehalt
- verlängerter Eigentumsvorbehalt
- Kontokorrentvorbehalt[464]
- Konzernvorbehalt
- nachträglicher Eigentumsvorbehalt.

Auch eine Kombination der einzelnen Ausgestaltungsmöglichkeiten ist nach deutschem Recht grundsätzlich möglich. Es kann bislang kaum verläßlich beurteilt werden, inwieweit derartige Erweiterungsformen auch in der tschechischen Rechtspraxis Verwendung gefunden haben. Sicher ist jedoch, daß aufgrund der Anwesenheit einer Vielzahl deutscher Unternehmen und Rechtsanwaltskanzleien die in Deutschland verwendeten Vertragsklauseln auch in der Tschechischen Republik verbreitet worden sind. Eine Stellungnahme der Rechtsprechung zur Zulässigkeit und Auslegung derartiger Vereinbarungen steht indes noch aus.

1. Verlängerter Eigentumsvorbehalt

In der tschechischen rechtswissenschaftlichen Literatur wurde die Zulässigkeit des verlängerten Eigentumsvorbehalts bisher lediglich von Linhart/Daubner[465] angesprochen. Die Autoren erläutern zutreffend die Funktionsweise des verlängerten Eigentumsvorbehalts unter vergleichender Darstellung der deutschen Rechtslage. Demnach wird bei einem Warenkauf neben dem Eigentumsvorbehalt zusätzlich vereinbart, daß der Käufer zum Weiterverkauf der Waren mit der Maßgabe berechtigt sein soll, daß zugleich eine Abtretung der Forderungen gegen den Abnehmer an den Verkäufer zu erfolgen hat. Es handelt sich daher um eine Abtretung

---

462 Derartige Erweiterungsformen werden in der tschechischen Literatur praktisch nicht diskutiert. Eine Ausnahme stellen Linhart/Daubner, Pravni rozhledy 1993, S. 37 ff. dar. Die Standardkommentare zum tHGB Štenglová/Plíva/Tomsa und Dědič erwähnen Erweiterungsformen des Eigentumsvorbehalts mit keinem Wort.

463 Vgl. zum folgenden neben vielen Reinicke/Tiedtke, S. 229.

464 Zur rechtspolitischen Bedenklichkeit derartiger „horizontalen Erweiterungsformen“ vgl. bereits Drobnig, Gutachten, S. 48 ff. und 75 ff.

465 Linhart/Daubner, Právní rozhledy 2/1993, S. 37 ff., 40; vgl. aktuell und deutschsprachig auch Daubner, RIW 1997, S. 468 ff., 469.

zukünftiger Forderungen[466], deren Zulässigkeit im einzelnen unter Teil 2 § 3 C II der vorliegenden Abhandlung behandelt wird[467]. Linhart/Daubner gelangen zu dem Ergebnis, daß auch nach tschechischem Recht die Vereinbarung eines verlängerten Eigentumsvorbehalts als zulässig anzusehen ist. Dem ist nachdrücklich zuzustimmen[468]. Dabei ist insbesondere zu berücksichtigen, daß § 446 tHGB die Frage der Verfügungsbefugnis des Käufers ausdrücklich anspricht. Dies ist nur sinnvoll, wenn ein Eigentumsvorbehalt vereinbart wurde, da der Käufer andernfalls als Eigentümer ohnehin verfügungsberechtigt wäre. Auch die Berechtigung zum Forderungseinzug durch den Zedenten ist ausdrücklich geregelt[469].

2. *Verarbeitungsklausel*

Nach tschechischem Recht ist es für den das Eigentum vorbehaltenden Verkäufer nicht erforderlich, sich durch die in der deutschen Rechtspraxis geläufige "Verarbeitungsklausel"[470] vor einem Erwerb des Verarbeitenden[471] zu schützen[472]. Das tschechische Recht kennt zwar in § 135b tBGB ebenfalls einen Eigentumserwerb durch Verarbeitung. Voraussetzung für den Eigentumserwerb ist jedoch u.a. der gute Glaube des Verarbeitenden, daß sich die Sache in seinem Eigentum befindet. Die Gutgläubigkeit des Verarbeitenden muß während der gesamten Verarbeitungsdauer bestanden haben[473]. Eine derartige Gutgläubigkeit dürfte im Falle der Vereinbarung eines Eigentumsvorbehalts kaum gegeben sein[474].

---

466 Die Zulässigkeit der Abtretung zukünftiger Forderungen im Rahmen von allgemeinen Geschäftsbedingungen war auch im deutschen Recht bis BGHZ 7, 365 (368-371) durchaus umstritten.

467 Zur Kollision zwischen verlängertem Eigentumsvorbehalt und Globalzession vgl. die Ausführungen unter Teil 2 § 3 C III.

468 Vgl. die ausführliche Darstellung der Frage nach der Abtretbarkeit zukünftiger Forderungen unter Teil 2 § 3 C II.

469 § 530 Abs. 1 Satz 1 tBGB; im Ergebnis ebenso Daubner, RIW 1997, S. 648 ff., 649, der die Berechtigung zum Forderungseinzug allerdings aus einem argumentum a fortiori aus § 446 tHGB herleitet.

470 Auch nach tschechischem Recht wäre eine vertragliche Regelung des Eigentumserwerbs bei Verarbeitung grundsätzlich möglich, vgl. Bičovský/Holub § 135b tBGB.

471 § 950 BGB.

472 So auch Linhart/Daubner, Právní rozhledy 2/1993, S. 37 ff., 40.

473 Auch von Bičovský/Holub § 135b tBGB wird der Gesetzeswortlaut so ausgelegt.

474 Diese Fragestellung wird in den Standardkommentaren zum tHGB, Štenglová/Plíva/Tomsa sowie Dědič nicht angesprochen.

3. *Anwartschaftsrecht*

Von Linhart/Daubner[475] wird ferner die wichtige Frage des Anwartschaftsrechts[476] angesprochen. Ein Anwartschaftsrecht wäre im deutschen Recht etwa von Bedeutung, wenn die beim Vorbehaltskäufer belegene Ware ebenfalls Gegenstand eines Vermieterpfandrechts nach § 559 BGB wäre. Solange der Vorbehaltskäufer noch kein Eigentum erworben hat, erstreckt sich das Vermieterpfandrecht lediglich auf das Anwartschaftsrecht des Vorbehaltskäufers. Der Vermieter hätte daher die Möglichkeit, durch Zahlung des Restkaufpreises ein Pfandrecht an der Sache selbst zu erlangen. Bei Ablehnung eines Anwartschaftsrechts ginge das Vermieterpfandrecht dagegen ins Leere. Linhart/Daubner[477] schlagen vor, das Institut des Anwartschaftsrechts auch in das tschechische Recht zu übernehmen. Eine solche Übernahme hätte sicherlich den Vorzug, in bestimmten Fallkonstellationen wie zum Beispiel dem obigen mit einer dogmatisch richtigen Begründung zu dem gewünschten Ergebnis zu gelangen. Hier ist jedoch zu beachten, daß es sich bei dem von der deutschen Rechtswissenschaft entwickelten Anwartschaftsrecht um ein dogmatisches Gebilde von hohem Abstraktionsgrad handelt. Es muß bezweifelt werden, daß die sich noch entwickelnde tschechische Rechtsordnung eine derartige Komplexität bewältigen und eine in sich stimmige Lösung anbieten könnte. Jedenfalls sind zum jetzigen Zeitpunkt keinerlei Hinweise auf eine Einführung des Anwartschaftsrechts in die tschechische Rechtsordnung erkennbar.

D. Zurückbehaltungsrecht

I. Rechtsnatur des Zurückbehaltungsrechts

Das tschechische Recht regelt das Zurückbehaltungsrecht im Zweiten Teil des tBGB unter der Überschrift „Sachenrechte". Innerhalb des Zweiten Teils ist das Zurückbehaltungsrecht dort zusammen mit dem Pfandrecht unter dem Dritten Abschnitt „Rechte an fremden Sachen" in den §§ 151s bis 151v tBGB abgehandelt. Ein weiteres Zurückbehaltungsrecht wird im Rahmen des Handelskaufs in den §§ 463 ff. tHGB für verschiedene Konstellationen des Verzugs geregelt. Es handelt sich um ein weitreichendes Zurückbehaltungsrecht, das sich nicht auf eine synallag-

---

475 Linhart/Daubner, Právní rozhledy 2/1993, S. 37 ff., 40.

476 Zum Anwartschaftsrecht im deutschen Recht vgl. Weber, Kreditsicherheiten, S. 147, mit weiteren Nachweisen.

477 Linhart/Daubner, Právní rozhledy 2/1993, S. 37 ff., 40.

matische Vertragsbeziehung beschränkt[478]. Es entspricht insoweit dem im deutschen Recht in §§ 369 ff. HGB geregelten kaufmännischen Zurückbehaltungsrecht. Sowohl im Hinblick auf die dingliche Wirkung dieser beiden Rechtsinstitute als auch ihre jeweilige gesetzliche Ausgestaltung besteht eine starke Ähnlichkeit.

Das Zurückbehaltungsrecht nach tschechischem Recht hat seiner Rechtsnatur zufolge eine dingliche Wirkung[479]. Dies ergibt sich zunächst aus der systematischen Einordnung unter dem Teil „Sachenrechte". Inhaltlich kommt der dingliche Charakter des Zurückbehaltungsrechts durch die in § 151u tBGB enthaltene Regelung zum Ausdruck. Demnach hat der Inhaber eines Zurückbehaltungsrechts ein Recht auf vorzugsweise Befriedigung aus dem Verwertungserlös im Rahmen der Zwangsvollstreckung. Dieses Vorzugsrecht gilt auch gegenüber einem Inhaber eines Pfandrechts an der betreffenden Sache, woraus sich die - dingliche - Wirkung gegenüber Dritten ergibt[480].

Das Zurückbehaltungsrecht übt eine Druckmittel- sowie eine Befriedigungsfunktion aus[481]. Seiner Rechtsnatur nach ist es dem Pfandrecht sehr nahestehend. Die Befriedigungsfunktion wird allerdings z.T. mit der Begründung bestritten, daß der Inhaber nicht zur unmittelbaren Verwertung berechtigt sei[482]. Diese Auffassung berücksichtigt nicht, daß das Zurückbehaltungsrecht im Rahmen der Zwangsvollstreckung Anspruch auf vorrangige Befriedigung verleiht, wodurch die Befriedigungsfunktion offenbar wird.

II. Entstehung des Zurückbehaltungsrechts

Das Zurückbehaltungsrecht setzt zunächst voraus, daß der Gläubiger im Besitz[483] einer beweglichen Sache ist, zu deren Herausgabe er dem Schuldner verpflichtet ist[484]. Weitere Voraussetzung ist eine fällige

---

478 So im Ergebnis Oberstes Gericht Az 5Cmo 90/92 in Soudní rozhledy 3/1996, S. 49.

479 Das ist allgemeine Meinung, vgl. Kopáč, Obchodní Kontrakty, S. 163 ; Richter, Právní rádce 1/1994, S. 21.

480 Zur Frage der Verwertung siehe die Ausführungen unter Teil 3 § 2 D.

481 So ausdrücklich und zutreffend Holeyšovský, Newsletter Praha, S. 77.

482 Richter, Právní rádce 1/1994, S. 21.

483 Notwendig ist hier Fremdbesitz, also Detention, vgl. Holeyšovský, Newsletter Praha, S. 76.

484 § 151s Abs. 1 tBGB.

Geldforderung[485] des Gläubigers gegen den Schuldner. Bei Vorliegen dieser Voraussetzungen hat der Gläubiger das Recht, die Sache zu behalten, bis seine fällige Geldforderung vom Schuldner erfüllt worden ist. Das Zurückbehaltungsrecht entsteht daher mit seiner Geltendmachung durch den Gläubiger als einseitige Rechtshandlung[486]. Allerdings besteht ein derartiges Zurückbehaltungsrecht nicht, wenn der Gläubiger die Sache dem Schuldner eigenmächtig oder arglistig entzogen hat. Hier kommen z.B. Betrug, Unterschlagung und Diebstahl in Betracht[487]. Ferner wird nach § 151s Abs. 2 tBGB auch dann kein Zurückbehaltungsrecht begründet, wenn der Schuldner dem Gläubiger bei Übergabe der Sache auferlegt hat, daß dieser "auf eine Weise über sie verfügen müsse, die mit der Ausübung eines Zurückbehaltungsrechts unvereinbar ist"[488]. Diese Voraussetzung dürfte bei einem ausdrücklichen vertraglichen Ausschluß oder etwa bei einer treuhänderischen Verwahrung von Sachen gegeben sein[489]. Bei unentgeltlichen Verträgen wie z.B. Leihe oder Verwahrung wird das Vorliegen eines Zurückbehaltungsrechts z.T. in Frage gestellt[490]. Dem ist nicht zuzustimmen. Eine bloße Unentgeltlichkeit kann dies nicht begründen, da das Zurückbehaltungsrecht kein Synallagma voraussetzt.

Eine von der obigen Regelung etwas abweichende Rechtslage besteht jedoch, wenn der Schuldner über längere Zeit seine fälligen Verbindlichkeiten nicht erfüllt hat[491]. Dieses Kriterium wird in der Literatur dahingehend ausgelegt, daß der Schuldner in Konkurs gefallen ist oder sich im Rahmen der Zwangsvollstreckung seine Zahlungsunfähigkeit herausgestellt hat[492]. In diesem Fall ist der Gläubiger nach § 151s Abs. 3

---

485 Das Gesetz verlangt in § 151s Abs. 1 tBGB ausdrücklich das Bestehen einer Geldforderung. Die Literatur übernimmt diese Voraussetzung kritiklos, vgl. Kopáč, Obchodní Kontrakty, S. 163; Pelikánová - Plíva Rn 1730 ; Holeyšovský, Newsletter Praha, S. 75. Es ist indes nicht ersichtlich, warum nicht entsprechend § 151a tBGB (Pfandrecht) auch für andere als Geldforderungen ein Zurückbehaltungsrecht entstehen sollte.

486 Vgl. Kopáč, Obchodní Kontrakty, S. 163 ; Holeyšovský, Newsletter Praha, S. 76. Beide Autoren weisen ausdrücklich darauf hin, daß nicht etwa ein gesonderter Vertrag zwischen den Parteien zur Bestellung des Zurückbehaltungsrechts erforderlich ist. Dieser Hinweis offenbart die auf Seiten der Rechtsanwender bestehende Rechtsunsicherheit.

487 Holeyšovský, Newsletter Praha, S. 75; es kommen allerdings auch Umstände in Betracht, die nicht gleichzeitig Straftatbestände erfüllen, so wohl zutreffend Kopáč, Obchodní Kontrakty, S. 164.

488 Der Gesetzeswortlaut weist große Ähnlichkeit mit § 369 Abs. 3 HGB auf.

489 Ähnlich Kopáč, Obchodní Kontrakty, S. 164.

490 Richter, Právní rádce 1/1994, S. 21.

491 So der Wortlaut von § 151s Abs. 3 tBGB.

492 Vgl. die Darstellung bei Kopáč, Obchodní Kontrakty, S. 164; Holeyšovský, Newsletter Praha, S. 75.

tBGB auch dann zur Geltendmachung eines Zurückbehaltungsrechts berechtigt, wenn die Fälligkeit seiner Geldforderung gegenüber dem Schuldner noch nicht eingetreten ist. Dies soll sogar dann gelten, wenn eine Auflage des Schuldners besteht, mit der die Ausübung eines Zurückbehaltungsrechts unvereinbar ist. Diese Ansicht dürfte zu weit gehen. Wenn eine Unvereinbarkeit mit der Ausübung des Zurückbehaltungsrechts vorliegt, dann sollte dies auch im Fall der Zahlungsunfähigkeit respektiert werden[493]. Während des Zeitraums der Geltendmachung des Zurückbehaltungsrechts bestehen für den Gläubiger die gleichen Pflichten wie für den Pfandgläubiger. § 151t tBGB verweist insofern auf § 151e tBGB.

III. Untergang des Zurückbehaltungsrechts

Folgende Möglichkeiten kommen für den Untergang des Zurückbehaltungsrechts in Betracht:

1. Erlöschen der Geldforderung

Gemäß § 151v tBGB erlischt das Zurückbehaltungsrecht mit der Erfüllung der gesicherten Forderung.

2. Sicherheitsleistung

Nach § 151v i.V.m. § 555 tBGB erlischt das Zurückbehaltungsrecht des Gläubigers ebenfalls, wenn der Schuldner Sicherheit nach den §§ 555 ff. tBGB leistet. Dies kann dem Gesetzeswortlaut zufolge vor allem durch Bestellung eines (Grund-) Pfandrechts oder durch Stellung zahlungsfähiger Bürgen erfolgen[494]. Die Bestellung anderer Sicherheiten ist ausweislich dieses offenen Wortlautes nicht ausgeschlossen. Allerdings ist der Gläubiger nicht verpflichtet, Sachen oder Rechte zu einem höheren Wert als zwei Dritteln ihres Schätzpreises anzunehmen[495]. Dies gilt jedoch nicht für Einlagen in Banken und Sparkassen sowie für staatliche Wertpapiere, welche Sicherheit in Höhe ihres gesamten Nennwertes bieten.

---

493 Die Literaturstimmen beschränken sich diesbezüglich sämtlich auf die Wiederholung des Gesetzeswortlauts: Pelikánová-Plíva Rn 1730; Holeyšovský, Newsletter Praha, S. 75; Richter, Právní rádce 1/1994, S. 21; Kopáč, Obchodní Kontrakty, S. 164.

494 § 555 tBGB.

495 § 556 tBGB.

3. *Herausgabe der Sache*

Obgleich das Gesetz dies nicht ausdrücklich vorsieht, erlischt das Zurückbehaltungsrecht ferner, wenn der Gläubiger die zurückbehaltene Sache an den Schuldner herausgibt oder die Sache untergeht[496]. Es ist indes fraglich, ob nur eine Herausgabe an den Schuldner das Zurückbehaltungsrecht zum Erlöschen bringt, oder ob es ausreicht, daß die Sache der Verfügungsgewalt des Gläubigers entzogen wird. Letzteres scheint richtig, da auch in diesem Fall die Voraussetzungen der §§ 151s ff. tBGB nicht mehr vorliegen. Die dingliche Wirkung des Zurückbehaltungsrechts kann nicht dahingehend interpretiert werden, daß dieses auch bei fehlendem Besitz des Gläubigers fortbesteht[497].

4. *Gläubigerbenachteiligung*

Ein weiterer Erlöschensgrund ist in § 14 Abs. 1 f) i.V.m. § 28 Abs. 1 tKonkursG enthalten. Demzufolge erlischt ein Zurückbehaltungsrecht in der Gestalt des Absonderungsrechts dann, wenn über das Vermögen des Schuldners der Konkurs eröffnet wird und das Zurückbehaltungsrecht erst innerhalb von zwei Monaten vor der Stellung des Konkursantrages entstanden war[498]. Ein Absonderungsrecht wird ebenfalls nicht durch ein Zurückbehaltungsrecht begründet, das erst nach Stellung des Konkursantrages entsteht.

§ 3 Rechte

Der Begriff „Recht“ wird im tschechischen Recht an keiner Stelle umfassend definiert. § 118 tBGB besagt lediglich, daß Gegenstand von Zivilrechtsverhältnissen Sachen und, wenn es ihre Natur zuläßt, Rechte und andere Vermögenswerte sind. In erster Linie werden unter "Rechten" Forderungen verstanden[499]. Über diese enge Auffassung hinaus ist der Begriff Recht jedoch ebenso wie im deutschen Recht weiter zu verstehen und umfaßt sämtliche subjektiven Rechtspositionen.

---

496 So sicherlich zutreffend Kopáč, Obchodní Kontrakty, S. 164.

497 So im Ergebnis, wenn auch ohne Begründung, Holeyšovský, Newsletter Praha, S. 77. A.A. wohl Kopáč, Obchodní Kontrakty, S. 164.

498 Auf die Kritikwürdigkeit dieser Vorschrift wurde bereits in Teil 2 § 1 II 6 hingewiesen.

499 Jehlička/Švestka/Škárová/Vodička-Švestka § 118 Ziff. 3.

A. Forderungspfandrecht

Die Bestellung eines Pfandrechts an einer Forderung ist unter dem Kapitel der „Rechte an fremden Sachen" in den §§ 151h bis 151j tBGB geregelt[500]. Es handelt sich um ein akzessorisches Sicherungsrecht, das nicht selbständig übertragen werden kann. Eine Übertragung kommt daher nur im Zusammenhang mit der Abtretung[501] der gesicherten Forderung in Betracht. Ferner kennt das tschechische Recht ein sogenanntes Unterpfandrecht[502]. Dabei handelt es sich um die Verpfändung einer durch ein Sachpfandrecht gesicherten Forderung. Die Zustimmung des Eigentümers der verpfändeten Sache ist hierfür nicht erforderlich[503]. Im Falle der Übergabe der Pfandsache an den Unterpfandgläubiger haftet der Pfandgläubiger gegenüber dem Eigentümer für den beim Unterpfandgläubiger entstehenden Schaden[504]. Im übrigen sollen die Regelungen über das Pfandrecht entsprechende Anwendung finden[505]. Eine praktische Bedeutung kommt dieser komplizierten Konstellation nicht zu. Besondere Vorschriften für die Bestellung von Pfandrechten an Wertpapieren finden sich in den §§ 39 bis 44 tWertpapierG[506]. Dieses Gesetz behandelt unter anderem Aktien, Schuldverschreibungen, Investitionskupons, Kupons, Wechsel, Schecks und Reiseschecks. Gemäß § 39 tWertpapierG finden auf die Verpfändung von Wertpapieren grundsätzlich die entsprechenden Vorschriften des tHGB und tBGB Anwendung. In den auf § 39 tWertpapierG folgenden Vorschriften werden im Hinblick auf einzelne Typen von Wertpapieren besondere Bestimmungen getroffen[507].

I. Entstehung des Forderungspfandrechts

1. Forderung

Voraussetzung für die Bestellung dieses Sicherungsrechts ist zunächst das Vorliegen einer zu sichernden Forderung. Die sichernde Forderung kann

---

500 Im Gegensatz zum Pfandrecht an Sachen findet § 299 tHGB auf das Forderungspfandrecht keine Anwendung, vgl. Holeyšovský, Newsletter Praha, S. 65.

501 § 524 Abs. 2 tBGB.

502 §§ 151k bis 151m tBGB.

503 § 151k Abs. 2 tBGB.

504 § 151l Abs. 1 tBGB.

505 § 151m tBGB.

506 Zákon České národní rady o cenných papírech ze dne 20. listopadu 1992 č. 591/1992 Sb. (Gesetz des Tschechischen Nationalrates über Wertpapiere vom 20. November 1992 Nr. 591/1992 Slg.), im folgenden „tWertpapierG".

507 Vergleiche hierzu ausführlich Eliáš, Právní rozhledy 8/1994, S. 271 ff.

sich gemäß § 151h Abs.1 tBGB auf eine Sache, ein Recht oder einen anderen Vermögenswert beziehen[508]. Es muß sich daher nicht notwendigerweise um eine Geldforderung handeln, auch wenn dies in der täglichen Kreditpraxis den Regelfall darstellt.

2. *Verpfändungsvertrag*

Die Verpfändung der Forderung erfolgt durch schriftlichen Vertrag zwischen Verpfänder und Pfandgläubiger. Dieser schriftliche Vertrag muß sowohl die abzusichernde Forderung als auch die verpfändete Forderung genau bezeichnen. Dies setzt die Nennung des Drittschuldners sowie den Forderungsgegenstand voraus[509]. Verpfänder muß nicht notwendigerweise der Hauptschuldner sein. Vielmehr ist es ebenfalls zulässig, daß ein Dritter eine ihm zustehende Forderung zur Absicherung einer Forderung des Pfandgläubigers gegenüber dem Hauptschuldner verpfändet[510]. Da das Gesetz keine ausdrückliche Einschränkung vorsieht, ist im Zweifel von der Möglichkeit der Bestellung durch einen Dritten auszugehen.

3. *Benachrichtigung nicht Entstehungsvoraussetzung*

Ebenso wie das deutsche Recht[511] sieht das tschechische Recht grundsätzlich eine Pflicht des Verpfänders zur Benachrichtigung des Drittschuldners von der Verpfändung vor[512]. Im Gegensatz zum deutschen Recht ist die Benachrichtigung hier allerdings keine Wirksamkeitsvoraussetzung[513] für die Bestellung des Pfandrechts. Die Benachrichtigung des Drittschuldners ist lediglich für die Frage von Bedeutung, an wen der Drittschuldner schuldbefreiend leisten kann. Nach Benachrichtigung darf er daher nur noch an den Pfandgläubiger leisten[514]. Das Gesetz spricht davon, daß „dem Drittschuldner gegenüber“ die Verpfändung ohne Benachrichtigung nicht wirksam ist. Im Umkehrschluß heißt dies, daß es sich dennoch um ein gegenüber Dritten wirksames dingliches Pfandrecht handelt. Die Benachrichtigung kann entweder in schriftlicher Form durch den Verpfänder, oder durch Beweis durch den Pfandgläubiger erfolgen[515].

---

508 Dies entspricht dem deutschen Recht, vgl. MünchKomm-Damrau § 1279 Rn 3.

509 Zutreffend Kopáč, Obchodní Kontrakty, S. 161.

510 Holeyšovský, Newsletter Praha, S. 67, allerdings ohne Begründung.

511 Vgl. § 1280 BGB.

512 § 151h Abs. 2 Satz 2 tBGB.

513 So auch ausdrücklich Holeyšovský, Newsletter Praha, S. 66; Bičovský/Holub, § 151h tBGB; zweideutig dagegen Kopáč, Obchodní Kontrakty, S. 161.

514 § 151i Abs. 1 Satz 1 tBGB.

515 § 151h Abs. 2 Satz 2 tBGB.

Dies dürfte in aller Regel durch Vorlage des schriftlichen Pfandvertrages geschehen[516]. Dieses gesetzliche Erfordernis ist konsequent, da der Pfandgläubiger bis zur Verpfändung in der Regel mit dem Drittschuldner nicht in vertraglicher Beziehung stand . Erst nach dieser Benachrichtigung des Drittschuldners ist diesem eine befreiende Leistung an den Verpfänder verwehrt.

4. Sicherungsumfang

Der Sicherungsumfang der verpfändeten Forderung wird in § 151h Abs. 3 tBGB definiert. Demnach stehen dem Pfandgläubiger neben der Forderung selbst auch die geschuldeten Zinsen sowie sonstige Nebenforderungen zu. Diese Nebenforderungen werden in § 121 Abs. 3 tBGB näher beschrieben. Zu ihnen gehören Zinsen, Verzugszinsen und Verzugsgebühr sowie die Befriedigungskosten[517]. Die Verzugsfolgen werden näher in § 517 tBGB geregelt.

II. Untergang des Forderungspfandrechts[518]

1. Herausgabeanspruch

Sofern es sich bei der verpfändeten Forderung um einen Anspruch auf Herausgabe einer Sache handelt, geht das Forderungspfandrecht mit Übergabe der Sache an den Pfandgläubiger unter[519]. Nach § 151j Satz 2 tBGB tritt an die Stelle des Forderungspfandrechts im Wege der dinglichen Surrogation ein Pfandrecht an der übergebenen Sache[520].

2. Befriedigung

Das Pfandrecht an der Forderung erlischt ferner bei Befriedigung der gesicherten Hauptforderung. Gemäß § 151j soll das Pfandrecht jedoch erst in dem Moment erlöschen, in dem entweder der Pfandgläubiger dem

516 Holeyšovský, Newsletter Praha, S. 66.

517 Es fällt auf, daß die vom Gesetz vorgenommene Verweisung zu einer Mehrfachnennung von Zinsen führt.

518 Neben den folgenden Erlöschensgründen sind auch die Erlöschenstatbestände des § 151g tBGB anzuführen, siehe Bičovský/Holub, § 151j tBGB; auf die Ausführungen unter Teil 2, § 1 A II 1 bis 5 wird verwiesen.

519 Unzutreffend ist dagegen die Darstellung bei Kopáč, Obchodní Kontrakty, S. 161, wonach sich das Forderungspfandrecht von vornherein auf die herauszugebende Sache bezieht und somit eigentlich als Sachpfandrecht einzustufen wäre.

520 Diese Regelung findet in § 1287 Satz 1 BGB ihr deutsches Äquivalent.

Drittschuldner die Befriedigung der Hauptforderung schriftlich mitteilt, oder der Verpfänder dem Drittschuldner die Befriedigung beweist. Diese Regelung stellt einen Verstoß gegen das Akzessorietätsprinzip dar, demzufolge das Forderungspfandrecht unmittelbar mit der Erfüllung der gesicherten Hauptforderung untergehen muß[521].

III. Exkurs: Verpfändung eines GmbH-Geschäftsanteils

Ein in der tschechischen rechtswissenschaftlichen Literatur besonders umstrittenes Problem stellt die Frage nach der Verpfändbarkeit eines GmbH-Geschäftsanteiles dar. Die Möglichkeit einer solchen Verpfändung war in der Vorkriegszeit, als sich die Rechtsordnung noch stark an die österreichische anlehnte, ausdrücklich gesetzlich geregelt[522]. Sowohl nach österreichischem als auch deutschem geltenden Recht ist die Verpfändung von Geschäftsanteilen an einer GmbH möglich. Im deutschen Recht richtet sich die Verpfändung von Geschäftsanteilen nach den Vorschriften über die Bestellung von Pfandrechten an Rechten gemäß §§ 1273 ff. BGB[523]. Demzufolge erwirbt der Pfandgläubiger kein Mitverwaltungs- und Stimmrecht hinsichtlich des verpfändeten Geschäftsanteils. Die Übertragung des Stimmrechts auf den Pfandgläubiger ist nach herrschender Meinung sogar unzulässig[524]. Der Gewinnanspruch gilt gemäß §§ 1273 Abs. 2 Satz 2, 1213 Abs. 2 BGB nicht als mitverpfändet. In der tschechischen Rechtsordnung dagegen ist die Verpfändbarkeit von Geschäftsanteilen gesetzlich nicht ausdrücklich geregelt. Auch liegt bislang keine wegweisende Rechtsprechung zu dieser Frage vor. Da es sich jedoch um eine in der Praxis wichtige Frage handelt und die bislang erschienen Literaturstimmen in rechtsdogmatischer Hinsicht interessant sind, sollen diese im folgenden näher dargestellt werden[525]:

Ausgelöst wurde die Diskussion durch einen im Jahre 1993 erschienen Artikel[526]. Darin führt Jankovská aus, daß mangels einer ausdrücklichen Regelung im Gesetz ein Geschäftsanteil als Sache im Sinne des

---

521 Diese dogmatische Fehlregelung ist in der Literatur bislang nicht erörtert worden, vgl. z.B. Kopáč, Obchodní Kontrakty, S. 161, Holeyšovský, Newsletter Praha, S. 65 ff.; Bičovský/Holub, § 151j tBGB.

522 Eliáš, Právo a podnikání 2/1994, S. 2 ff., 2.

523 Vgl. MünchKomm-Damrau § 1274 Rn 51.

524 Vgl. Schimansky/Bunte/Lwowski-Merkel § 93 Rn 129; MünchKomm-Damrau § 1274 Rn 60.

525 Eine ausdrückliche Bezugnahme auf zuvor veröffentlichte Meinungen ist auch heute in der tschechischen rechtswissenschaftlichen Literatur noch nicht durchgängig üblich. Insofern stellt diese Diskussion eine erfreuliche Ausnahme dar.

526 Jankovská, Právo a podnikání 11/1993, S. 22 ff.

§ 119 tBGB zu behandeln und nach den somit einschlägigen Vorschriften zu verpfänden sei. Daraufhin meldeten sich weitere gewichtige Autoren zu Wort. Eliáš[527] nimmt eine deutlich skeptische Haltung ein. Ausgangspunkt seiner Überlegung ist § 151a Abs. 1 tBGB, wonach Gegenstand eines Pfandrechts grundsätzlich nur eine Sache sein kann. Zwar enthält das Gesetz eine Reihe von Erweiterungen dieses Grundsatzes. So kann nach § 151h Abs. 1 tBGB auch an Forderungen ein Pfandrecht bestellt werden. Das gleiche gilt gemäß § 39 tWertpapierG für Wertpapiere. Bei einem Geschäftsanteil handele es sich jedoch weder um eine Sache als körperlichen Gegenstand im Sinne des § 119 tBGB noch um eine Forderung oder gar ein Wertpapier. Bei einer strengen Wortlautauslegung des Gesetzes käme die Verpfändung eines Geschäftsanteils daher nicht in Betracht. Es könne lediglich die Forderung gegen die Gesellschaft auf Gewinnausschüttung verpfändet werden. Andererseits sei die Möglichkeit der Verpfändbarkeit in der Praxis äußerst wünschenswert, so daß eine analoge Anwendung der existierenden Vorschriften in Betracht komme. Eine solche analoge Anwendung ließe sich durch zwei grundsätzliche Überlegungen rechtfertigen, die dem Recht innewohnten. Zum einen müsse alles, was übertragbar sei, auch verpfändbar sein. Zum anderen gebe es den Grundsatz der Vertragsfreiheit, wonach alles erlaubt sei, was nicht durch Gesetz verboten sei. Freilich dürfe nicht gegen die wesentlichen Grundsätze des Gesetzes verstoßen werden[528]. Seiner Ansicht nach stelle die Verpfändung eines Geschäftsanteils keinen Verstoß gegen wesentliche Grundsätze dar. Abschließend legt er sich jedoch nicht fest, sondern hält beide Argumente für vertretbar und kommt zu dem Schluß, daß erst eine allgemein gefestigte Rechtsprechung hier Klarheit schaffen könne[529].

---

527 Eliáš, Právo a podnikání 2/1994, S. 2 ff.; in Právní praxe v podnikání 7-8/1995, S. 6 ff., 7 ff., spricht sich Eliáš sogar für die Möglichkeit der Bestellung eines Pfandrechts an einem Unternehmen („podnik") aus, da dieses im Rahmen des gesetzlich geregelten Unternehmenskaufes (§§ 476 ff. tHGB) schließlich auch als Kaufsache übertragbar sei. Hier stellen sich ähnliche Fragen wie bei der Verpfändung eines Geschäftsanteils, da auch ein Unternehmen nicht unter den Gesetzeswortlaut „Sache" oder „Forderung" subsumierbar ist. In der gegenwärtigen Praxis ist noch kein Fall der Verpfändung eines Unternehmes bekannt geworden. Im Gegensatz zum deutschen Recht ist in anderen ausländischen Rechtsordnungen das Sicherungsinstrument der „Unternehmenshypothek" (romanisches Modell) oder „floating charge" (common law Modell) durchaus geläufig, vgl. Drobnig, Gutachten, S. 82 ff.

528 §§ 39 und 51 tBGB.

529 Zu diesem Ergebnis kommt auch Chalupa, Právní rádce 3/1996, S. 12 ff., 14 sowohl für die Frage der Verpfändung eines Geschäftsanteils als auch eines Unternehmens.

Pýcha[530] lehnt eine Verpfändbarkeit von Geschäftsanteilen dagegen ab. Ein Pfandrecht könne nur an Sachen und Forderungen bestellt werden. Bei einem Geschäftsanteil handele es sich dagegen nach § 114 tHGB um ein Bündel von Rechten und Forderungen. Der Gesetzgeber habe die Verpfändbarkeit von Geschäftsanteilen daher nicht gewollt[531]. Einzelne an einen Geschäftsanteil geknüpfte Forderungen könnten dagegen selbstverständlich Gegenstand eines Pfandrechts sein. Auch dies sei allerdings dann problematisch, wenn das Bestehen solcher Forderungen bzw. ihre Höhe von dem Stimmverhalten des Pfandschuldners abhängig sei und das Pfandrecht auf diese Weise vereitelt werden könne.

Pokorná[532] schließlich weist darauf hin, daß es sich bei einem Geschäftsanteil jedenfalls um ein Recht im Sinne des § 118 Abs. 1 tBGB handele. Aufgrund seiner Übertragbarkeit und seiner Eigenschaft als Vermögenswert könne der Geschäftsanteil, auch wenn er weder als Sache noch als Forderung eingeordnet werden könne, Gegenstand eines Pfandrechts sein. Freilich sei mit der Verpfändung eines Geschäftsanteiles eine Vielzahl von weiteren Rechtsfragen verknüpft, u.a. in Bezug auf Stimm- und Verwaltungsrechte sowie die zwangsweise Verwertung eines solchen Sicherungsgutes[533].

Kopáč/Švestka[534] führen[535] ohne nähere Begründung aus, daß die Verpfändung eines Geschäftsanteils möglich sei. Dies sei zwar nicht ausdrücklich gesetzlich geregelt, ergebe sich aber aufgrund einer analogen Anwendung der Vorschriften über die Bestellung eines Pfandrechts an einer Forderung. Anders als im deutschen Recht erfasse das Pfandrecht auch den auf den Geschäftsanteil entfallenden Gewinn, da § 151 h Abs. 3 tBGB dies hinsichtlich der Zinsen und Nebenforderungen bei einem Forderungspfandrecht ausdrücklich vorsehe.

Angesichts der Kürze der gesetzlichen Regelung des Pfandrechts und der darin begründeten Unsicherheit ist die Frage der Verpfändbarkeit eines Geschäftsanteils nach derzeitigem tschechischem Recht in der Tat nicht leicht zu beantworten. Sicherlich sind die oben skizzierten Meinungen vertretbar. Je nach dem, ob der Wortlaut des Gesetzes als abschließend

530 Pýcha, Právo a podnikání 2/1994, S. 4 f.

531 Mit gleichen Argumenten und Ergebnis auch Bureš/Drápal, S. 8, sowie Gregorová/Tyrner, Právní rozhledy 2/1997, S. 79.

532 Pokorná, Právo a podnikání 2/1994, S. 5 ff.

533 Pokorná, Právo a podnikání 2/1994, S. 5 ff. läßt die Frage im Ergebnis offen, nachdem sie auf die angesprochenen Bedenken hingewiesen hat.

534 Kopáč/Švestka, Právní rozhledy 9/1996, S. 393 ff.

535 Allerdings ohne Bezugnahme auf die vorangegangenen Veröffentlichungen.

beurteilt wird oder nicht, können beide Alternativen mit guten Argumenten unterlegt werden. Insbesondere erscheint allerdings die von Eliáš vertretene Möglichkeit der analogen Anwendung der bestehenden Normen auf den Geschäftsanteil überzeugend, da kein Grund ersichtlich ist, warum der Gesetzgeber die Verpfändbarkeit bewußt ausgeschlossen haben sollte. Das deutsche Recht zeigt im übrigen, daß bei der Verpfändung eines Geschäftsanteils an einer GmbH eine Differenzierung hinsichtlich der einzelnen Rechte und Pflichten, insbesondere Stimm- und Gewinnbezugsrechten, möglich und zugleich auch notwendig ist. Für die derzeitige Praxis ist jedoch der Umstand ausschlaggebend, daß in dieser Frage nach wie vor erhebliche Rechtsunsicherheit herrscht. Eine Kreditvergabe dürfte daher kaum lediglich auf der Grundlage einer Sicherheitenbestellung durch Verpfändung eines Geschäftsanteils erfolgen, da die Kreditinstitute das Risiko einer rechtlichen Undurchsetzbarkeit des Pfandrechts wohl nicht eingehen werden[536]. Da aus diesem Grunde auch mangels Gelegenheit unwahrscheinlich ist, daß sich die Rechtsprechung mit der Problematik befassen wird, kann voraussichtlich lediglich eine Klarstellung durch den Gesetzgeber Sicherheit bringen.

B. Pfandrecht an eingetragener Marke

Zur Sicherung einer Forderung kann nach dem neuen tschechischen Markengesetz[537] auch ein Pfandrecht an einer eingetragenen Marke bestellt werden. Die Regelung befindet sich in § 21 tMarkenG. Zur Bestellung des Pfandrechts ist eine entsprechende Eintragung in das Markenregister erforderlich. Bei Eintritt der Pfandreife ist der Pfandgläubiger zur Verwertung der Marke berechtigt[538]. Die Verwertung eines Pfandrechts an einer eingetragenen Marke richtet sich mangels besonderer Bestimmungen nach den allgemeinen Vorschriften über die Verwertung von Pfandrechten. In Betracht kommt daher insbesondere eine Verwertung durch öffentliche Versteigerung bzw. „auf sonstige geeignete Art" nach § 299 Abs. 2 tHGB[539].

---

536 Diese abwartende Haltung der Banken wird auch von Holeyšovský, Newsletter Praha, S. 68, anschaulich beschrieben.

537 Zákon o ochranných známkách ze dne 21. června 1995 č. 137/1995 Sb. (Gesetz über geschützte Marken vom 21. Juni 1995 Nr. 137/1995 Slg.), im folgenden „tMarkenG".

538 So ohne nähere Ausführungen zur Art der Verwertung Pitra, § 21 tMarkenG, S. 101.

539 Jedlička plädiert in Právní rádce 9/1996, S. 5 ff. für eine analoge Anwendung des § 299 Abs. 2 tHGB.

C. Sicherungsabtretung

Die Sicherungsabtretung von Forderungen stellt ebenso wie die Sicherungsübereignung ein nichtakzessorisches, fiduziarisches Sicherungsinstrument dar. Die Zulässigkeit der Sicherungsabtretung ist unproblematisch, da sie ausdrücklich gesetzlich geregelt ist[540]. In der Praxis bestehen allerdings auch hier ungeklärte Fragen hinsichtlich Buchführung, Steuerpflicht und Unternehmensbewertung, so daß die Sicherungsabtretung ebensowenig wie die Sicherungsübereignung als vollends etabliert gelten kann[541].

I. Abtretung einer bestehenden Forderung

Nach § 554 tBGB kann eine Forderung auch durch die Abtretung einer Forderung durch den Schuldner oder einen Dritten gesichert werden. Hierin liegt ein bedeutender Unterschied zu der das Sicherungseigentum behandelnden Regelung des § 553 tBGB, da diese die Sicherheitenbestellung durch einen Dritten nicht zuläßt[542]. Dies stellt offensichtlich einen Regelungswiderspruch dar, da auch eine Forderung ein Recht im Sinne des § 553 tBGB ist. Wenn der Gesetzgeber schon eine gesonderte Regelung für die Abtretung von Forderungen trifft, so erscheint nicht einsichtig, warum ausgerechnet bei der Forderungsabtretung eine derartige Erweiterung hinsichtlich der möglichen Parteien des Sicherungsvertrages vorgenommen wird. Die Voraussetzungen für die Abtretung einer Forderung sind wiederum in den §§ 524 ff. tBGB enthalten[543]. Neben der eigentlichen Abtretung erfordert die Sicherungsabtretung darüber hinaus eine Sicherungsabrede zwischen den Parteien. Diese muß nach § 553 Abs. 2 tBGB, der sich allgemein mit der Sicherungsabtretung von Rechten befaßt, ebenfalls in schriftlicher Form abgefaßt werden und kann in der Abtretungsvereinbarung enthalten sein. Die einzelnen zu treffenden Sicherungskonditionen obliegen den Parteien und sind jeweils dem Einzelfall anzupassen. Grundsätzlich ist allenfalls zu überlegen, ob die Sicherungsabtretung unter einer auflösenden Bedingung erfolgen soll, oder aber ob in der Sicherungsabrede ein Rückabtretungs-anspruch des Zedenten fixiert wird[544].

---

540 Siehe § 554 tBGB.

541 Vgl. Holeyšovský, Newsletter Praha, S. 111, demzufolge die Praxis oft auf Modifikationen wie lediglich aufschiebend bedingte Abtretungen ausweicht.

542 Einhellige Meinung, vgl. Holeyšovský, Newsletter Praha, S. 110; Bičovský/Holub, § 554 tBGB; Dědič - Češková § 299 tHGB S. 819.

543 Siehe hierzu die Ausführungen unter Teil 1 § 2 C.

544 Siehe hierzu die Ausführungen zur Sicherungsübereignung unter Teil 2 § 2 B II 2 d; ferner Holeyšovský, Newsletter Praha, S. 110.

II. Abtretbarkeit zukünftiger Forderungen

Es ist nicht eindeutig geklärt[545], ob die Abtretung zukünftiger Forderungen nach tschechischem Recht möglich ist. Eine ausdrückliche gesetzliche Bestimmung hierzu fehlt, ebenso liegt bislang noch keine diesbezügliche Rechtsprechung vor. Es besteht daher in dieser sowohl in dogmatischer wie auch praktischer Hinsicht wichtigen Frage eine erhebliche Rechtsunsicherheit. In den Vorschriften über die Abtretung, §§ 524 - 530 tBGB, ist eine ausdrückliche Regelung nicht enthalten. Das Gesetz spricht lediglich von Forderungen, ohne eine Unterscheidung zwischen bestehenden und zukünftigen Forderungen zu treffen[546]. Von daher erscheinen allein aufgrund des Gesetzeswortlautes verschiedende Auffassungen vertretbar. Besonders problematisch wird diese Frage unter Berücksichtigung der in § 574 Abs. 2 tBGB enthaltenen Regelung[547]. Dieser Regelung zufolge ist eine Vereinbarung, in der eine Person auf Rechte verzichtet, die erst in der Zukunft entstehen können, ungültig. In diesem Zusammenhang stellt sich die Frage nach der Auslegung dieser Vorschrift und ihrer Bedeutung für die Abtretbarkeit zukünftiger Forderungen. Bei einer reinen Wortlautauslegung wäre es möglich, daß die Abtretung einer erst in der Zukunft entstehenden Forderung einen derartigen Verzicht im Sinne des § 574 Abs. 2 tBGB darstellt.

Linhart/Daubner[548] argumentieren dahingehend, daß § 574 Abs. 2 ausschließlich dem Schutz des Gläubigers diene. Dies gehe unmißverständlich aus § 574 Abs. 1 hervor. Der Gläubiger solle davor geschützt werden, auf zukünftige Rechte zu einem Zeitpunkt zu verzichten, da diese noch gar nicht entstanden seien. Der Zedent hingegen verzichte nicht auf Rechte, die erst in Zukunft entstehen können. Vielmehr trete er solche zukünftigen Forderungen ab, deren Entstehen er für sehr wahrscheinlich hält. Gerade dies sei der Grund, warum er sie abtrete. Wie im deutschen Recht, das ebenfalls keine ausdrückliche Regelung dieser Frage enthält, sei daher auch nach tschechischem Recht die Abtretung zukünftiger Forderungen möglich. Diese Argumentation erscheint inhaltlich richtig und führt zu dem allgemein gewünschten Ergebnis der Abtretbarkeit

---

545 Vgl. die Darstellung bei Linhart/Daubner, Právní rozhledy 1993, S. 37 ff., 39.

546 Diese Unterscheidung wird dagegen in § 151b Abs. 5 tBGB z.B. ausdrücklich gemacht.

547 Diese Fragestellung wurde erstmals von Linhart/Daubner in Právní rozhledy 1993, S. 37 ff. behandelt.

548 Linhart/Daubner, Právní rozhledy 1993, S. 37 ff.; ebenso Daubner, RIW 1997, S. 648 ff., 649.

zukünftiger Forderungen[549]. Eine Abtretung kann schon semantisch nicht mit einem Verzicht gleichgesetzt werden. Insbesondere gilt dies, wenn ein Gegenseitigkeitsverhältnis vorliegt und der Zedent die Abtretung mit dem Ziel der Erlangung anderweitiger Rechte oder Vorteile vornimmt. Ferner deutet der in § 574 Abs. 2 tBGB verwendete Plural „Rechte“ darauf hin, daß tatsächlich mehr gemeint sein muß als z.B. die Übertragung einer erst zukünftig entstehenden Forderung. Es muß allerdings bezweifelt werden, ob der Regelungsgehalt von § 574 Abs. 2 hierdurch in ausreichendem Maße geklärt ist. Es besteht die Gefahr, daß § 574 Abs. 2 auch in anderen Zusammenhängen im Bereich des Kreditsicherheitenrechts Probleme bereiten wird. Ein wesentliches Abgrenzungskriterium könnte sein, ob die Übertragung bzw. der Verzicht auf ein möglicherweise in der Zukunft entstehendes Recht einem konkreten wirtschaftlichen Zweck, verbunden mit einer Gegenleistung, dient. Ist dies der Fall, sollte nach der hier vertretenen Auffassung die Anwendbarkeit von § 574 Abs. 2 von vornherein ausscheiden. In diesem Fall bedarf der "verzichtende" Gläubiger keines weitergehenden Schutzes als derjenige, der auf bereits bestehende Rechte "verzichtet".

Für die Abtretung von zukünftigen Forderungen müssen freilich noch weitere Voraussetzungen gegeben sein:

Nach deutschem Recht ist erforderlich, daß die abzutretende Forderung so genau bestimmt ist, daß sie im Zeitpunkt ihres Entstehens zweifelsfrei identifiziert und einem bestimmten Gläubiger zugeordnet werden kann. Da eine "Bestimmtheit" bei einer noch nicht bestehenden Forderung jedoch nicht bejaht werden kann, hat die deutsche Rechtsprechung das Kriterium der "Bestimmbarkeit" entwickelt.

Die tschechische Rechtsordnung muß noch genaue Kriterien herausbilden, um ein ausreichendes Maß an Rechtssicherheit zu entwickeln. Dabei ist zu berücksichtigen, daß die Abtretung nach § 524 Abs. 1 tBGB im Gegensatz zum deutschen Recht ohnehin schriftlich erfolgen muß. Schon von daher ist ein gewisses Maß an Rechtssicherheit gegeben[550]. Ferner erscheint es möglich, daß sich die tschechische Rechtsprechung bei der Frage der Bestimmbarkeit zukünftiger Forderungen an § 299 Abs. 1 tHGB orientieren

---

549 Erfreulicherweise wurde die von Linhart/Daubner bereits 1993 veröffentlichte Stellungnahme in einem der wesentlichen Kommentare zustimmend und unter ausdrücklicher Bezugnahme aufgegriffen, vgl. Bičovský/Holub, § 524 tBGB. Derartige Bezugnahmen sind noch immer auch in den gängigen Kommentaren selten. Leider wird die Zulässigkeit der Abtretbarkeit zukünftiger Forderungen bei Bičovský/Holub nicht begründet, sondern festgestellt.

550 Linhart/Daubner, Právní rozhledy 2/1993, S. 37 ff., 39.

wird. Dort wird geregelt, daß ein Pfandrecht auch zur Sicherung zukünftiger Forderungen bestellt werden kann, wenn diese Forderungen hinsichtlich ihrer Höhe und ihrer Art bestimmt sind. Ähnliche Kriterien könnten von der Rechtsprechung für die Abtretbarkeit zukünftiger Forderungen entwickelt werden[551]. In der Praxis der Banken herrscht trotz der oben dargestellten zunehmenden Klarheit weiterhin Ungewißheit hinsichtlich der Zulässigkeit der Abtretung zukünftiger Forderungen. In den wenigsten Fällen dürfte ein Kredit in der derzeitigen Praxis zu einem wesentlichen Teil durch dieses Sicherungsinstrument abgesichert werden. Bisweilen wird der Versuch unternommen, die bestehende Rechtunsicherheit durch bestimmte Formulierungen der Vertragsklausel zu minimieren:

Beispiel 1: "Es wird vereinbart, daß die Forderung erst in dem Augenblick als abgetreten gilt, in dem sie tatsächlich entsteht."

Zwar ist es logisch zwingend, daß der Übergang der Forderung tatsächlich erst mit ihrem Entstehen erfolgen kann. Dennoch könnte bei der in der tschechischen Rechtsordnung häufig anzutreffenden formalistischen Auslegung ein möglicherweise wesentlicher Unterschied zu folgender Klausel gesehen werden:

Beispiel 2: "Der Schuldner tritt sämtliche aus der Geschäftsverbindung mit dem Drittschuldner entstehenden zukünftigen Forderungen an die Bank ab."

Bei einer reinen Wortlautauslegung erfolgt bei letzterer Klausel die Abtretung bereits vor Entstehung. Die Klausel, so wird befürchtet[552], könnte daher eher als unzulässig angesehen werden als die zuvor dargestellte Klausel. Tatsächlich handelt es sich dagegen in beiden Fällen um eine aufschiebend bedingte[553] Abtretung, wobei die Entstehung der Forderung die aufschiebende Bedingung darstellt.

---

551 So schon Linhart/Daubner, Právní rozhledy 2/1993, S. 37 ff., 39.; vgl. ferner Daubner, RIW 1997, S. 648 ff., 649.

552 Diese Information beruht auf Gesprächen mit in Prag tätigen Bankjuristen.

553 § 36 Abs. 2 Satz 1 tBGB.

Im Hinblick auf die Konkursfestigkeit stellt sich die Frage, ob es sich um einen Durchgangs- oder Direkterwerb handelt[554]. Der dogmatische Ansatz des BGH im Hinblick auf das Bestehen eines Anwartschaftsrechts des Zessionars führt im tschechischen Recht nicht weiter, da das Institut des Anwartschaftsrechts unbekannt ist. Ein Direkterwerb käme aus diesem Grund bereits nicht in Betracht. Auch die Durchführung einer Interessenabwägung dürfte zu dem gleichen Ergebnis führen, da den Gläubigern des in Konkurs geratenen Zedenten ein gegenüber dem Zessionar vorrangiges Befriedigungsinteresse einzuräumen ist[555]. Im Ergebnis bleibt die Abtretbarkeit von zukünftigen Forderungen daher nach wie vor zweifelhaft. Klarheit wird auch in dieser Frage erst ein höchstrichterliches Judikat oder der Gesetzgeber herbeiführen.

III. Globalzession

Unter einer Globalzession wird im deutschen Recht die Abtretung aller im Geschäftsbetrieb des Schuldners/Zedenten begründeten gegenwärtigen und künftigen Forderungen (oder eine bestimmte Gattung von Forderungen) an den Gläubiger/Zessionar verstanden[556]. Von Bedeutung ist die Globalzession im deutschen Recht sowohl bei Warenkreditgebern wie auch bei Geldkreditgebern[557]. Im Rahmen der vorliegenden Abhandlung würde es zu weit führen, die einzelnen Problemstellungen im Rahmen der Globalzession und die von Rechtsprechung und Literatur im deutschen Recht vorgeschlagenen Lösungswege darzustellen. Es sei daher nur kurz erwähnt, daß eine Globalzession der Prüfung der Sittenwidrigkeit[558] im Hinblick auf Knebelung des Schuldners, Gläubigerbenachteiligung und Übersicherung unterliegt[559]. Von rechtlicher Bedeutung sind insbesondere die beiden letztgenannten Kriterien. Die Gläubigerbenachteiligung spielt im Falle des Zusammentreffens einer

---

554 Diese Frage scheint bislang von der tschechischen Literatur nicht aufgeworfen worden zu sein. Vgl. hierzu grundlegend BGH NJW 1955, S. 455 ff. mit der Maßgabe, daß die Abtretung einer zukünftigen Forderung dem Zessionar noch kein Anwartschaftsrecht vermittle und deswegen ein Durchgangserwerb vorliege; mit dem gleichen Ergebnis, jedoch differenzierend und unter Berufung auf eine Interessenabwägung dagegen MünchKomm-Roth § 398 Rn 80 und Reinicke/Tiedtke, S. 200.

555 Vgl. ausführlich MünchKomm-Roth § 398 Rn 80 und Reinicke/Tiedtke, S. 200.

556 Baur/Stürner § 58 I 2 c.

557 Hinsichtlich der Bestimmbarkeit der abgetretenen Forderungen gelten die oben unter II. gemachten Ausführungen.

558 § 138 BGB.

559 Ausführlich Weber, Kreditsicherheiten, S. 253 sowie MünchKomm-Roth § 398 Rn 126 ff.

Globalzession an einen Geldkreditgeber mit einer Globalzession an einen Warenkreditgeber im Rahmen des verlängerten Eigentumsvorbehalts eine Rolle[560].

Die höchstrichterliche Rechtsprechung[561] bestimmt nach dem Prioritätsgrundsatz, welcher Zessionar tatsächlich Inhaber der Forderungen geworden ist. Mit Anwendung des Prioritätsgrundsatzes wird in der Regel der Geldkreditgeber bevorteilt, da dessen Kredit meistens langfristiger ist und daher zeitlich dem Warenkredit vorausgeht. Allerdings unterwirft die Rechtsprechung die Globalzession an den Geldkreditgeber einer besonderen Sittenwidrigkeitsprüfung nach § 138 BGB im Hinblick auf die Knebelung des Zedenten, die Übersicherung des Zessionars und die Verleitung des Zedenten zum Vertragsbruch[562]. Einer Sittenwidrigkeit wegen Übersicherung kann der Sicherungsnehmer nur durch Vereinbarung einer schuldrechtlichen Freigabeklausel vorbeugen[563]. Auch diesbezüglich sind die weiteren Einzelheiten umstritten[564].

Die tschechische Rechtsordnung hat sich mit den oben dargestellten Problemkreisen bislang praktisch nicht auseinandergesetzt. Zwar werden in der Vertragspraxis der Banken durchaus Globalzessionen vereinbart. Die sich hieraus ergebenden rechtlichen Fragestellungen wurden bislang jedoch lediglich von Linhart/Daubner[565] unter Bezugnahme auf das deutsche Recht angesprochen. Eine weitergehende rechtswissenschaftliche Diskussion oder einschlägige Rechtsprechung ist nicht erkennbar. Insofern können zu den Sittenwidrigkeitskriterien Knebelung und Übersicherung keine weiteren verläßlichen Erkenntnisse dargestellt werden.

Hinsichtlich der Gläubigerbenachteiligung kann indes vermutet werden, daß sich auch das tschechische Recht nach dem Prioritätsgrundsatz ausrichten wird, da anderweitige gesetzliche Regelungen nicht erkennbar sind. Offen bleiben muß hingegen, ob die tschechische Rechtsprechung ähnlich wie die deutsche Rechtsprechung einen Weg zum Schutz des Warenkreditgebers durch Vornahme einer Sittenwidrigkeitsprüfung nach § 39 tBGB einschlagen wird. Festzuhalten ist an dieser Stelle, daß die tschechischen gesetzlichen Regelungen einer Verfolgung des von der

---

560 Siehe hierzu die ausführliche Darstellung bei Drobnig, Gutachten, S. 41 ff.

561 Vgl. BGHZ 30, 151; BGHZ 32, 363, ständige Rechtsprechung.

562 BGHZ 30, 151; BGH NJW 1991, S. 2147.

563 BGHZ 98, 303, 316 ff.

564 Selbst von den einzelnen Senaten des BGH wurde diese Frage nicht einheitlich beurteilt, vgl. die Darstellung bei Canaris, ZIP 1996, S. 1109 ff. sowie ZIP 1996, S. 1577 ff. und zuletzt BGH GS ZIP 1998, S. 235. ff.

565 Linhart/Daubner, Právní rozhledy 1993, S. 37 ff.

deutschen Rechtsprechung vorgezeichneten Weges zumindest nicht entgegenstehen.

IV. Mantelzession

Im deutschen Recht hat sich die Mantelzession als eine besondere Form der stillen Zession herausgebildet[566]. Durch die Vereinbarung einer Mantelzession verpflichtet sich der Zedent, stets Forderungen in einem vereinbarten Gesamtumfang an den Zessionar zu übertragen. Demzufolge muß der Zedent, wenn einige der von ihm abgetretenen Forderungen fällig werden und von ihm eingezogen werden, dem Sicherungsnehmer neue Forderungen abtreten, um den ursprünglichen Sicherheitenumfang wiederherzustellen. Dies geschieht in der Praxis in regelmäßigen Intervallen durch Übersendung einer Zessionsliste, in der die neu abzutretenden Forderungen verzeichnet sind.

In der tschechischen rechtswissenschaftlichen Literatur ist die Zulässigkeit der Mantelzession bislang nicht angesprochen worden[567]. Auch diesbezüglich gibt es jedoch keine rechtlichen Gesichtspunkte, die der Verwendung der Mantelzession entgegenstehen würden. Vielmehr liegt es auch hier an der fehlenden Erfahrung sowie der Ungewißheit über die Entscheidungspraxis der Gerichte, wenn hinsichtlich der Zulässigkeit der Mantelzession Zweifel bestehen sollten.

§ 4 Personalsicherheiten

A. Bürgschaft

I. Einführung und Abgrenzung

Das Sicherungsinstitut der Bürgschaft ist im tschechischen Recht sowohl im tBGB als auch im tHGB geregelt. Neben dem Grundpfandrecht und dem Pfandrecht an beweglichen Sachen gehört die Bürgschaft zu den bedeutendsten und meistverwendeten Sicherungsmitteln in der tschechischen Rechtspraxis[568]. Die Vorschriften des tBGB finden Anwendung auf eine Bürgschaft, die eine dem tBGB unterliegende Hauptschuld sichert,

---

566 Vgl. BGH BB 1955, S. 203; Baur/Stürner § 58 I 2 c.

567 Über eventuell in der Praxis gemachte Erfahrungen mit der Mantelzession gibt es keine gesicherten und zugänglichen Erkenntnisse.

568 So Dědič - Marčanová, § 303 tHGB.

während die §§ 303 ff. tHGB Anwendung auf eine Bürgschaft finden, die eine dem tHGB unterliegende Hauptschuld sichert[569]. Die Vorschriften des tHGB finden dann Anwendung auf eine vertragliche Beziehung, wenn beide Vertragspartner Unternehmer sind und das Rechtsgeschäft sich auf die unternehmerische Tätigkeit bezieht[570]. Es kommt im Rahmen der Bürgschaft dagegen nicht auf die Frage an, ob der Bürge Unternehmer ist oder nicht[571]. Es ist allein entscheidend, ob die der Bürgschaft zugrundeliegende Forderung dem tHGB oder dem tBGB unterliegt[572]. Da die in den §§ 303 bis 312 tHGB enthaltenen Regelungen relativ detailliert sind, verbietet sich auch die subsidiäre Anwendung der Vorschriften des tBGB über die Bürgschaft[573]. Die beiden Regelungen unterscheiden sich im wesentlichen in zwei Punkten. Zum einen kommt die Bürgschaft nach dem tBGB rechtstechnisch aufgrund eines Vertrages[574] zwischen den Parteien zustande, während für die im tHGB geregelte Bürgschaft die einseitige schriftliche Bürgschaftserklärung des Bürgen ausreicht[575]. Begründet wird diese unterschiedliche Regelung mit den Gepflogenheiten im Handelsverkehr zwischen Kaufleuten[576].

Ein wichtiger Unterschied besteht ferner darin, daß die dem tHGB unterliegende Bürgschaft auch für zukünftige Forderungen bestellt werden kann, während das tBGB dies nicht gestattet. Dies ergibt sich aus einer Gegenüberstellung der jeweiligen Gesetzeswortlaute. Während § 304 Abs. 2 tHGB die Bestellung einer Bürgschaft für eine zukünftige oder bedingte Forderung ausdrücklich zuläßt, äußert sich das tBGB zu dieser Frage nicht und spricht lediglich von „zu sichernden Forderungen". Daraus

---

569 Vgl. Holeyšovský, Newsletter Praha, S. 81.

570 § 261 Abs. 1 tHGB; vgl. im einzelnen die Ausführungen zum Kreditvertrag unter Teil 1 § 2 A I.

571 Zutreffend Pelikánová - Plíva Rn 1737.

572 Freilich besteht die Möglichkeit der vertraglichen Vereinbarung der tHGB - Vorschriften auch für den Fall, daß die Forderung dem tBGB unterliegt, vgl. § 262 Abs. 1 tHGB, sowie konkret für den Fall der Bürgschaft Faldyna/Hušek/Des - Des, S. 57.

573 Das ist einhellige Meinung, vgl. Holeyšovský, Newsletter Praha, S. 81; Štenglová/Plíva/Tomsa - Štenglova § 303; Kopáč, Obchodní Kontrakty, S. 165; Faldyna/Hušek/Des - Des, S. 57; Plíva, Bulletin advokacie 6-7/1995, S. 20 ff., 20.

574 § 546 Satz 1 tBGB spricht ausdrücklich von einer Vereinbarung (dohoda).

575 Holeyšovský, Newsletter Praha, S. 80; Pelikánová - Plíva Rn 1739; Plíva,, Bulletin advokacie 6-7/1995, S. 20 ff., 21; a.A. Faldyna/Hušek/Des - Des, S. 60 f., der wenigstens eine konkludente „Zustimmung" des Gläubigers verlangt.

576 So Kopáč, Obchodní Kontrakty, S. 165; allerdings erstaunt hier, daß - im Gegensatz zum deutschen Recht, §§ 350, 343 HGB - nicht auch auf das Erfordernis der Schriftform verzichtet worden ist.

wird in der Literatur[577] zu Recht der Schluß gezogen, daß die Bestellung einer Bürgschaft für zukünftige oder bedingte Forderungen lediglich aufgrund der Vorschriften des tHGB gestattet ist. Diese gesetzliche Unterscheidung ist möglicherweise auf den Zweck zurückzuführen, denjenigen zu schützen, der sich für eine nicht-unternehmerische Forderung verbürgt und daher möglicherweise geschäftsunerfahren ist. Es erscheint indes fraglich, ob dieses Motiv eine unterschiedliche Regelung rechtfertigt. Es käme auch ein Versehen des Gesetzgebers in Betracht.

Den Regelungen über die Bürgschaft liegen das Subsidiaritätsprinzip und das Akzessorietätsprinzip[578] zugrunde[579]. Das Subsidiaritätsprinzip besagt, daß der Bürge erst nach erfolgloser Inanspruchnahme des Hauptschuldners haftet. Die im deutschen Recht vorhandene Einrede der Vorausklage[580] kennt das tschechische Recht nicht. Gesetzlich kommt die Regelung daher einer selbstschuldnerischen Bürgschaft nahe. Es handelt sich jedoch nicht um eine selbstschuldnerische Haftung, da auch nach tschechischem Recht der Hauptschuldner vor Inanspruchnahme des Bürgen zumindest zur Zahlung aufgefordert werden muß[581]. Die in der deutschen Rechtsprechung[582] und Literatur[583] heftig diskutierte Frage der Wirksamkeit von Bürgschaftserklärungen vermögensloser Angehöriger wurde im tschechischen Recht bislang nicht aufgeworfen. Ausprägungsformen der Bürgschaft als Nachbürgschaft[584] und Rückbürgschaft[585] kennt das tschechische Recht bislang nicht, sie werden in der rechtswissenschaftlichen Literatur auch nicht diskutiert.

---

577 Vgl. Bičovský/Holub zu § 546 tBGB; Holeyšovský, Newsletter Praha, S. 82. Eine parallele Argumentation findet bei der Abgrenzung zwischen § 151b Abs. 5 und § 553 tBGB statt, vgl. die Ausführungen unter Teil 2 § 2 B II 1.

578 Das Akzessorietätsprinzip wird im Bürgschaftsrecht jedoch durch zwei Ausnahmeregelungen durchbrochen, nämlich § 304 Abs. 1 Satz 2 und § 307 Abs. 3 tHGB (siehe die folgenden Ausführungen).

579 Vgl. zum folgenden Holeyšovský, Newsletter Praha, S. 81. sowie Faldyna/Hušek/Des - Des, S. 62.

580 § 771 BGB.

581 § 306 Abs. 1 tHGB; vgl. auch die entsprechende Regelung in § 1355 des österreichischen ABGB.

582 U.a. BGH NJW, 1995, S. 592 ff.; BGH NJW 1996, S. 2088 ff. und zuletzt BGH NJW 1999, S. 58 ff.

583 Neben anderen Medicus, ZIP 1989, S. 817 ff., Honsell, JZ 1989, S. 495 ff.

584 Mit der Nachbürgschaft verpflichtet sich der Nachbürge dem Gläubiger gegenüber für die Erfüllung der Verpflichtung des Vorbürgen, vgl. die Darstellung bei Weber, Kreditsicherheiten, S. 78; siehe jedoch die Parallelregelung einer „Rückgarantie" in § 315 tHGB.

585 Mit der Rückbürgschaft verpflichtet sich der Rückbürge, für die Erfüllung der Rückgriffsforderung des Hauptbürgen gegen den Hauptschuldner einzustehen, vgl. Weber, Kreditsicherheiten, S. 79.

Es ist jedoch durchaus denkbar, daß sich derartige Formen zukünftig auch im tschechischen Recht entwickeln, da sie als rechtlich zulässig zu beurteilen wären. Die Vereinbarung einer Höchstbetragsbürgschaft wird als zulässig erachtet[586]. Erforderlich ist hierbei, daß die Bürgschaftsverpflichtung auf eine bestimmte Höhe und auf einen beschränkten Zeitraum ausgesprochen wird. Auf diese Weise wird die Absicherung von z.B. laufenden Geschäftsbeziehungen oder Kontokorrentkrediten ermöglicht.

II. Bürgschaft nach §§ 546 ff. tBGB

1. Entstehung der Bürgschaft

a) Forderung

Grundlage der Bürgschaft ist eine zu sichernde Forderung. Diese muß, sofern es sich um eine Bürgschaft nach tBGB handelt, bereits zum Zeitpunkt der Bestellung der Bürgschaft bestehen[587]. Ferner muß es sich entweder um eine Geldforderung oder aber um einen Anspruch auf Vornahme einer vertretbaren Handlung handeln[588]. In der Praxis der Kreditsicherung ist die Sicherung einer Geldforderung allein von Bedeutung[589].

b) Bürgschaftsvertrag

Zur Bestellung einer Bürgschaft ist ein Vertrag zwischen Bürgen und Gläubiger erforderlich. Die Erklärung des Bürgen, für eine bestimmte Forderung bürgen zu wollen, bedarf nach § 546 S. 2 tBGB der Schriftform[590]. Die Annahme durch den Gläubiger ist an keine besondere Form gebunden, insbesondere kann sie auch konkludent erfolgen[591]. Der Grundsatz der Bestimmtheit muß hinsichtlich der gesicherten Forderung beachtet werden.

---

586 Ausdrücklich hierzu lediglich Kopáč, Obchodní Kontrakty, S. 167.

587 § 546 tBGB; vgl. die obige (I.) Abgrenzung zu § 304 Abs. 2 tHGB.

588 Bičovský/Holub, § 546 tBGB.

589 Zutreffend Kopáč, Obchodní Kontrakty, S. 166.

590 Das entspricht dem Formerfordernis des deutschen Rechts, vgl. § 766 BGB.

591 Jehlička/Švestka/Škárová/Vodička-Škárová, § 546 Ziff. 1.

c) Zahlungsaufforderung

Weitere Voraussetzung für die Inanspruchnahme[592] des Bürgen ist, daß der Gläubiger den Schuldner in schriftlicher Form erfolglos zur Zahlung aufgefordert hat, § 548 Abs. 1 tBGB. Z.T. wird eine Fristsetzung von ca. 10 Tagen zur Zahlung durch den Bürgen als angemessen erachtet[593]. Grundsätzlich kann die Zahlungsaufforderung jedoch erst nach Fälligkeit der Forderung erfolgen. Eine vorzeitige Zahlungsaufforderung wird als unwirksam angesehen[594]. Von Interesse ist ferner die Frage, ob die Parteien in Abweichung von der gesetzlichen Regelung auf das Erfordernis der schriftlichen Zahlungsaufforderung verzichten können. Eine solche Möglichkeit würde dem im deutschen Kreditsicherungsrecht üblichen, oftmals in AGB verwendeten Verzicht auf die Einrede der Vorausklage entsprechen[595]. Auf diese Weise könnte daher eine in vollem Umfang selbstschuldnerische Bürgenhaftung vereinbart werden. Die Beantwortung dieser Frage hängt für die Praxis davon ab, ob die tschechischen Gerichte in der schriftlichen Zahlungsaufforderung eine wesentliche gesetzliche Regelung[596] mit zwingendem Charakter sehen werden. Die Tatsache, daß die Voraussetzung der schriftlichen Zahlungsaufforderung im tHGB nicht als ius cogens ausgestaltet ist[597], könnte darauf hinweisen, daß eine ähnliche Wertung auch im tBGB vorzunehmen ist. Zwingend ist das freilich nicht[598].

d) Akzessorische Verpflichtung

Wie bereits oben ausgeführt, handelt es sich bei der Bürgschaft um eine akzessorische Verpflichtung. Der Eintritt und der Umfang der Haftung des Bürgen hängt daher unmittelbar von dem Bestand der gesicherten Hauptforderung ab. Dies ergibt sich unter anderem aus der gesetzlichen Regelung des § 548 Abs. 2 tBGB. Demnach kann der Bürge gegenüber dem Gläubiger sämtliche[599] Einwendungen vorbringen, die auch der Schuldner gegenüber dem Gläubiger hätte. Hier ist darauf hinzuweisen, daß dem tschechischen Recht die dogmatische Unterscheidung in

---

592 Die Zahlungsaufforderung ist nur für die Inanspruchnahme, nicht dagegen für die Entstehung der Bürgschaft notwendige Voraussetzung.

593 Macek/Tomsa, S. 34.

594 Zutreffend Faldyna/Hušek/Des - Des, S. 62.

595 § 773 Abs. 1 Nr.1 BGB ermöglicht ausdrücklich einen derartigen Verzicht..

596 § 39 tBGB.

597 Vgl. §§ 306 Abs. 1, 263 tHGB.

598 Rechtswissenschaftliche Literatur zu dieser Frage liegt nicht vor.

599 In der Literatur wird auf die Frage, welche konkreten Einreden dies sind, in der Regel nicht näher eingegangen, allenfalls wird die Einrede der Verjährung als Beispiel angeführt, Bičovsky/Holub § 548 tBGB.

rechtsvernichtende bzw. rechtshindernde Einwendungen und rechtshemmende Einreden fremd ist. Der in § 548 Abs. 2 tBGB verwendete Begriff „námitky" ist daher als Synonym sowohl für Einwendungen als auch für Einreden zu verstehen.

Fraglich erscheint indes, inwiefern der Bürge zur Aufrechnung gegenüber dem Gläubiger berechtigt ist. Im tBGB findet sich hierzu keine Regelung, während im tHGB ausdrücklich in § 306 Abs. 2 statuiert ist, daß der Bürge sowohl mit eigenen als auch mit Forderungen des Schuldners gegen die Forderung des Gläubigers aufrechnen kann. Mit einem Umkehrschluß könnte daraus geschlossen werden, daß nach tBGB dem Bürgen diese Rechte eben nicht zustehen sollen. Es ist jedoch äußerst zweifelhaft, ob dem Bürgen aufgrund des Schweigens des Gesetzes selbst das Recht zur Aufrechnung mit eigenen Forderungen genommen werden soll. Eine derart weitgehende Schlußfolgerung ist m.E. abzulehnen. Es ist kein Grund ersichtlich, warum der nach tBGB haftende Bürge in dieser Frage schlechter gestellt werden sollte als der nach tHGB haftende Bürge. Es erscheint daher überzeugender, schlichtweg ein Versehen des Gesetzgebers anzunehmen und dem Bürgen - wie in § 306 Abs. 2 tHGB - die Möglichkeit der Aufrechnung mit eigenen Forderungen und solchen des Schuldners zu gewähren[600].

Eine weitere Frage - die Entstehensakzessorietät betreffend - stellt sich hinsichtlich der Möglichkeit der Ausübung des Anfechtungsrechts durch den Bürgen. Das tschechische Recht[601] regelt auch diese Frage nicht ausdrücklich. Ausgangspunkt ist danach § 548 Abs. 2 tBGB, demzufolge der Bürge <u>sämtliche</u> Einreden (námitky) geltend machen kann. Unter diesen Begriff ist auch die Anfechtung zu fassen[602], so daß ein eigenes Anfechtungsrecht des Bürgen zu bejahen ist.

2. Untergang der Bürgschaft

Für den Untergang einer Bürgschaft gibt es mehrere gesetzliche Möglichkeiten.

---

600 Auch zu dieser Frage wurde in der rechtswissenschaftlichen Literatur bislang noch nicht Stellung genommen.

601 Im deutschen Recht steht dem Bürgen die dilatorische Einrede der Anfechtbarkeit zu, § 770 Abs. 1 BGB.

602 Vgl. Bičovský/Holub § 40a tBGB; zur Irrtums- und Täuschungsanfechtung vgl. die Regelungen in §§ 49a und 40a tBGB (sog. relative Unwirksamkeit).

a) Erlöschen der Forderung

Zunächst erlischt die Bürgschaft aufgrund ihrer akzessorischen Bindung an die gesicherte Forderung mit Erlöschen dieser zugrundeliegenden Forderung. Die zugrundeliegende Forderung erlischt in der Regel infolge ihrer Erfüllung durch den Schuldner[603].

b) Erfüllung der Bürgschaft

Ferner erlischt die Bürgschaft dadurch, daß der Bürge seiner Verpflichtung nachkommt und aus der Bürgschaft an den Gläubiger leistet. Interessanterweise geht - im Gegensatz zum deutschen Bürgschaftsrecht[604] sowie zur Bürgschaft nach tHGB[605] - die gesicherte Hauptforderung nicht im Wege einer cessio legis auf den leistenden Bürgen über. § 550 tBGB bestimmt vielmehr ausdrücklich, daß dem Bürgen lediglich ein Ersatzanspruch gegenüber dem Hauptschuldner zusteht. Dieser Ersatzanspruch entsteht kraft Gesetzes[606]. Dies hat für den in Anspruch genommenen Bürgen unter anderem im Rahmen der Problematik des Sicherungsausgleichs weitreichende Konsequenzen. Zunächst ist unklar, ob der Hauptschuldner gegenüber dem Ersatzanspruch des Bürgen Einreden aus der Hauptschuld geltend machen kann[607]. Dies wäre erforderlich, um den Hauptschuldner vor einer voreiligen Leistung des Bürgen bei einer - eventuell nicht oder nur in beschränktem Umfang bestehenden - Hauptschuld zu schützen. Lösungsansätze für diese Frage wurden bislang weder in Rechtsprechung noch in der rechtswissenschaftlichen Literatur erörtert[608]. Angesichts einer fehlenden gesetzlichen Regelung ist jedoch anzunehmen, daß Einreden aus der Hauptschuld, deren Gläubiger der leistende Bürge ja nicht geworden ist, seitens des Hauptschuldners gegen den Ersatzanspruch nicht geltend gemacht werden können. Richtiger erscheint, daß der Hauptschuldner gegenüber dem Bürgen stattdessen - etwa im Falle voreiliger Zahlung durch den Bürgen - eine Verletzung von Vertragspflichten aus dem Bürgschaftsvertrag geltend machen und dem Ersatzanspruch entgegenhalten kann. Angesichts der Unbestimmtheit der

---

603 Siehe die Ausführungen unter Teil 2 § 1 B II 1 hinsichtlich weiterer Gründe für das Erlöschen der Forderung.

604 § 774 Abs. 1 BGB.

605 § 308 tHGB.

606 So auch Bičovský/Holub zu § 550 tBGB.

607 Diese Frage ist im tHGB dagegen ausdrücklich geregelt, § 309 tHGB.

608 Vgl. z.B. Bičovský/Holub, § 550 tBGB; Faldyna/Hušek/Des - Des, S. 57 ff.; Jehlička/Švestka/Škárová/Vodička-Škárová, § 550 tBGB.

die Schadensersatzpflicht statuierenden Bestimmung in § 420 tBGB[609] und der sich daraus ergebenden Gestaltungsmöglichkeiten erscheint es durchaus möglich, daß sich die Rechtsprechung an einer derartigen Konzeption orientieren wird.

Auch im Rahmen des Sicherungsausgleichs besteht insoweit Rechtsunsicherheit. Eine Vorschrift entsprechend § 774 Abs. 2 BGB, derzufolge Mitbürgen als Gesamtschuldner haften, existiert lediglich im Anwendungsbereich des tHGB[610]. Zwar mag argumentiert werden, daß es sich bei Mitbürgen ohnehin um Gesamtschuldner nach § 511 tBGB handele. Hiergegen ist jedoch einzuwenden, daß zum einen die Voraussetzungen von § 511 Abs. 1 tBGB nicht gegeben sind, da die verschiedenen Bürgschaften in der Regel nicht auf einem gemeinsamen Rechtsverhältnis beruhen dürften. Dies wird durch einen Umkehrschluß aus § 307 Abs. 1 tHGB in Verbindung mit § 293 tHGB bestätigt. Dort wird ausdrücklich statuiert, daß der leistende Bürge „die gleichen Rechte wie ein Gesamtschuldner“ hat[611]. Auch die Literatur[612] verweist ausdrücklich auf die Anwendbarkeit der Vorschriften über die Gesamtschuldnerschaft in § 511 tBGB.

Daraus könnte als argumentum e contrario zu folgern sein, daß der in Anspruch genommene und nach tBGB haftende Bürge bei eventuell vorhandenen Mitbürgen keinen Regreß nehmen kann, da das tBGB eben keine Gesamtschuldnerschaft der Mitbürgen vorschreibt. Nach der Regelung des tBGB hätte daher der in Anspruch genommene Bürge im gesamten Sicherungsumfang einzutreten, während die nicht in Anspruch genommenen Mitbürgen nicht in die Haftung einbezogen werden könnten. Ein solches Ergebnis ist nicht sachgerecht und vermag nicht zu befriedigen. Eine analoge Anwendung[613] von § 307 Abs. 1 tHGB ist daher angebracht.

Die Problematik des Sicherungsausgleichs des Bürgen im Verhältnis zu etwaigen Pfandrechtsbestellern hinsichtlich der gleichen Hauptforderung stellt sich in diesem Zusammenhang nicht. Da eine cessio legis vom Gesetzgeber nicht vorgesehen ist, kommt auch ein akzessorischer

---

609 § 420 tBGB lautet “Jeder ist für den Schaden verantwortlich, den er durch Verletzung einer Rechtspflicht bewirkt.”.

610 § 307 Abs. 1 tHGB.

611 Aus dieser Formulierung des Gesetzeswortlauts ergibt sich zugleich, daß es sich bei Mitbürgen nicht per se um Gesamtschuldner handelt, sondern daß sie lediglich wie Gesamtschuldner zu behandeln sind.

612 Vgl. Štenglová/Plíva/Tomsa - Tomsa zu § 293 tHGB.

613 § 853 tBGB: auch hier wäre die ungeschriebene Voraussetzung einer unbeabsichtigten Regelungslücke zu bejahen.

Übergang eines eventuell bestehenden Pfandrechts auf den Bürgen nicht in Betracht. Auf die im deutschen Recht bekannte Problematik des „Wettlaufs der Sicherungsgeber"[614] ist daher an dieser Stelle nicht näher einzugehen[615]. Befriedigen kann allerdings auch dieses Ergebnis nicht, da der Bürge auf diese Weise allein auf die Liquidität des Hauptschuldners angewiesen ist, während etwaige (Grund-)Pfandrechtsbesteller nicht in Anspruch genommen werden können.

c) Unmöglichkeit

Eine Befriedigung des Gläubigers aus der Bürgschaft kann daran scheitern, daß der Bürge nach § 549 tBGB zur Ablehnung der Inanspruchnahme aus der Bürgschaft berechtigt ist. Dies setzt voraus, daß die Leistung des Schuldners infolge eines Verschuldens des Gläubigers unmöglich geworden ist. Die Praxisrelevanz dieser Vorschrift erscheint indes fraglich. Bei Vorliegen einer Geldschuld wird sich die Frage der Unmöglichkeit der Erfüllung in der Regel kaum stellen. In der Literatur[616] wird als Anwendungsbeispiel der Fall genannt, daß der Gläubiger den Schuldner nicht rechtzeitig zur Zahlung aufgefordert habe. Gemeint ist damit wohl ein Fall der Verjährung, der jedoch dogmatisch bereits unter die Einwendungen des Bürgen nach § 548 Abs. 2 tBGB einzuordnen wäre.

d) Verzicht

Der Gläubiger kann auch auf die Inanspruchnahme des Bürgen nach § 574 Abs. 1 tBGB verzichten. Ein solcher Verzicht bedarf eines schriftlichen Vertrages. Er setzt nach § 574 Abs. 2 tBGB ferner voraus, daß es sich nicht um lediglich zukünftige Rechte[617] handelt, da der Verzicht auf erst zukünftig entstehende Rechte vom Gesetz nicht gestattet wird. Hier erscheint zunächst fraglich, ob es sich bei dem Befriedigungsanspruch aus der Bürgschaft nicht insofern um ein zukünftiges Recht handelt, als dieser Anspruch erst bei Fälligkeit und nach erfolgloser Inanspruchnahme des Schuldners geltend gemacht werden kann. Wie bereits zuvor ausgeführt, muß die in § 574 Abs. 2 tBGB enthaltene Regelung eng ausgelegt werden und ein besonderes Schutzbedürfnis des Verzichtenden erkennen lassen. Dies ist vorliegend nicht gegeben. Ein derartiger Anspruch aus der

---

614 Grundlegend BGH WM 1989, 1205 ff. mit Besprechung bei Tiedtke, WM 1990, 1270 ff.; ferner Staudinger-Horn § 774 Rn 66 ff.

615 Die Frage wird jedoch im Rahmen der Bürgschaft nach tHGB aktuell, vgl. unten III.

616 Bičovský/Holub zu § 549 tBGB.

617 Vgl. die ausführliche Diskussion unter Teil 2 § 3 C II.

Bürgschaft wird in der rechtswissenschaftlichen Literatur jedoch zutreffend nicht als erst in der Zukunft entstehend angesehen[618].

Problematischer jedoch ist die Tatsache, daß das tschechische Recht eine dem § 776 BGB entsprechende Regelung über eine Verminderung der Einstandspflicht des Bürgen nicht kennt. Tatsächlich würde der Bürge durch den Verzicht des Gläubigers auf anderweitige Sicherungsrechte benachteiligt, da seine Regreßmöglichkeiten eingeschränkt werden[619]. Ein solches Ergebnis ist offensichtlich nicht befriedigend. Durch ergänzende Auslegung des Bürgschaftsvertrages sollte der Bürge als insoweit von seiner Leistungspflicht freigestellt erachtet werden, als er aus dem aufgegebenen Recht hätte Ersatz von Dritten erlangen können.

e) Schuldübernahme

Als Grund für das Erlöschen der Bürgschaft kommt ferner eine Schuldübernahme[620] in Betracht.

3. Übertragung der Bürgschaft

a) Schulderneuerung/Forderungsauswechslung

Nach § 570 tBGB können sich Gläubiger und Schuldner auf eine Erneuerung bzw. Abänderung der Hauptforderung einigen. Dadurch wird die alte Forderung durch die neue ersetzt. Eine für die ursprüngliche Hauptforderung bestellte Sicherheit, auch eine Bürgschaft, bleibt nach § 572 Abs. 1 tBGB auch für die neue Forderung erhalten[621].

b) Abtretung der Forderung durch den Gläubiger

Mit der Abtretung der gesicherten Forderung durch den Gläubiger nach §§ 524 ff. tBGB geht auch der akzessorische Anspruch aus der Bürgschaft nach § 524 Abs. 2 tBGB auf den Zessionar über.

---

618 Jehlička/Švestka/Škárová/Vodička-Škárová, § 546 Ziff. 5, wenn auch ohne Begründung.

619 Weder in der tschechischen Rechtsprechung noch Literatur ist - soweit ersichtlich - dieses Problem angesprochen worden.

620 §§ 531 ff. tBGB, vgl. die Ausführungen unter Teil 2 § 2 B II 10.

621 Vgl. im einzelnen die entsprechenden Ausführungen unter Teil 2 § 2 B III 1.

III. Bürgschaft nach §§ 303 ff. tHGB

1. Entstehung der Bürgschaft

a) Forderung

Grundlage und Bezugspunkt einer Bürgschaft nach den §§ 303 ff. tHGB[622] ist eine zu sichernde Forderung. Dabei kann es sich einerseits um eine bereits existierende, im Unterschied zu einer Bürgschaft nach dem tBGB aber auch um eine zukünftige oder bedingte Forderung handeln[623]. Entscheidend für die wirksame Bestellung einer Bürgschaft für eine zukünftige Forderung ist deren hinreichende Bestimmtheit[624]. Falls die Forderung in der Bürgschaftserklärung nicht hinreichend bestimmt wurde, ist die Bürgschaftserklärung aufgrund des in § 37 Abs. 1 tBGB verankerten Bestimmtheitsgrundsatzes unwirksam. Es ist daher erforderlich, in der Bürgschaftserklärung Gläubiger und Schuldner der zukünftigen Forderung zu benennen. Ferner sollte die Höhe der Forderung, der Zeitpunkt ihrer Entstehung sowie ihr Entstehungsgrund in der Bürgschaftserklärung enthalten sein[625].

b) Bürgschaftserklärung

Die Bürgschaft entsteht auf der Grundlage einer schriftlichen Bürgschaftserklärung des Bürgen[626]. Bemerkenswert ist, daß aus Gründen der Handelsgepflogenheiten[627] zwar eine einseitige Erklärung für ausreichend gehalten, dennoch aber das Schriftformerfordernis beibehalten wurde. Es erscheint fraglich, ob dies tatsächlich den gegenwärtigen Handelsbrauch widerspiegelt.

c) Zahlungsaufforderung

Vor Inanspruchnahme des Bürgen muß ferner eine erfolglose schriftliche Zahlungsaufforderung an den Schuldner ergangen sein, § 306 Abs. 1 Satz 1 tHGB. Bei der Zahlungsaufforderung handelt es sich indes nicht um

---

622 Es ist zu beachten, daß gemäß § 263 tHGB die §§ 303, 304, 306 Abs. 2 und 3, 308, 311 Abs. 1 und 312 tHGB ius cogens sind.

623 So ausdrücklich § 304 Abs. 2 tHGB.

624 Zu den Bestimmtheitserfordernissen der Bürgschaftserklärung vgl. Holeyšovský, Newsletter Praha, S. 80 sowie Kopáč, Obchodní Kontrakty, S. 166 f.

625 Vgl. hierzu Holeyšovský, Newsletter Praha, S. 82.

626 § 303 tHGB; zur Abgrenzung von einem Bürgschaftsvertrag vgl. die obigen Ausführungen unter I.

627 So Kopáč, Obchodní Kontrakty, S. 165.

eine notwendige Voraussetzung für die Entstehung der Bürgschaft. Diesbezüglich weichen die Regelungen des tHGB von denen des tBGB insofern ab, als sie von dem Erfordernis der Zahlungsaufforderung absehen, wenn diese entweder unmöglich ist oder es offensichtlich ist, daß eine Zahlung seitens des Schuldners nicht erfolgen wird[628]. Beispiele für die Unmöglichkeit der Zahlungsaufforderung sind nach der Literatur[629] ein unbekannter Aufenthaltsort des Schuldners oder die Auflösung einer juristischen Person. Als Fall für eine Offensichtlichkeit der Nichtzahlung nennt bereits das Gesetz als Beispiel den Konkurs des Schuldners[630]. Da es sich bei § 306 Abs. 1 nicht um ius cogens handelt[631], können die Parteien auf das Erfordernis der Zahlungsaufforderung einvernehmlich verzichten und so eine selbstschuldnerische Bürgschaft vereinbaren.

2. *Einwendungen des Bürgen*[632]

Das tHGB regelt in § 306 Abs. 2 ausdrücklich[633], daß der Bürge gegenüber dem Gläubiger sämtliche Einwendungen erheben kann, die dem Schuldner zustehen. Der Bürge ist ausdrücklich auch zur Aufrechnung gegenüber dem Gläubiger berechtigt, und zwar sowohl mit eigenen Forderungen als auch mit Forderungen des Schuldners, wenn dieser zur Aufrechnung berechtigt gewesen wäre[634]. Im Gegensatz zur dilatorischen Einrede der Aufrechenbarkeit im deutschen Recht[635] hat sich der tschechische Gesetzgeber für die Gewährung einer selbständigen Aufrechnungsbefugnis des Bürgen entschieden[636]. Eine Einwendung der Nichtigkeit der gesicherten Forderung steht dem Bürgen dagegen im Falle der Geschäftsunfähigkeit des Schuldners nicht zu, wenn er die Geschäftsunfähigkeit im Zeitpunkt seiner Bürgschaftserklärung kannte. Dies

---

628 § 306 Abs. 1 Satz 2 tHGB.

629 Pelikánová - Plíva Rn 1743 ; Holeyšovský, Newsletter Praha, S. 83, will sogar einen häufigen Wechsel des Wohnorts durch den Schuldner ausreichen lassen.

630 § 306 Abs. 1 Satz 2 am Ende.

631 In § 263 tHGB werden lediglich die Absätze 2 und 3 des § 306 als zwingend ausgewiesen.

632 Hinsichtlich des Begriffs Einwendungen wird auf die obigen Ausführungen unter II. verwiesen.

633 § 306 Abs. 2 Satz 1; es handelt sich hierbei nach § 263 tHGB um ius cogens.

634 § 306 Abs. 2 Satz 2; ebenfalls ius cogens.

635 § 770 Abs. 2 BGB; der deutsche Gesetzgeber hat die Gewährung einer eigenen Aufrechnungsbefugnis zutrefffend abgelehnt, weil es sich um einen Eingriff des Bürgen in ein fremdes Schuldverhältnis handelt, vgl. Staudinger-Horn § 770 Rn 1.

636 Bzgl. der im Ergebnis zu bejahenden Anfechtungsmöglichkeit des Bürgen vgl. die obigen Ausführungen unter II 1 d.

bestimmt ausdrücklich § 304 Abs. 1 Satz 2 tHGB[637] und stellt somit eine Ausnahme vom Akzessorietätsgrundsatz auf[638]. Mangels akzessorischer Hauptforderung stellt die Bürgschaft in diesem Fall einen Garantievertrag dar[639]. Auch insoweit hat der tschechische Gesetzgeber das Modell der romanischen Länder übernommen[640]. Ein Kennenmüssen oder eine spätere Kenntnis der Geschäftsunfähigkeit führt indessen zur Nichtigkeit auch der Bürgschaft[641].

3. *Untergang der Bürgschaft*

a) Erlöschen der Forderung

Die nach den Vorschriften des tHGB bestellte Bürgschaft geht ebenso wie die Bürgschaft nach tBGB mit Erfüllung der zugrundeliegenden Hauptforderung unter[642]. Ausnahmsweise[643] bleibt die Bürgschaftsverpflichtung jedoch bestehen, wenn die Hauptforderung wegen Unmöglichkeit[644] oder Liquidation des Schuldners als juristische Person[645] erlischt. Ersteres dürfte selten sein, da in der Regel Geldforderungen Gegenstand der Bürgschaft sind, so daß Unmöglichkeit nicht in Betracht kommt.

---

637 Das tBGB kennt dagegen erstaunlicherweise keine entsprechende Regelung. Es muß von einer unbeabsichtigten Regelungslücke und somit von einer analogen Anwendbarkeit (§ 853 tBGB) von § 304 Abs. 1 Satz 2 tHGB ausgegangen werden, da die inhaltliche Vergleichbarkeit ohne weiteres zu bejahen ist.

638 Im deutschen Recht wäre die Bürgschaft infolge der Akzessorietät ebenso wie die Forderung als nichtig anzusehen.

639 Zu diesem dogmatischen Schluß kommt die tschechische rechtswissenschaftliche Literatur zumindest nicht ausdrücklich. Štenglová/Plíva/Tomsa - Štenglová, § 304 stellen z.B. lediglich fest, daß als Rechtsfolge nicht mehr der Schuldner, sondern allein der Bürge erfüllungspflichtig ist.

640 Vgl. Art. 2012 Abs. 2 Code Civil.

641 So auch Dědič - Marčanová § 304 tHGB.

642 Ausdrücklich § 311 Abs. 1 tHGB.

643 Als eine weitere Durchbrechung des Akzessorietätsprinzips, § 311 Abs. 2 tHGB.

644 In Betracht kommt nur eine nachträgliche Unmöglichkeit gemäß § 575 tBGB, § 352 tHGB, vgl. Dědič - Marčanová zu § 311 Abs. 2 tHGB.

645 Hier kommen die im Liquidationsverfahren nicht erledigten Forderungen für eine Haftung des Bürgen in Betracht, vgl. Dědič - Marčanová zu § 311 Abs. 2 tHGB.

b) Erfüllung der Bürgschaft

Die Bürgschaft erlischt ferner, wenn der Bürge seiner Verpflichtung aus der Bürgschaft nachkommt. In diesem Fall kommt es - in Abweichung von den Vorschriften des tBGB zur Bürgschaft - gemäß § 308 tHGB zu einem gesetzlichen[646] Übergang der gesicherten Hauptforderung auf den Bürgen. Der Bürge ist gegenüber dem ursprünglichen Gläubiger berechtigt, Herausgabe sämtlicher Unterlagen und Hilfsmittel zu verlangen, die zur Geltendmachung des Anspruchs gegenüber dem Schuldner erforderlich sind[647].

Das Verhältnis zwischen Bürgen und Schuldner im Regreß des Bürgen regelt § 309 tHGB. Sollte der Bürge ohne Kenntnis des Schuldners geleistet haben, so kann ihm der Schuldner sämtliche Einwendungen und Einreden, die er gegen den Gläubiger hatte, entgegenhalten[648]. Dies gilt nicht für Einwendungen und Einreden, die er dem Bürgen nicht unverzüglich offengelegt hat, nachdem er über die Inanspruchnahme des Bürgen informiert war[649]. Dieser Gesetzeswortlaut ist widersprüchlich. Gemeint ist wohl, daß der Schuldner verpflichtet sein soll, dem Bürgen sämtliche Einwendungen und Einreden offenzulegen, sobald er davon Kenntnis erhält, daß der Gläubiger sich anschickt, den Bürgen in Anspruch zu nehmen. Unterläßt der Schuldner eine derartige Offenlegung, so kann er insoweit auch keine Einwendungen oder Einreden gegenüber dem regreßnehmenden Bürgen geltend machen.

In diesem Zusammenhang stellt sich die Frage nach den Möglichkeiten eines Sicherungsausgleichs. Im Falle, daß neben dem in Anspruch genommenen Bürgen weitere Sicherungsgeber vorhanden sind, wird der Bürge ein Interesse an einer Inanspruchnahme dieser übrigen Sicherungsgeber haben, da in der Regel von einer fehlenden Liquidität des Hauptschuldners ausgegangen werden muß. Für den Fall der Existenz mehrerer Bürgen trifft § 307 Abs. 1 tHGB eine ausdrückliche Regelung. Demnach haftet jeder Bürge für die ganze Verbindlichkeit, untereinander haften die Bürgen wie Gesamtschuldner. Die in § 511 tBGB sowie § 293 tHGB enthaltenen Vorschriften über die Gesamtschuldnerschaft finden Anwendung[650]. Insofern kann mit Sicherheit festgestellt werden, daß der in Anspruch genommene Bürge anteiligen Ausgleich von den Mitbürgen

---

646 So auch ausdrücklich Pelikánová - Plíva Rn 1745.
647 So die ausdrückliche Regelung in § 308 tHGB.
648 § 309 Satz 1 tHGB.
649 § 309 Satz 2 tHGB.
650 Bestätigend Štenglová/Plíva/Tomsa - Štenglová zu § 307 tHGB.

fordern kann[651]. Fraglich erscheint indes, ob ein Sicherungsausgleich auch gegenüber anderen Sicherungsgebern, etwa anderweitigen Pfandrechtsbestellern, möglich ist. Diese Frage war insbesondere im deutschen Recht lange umstritten, da aufgrund des Übergangs der akzessorischen Sicherheiten im Rahmen der cessio legis nach § 412 BGB derjenige Sicherungsgeber im Vorteil erschien, der die Hauptforderung zuerst erfüllte. Mit Erfüllung gingen nämlich die akzessorischen Sicherheiten auf ihn über, so daß er sich möglicherweise in vollem Umfang bei den anderen Sicherungsgebern hätte schadlos halten können. Sprichwörtlich war in dieser Thematik von einem „Wettlauf der Sicherungsgeber" die Rede. Nach h.M.[652] ist dieser Interessenkonflikt zwischen Bürgen und Pfandschuldnern im deutschen Recht in analoger Anwendung der Vorschriften über den Gesamtschuldnerausgleich zu lösen.

Im tschechischen Recht erscheint fraglich, ob es zu einer derartigen Konstellation überhaupt kommt. Voraussetzung hierfür wäre zunächst, daß im Falle eines gesetzlichen Forderungsübergangs auch ein Übergang der akzessorischen Sicherheiten eintritt. Zwar bestimmt § 524 Abs. 2 tBGB, daß bei einer rechtsgeschäftlichen Abtretung auch die mit einer Forderung „verbundenen" Rechte auf den Zessionar übergehen. Eine dem § 412 des deutschen BGB entsprechende Vorschrift zum gesetzlichen Forderungsübergang ist jedoch weder im tBGB noch im tHGB enthalten[653]. Mangels sonstiger gesetzlicher Anhaltspunkte ist hier auf den Grundsatz der Akzessorietät zurückzugreifen. Demnach teilen die akzessorischen Sicherungsrechte auch im Falle einer Übertragung auf andere Rechtssubjekte das Schicksal der Forderung. Es ist kein Grund erkennbar, warum der Übergang einer Forderung aufgrund gesetzlicher Anordnung (cessio legis) anders zu behandeln wäre als eine rechtsgeschäftliche Übertragung nach § 524 tBGB. Es ist daher grundsätzlich davon auszugehen, daß die akzessorischen Sicherungsrechte das Schicksal der

---

651 Laut Kopáč, Obchodní Kontrakty, S. 175, findet § 308 tHGB mit dem Anspruch auf Herausgabe der erforderlichen Unterlagen entsprechende Anwendung. Dem ist zuzustimmen.

652 Vgl. BGHZ 108,179 ff. sowie Weber, Kreditsicherheiten, S. 59; eingehend zum Streitstand ferner Tiedtke, WM 1990, S. 1270 ff.

653 Die rechtswissenschaftliche Literatur hat sich - soweit erkennbar - mit dieser wichtigen Frage noch nicht näher befaßt. Eine Ausnahme bildet Dědič - Marčanová § 308 tHGB, wonach ein von dem Schuldner bestelltes Pfandrecht zwar im Rahmen der cessio legis auf den Bürgen übergehen soll, nicht dagegen die von Dritten bestellten Sicherungsrechte. Eine Begründung hierfür enthält der sechseinhalb - zeilige Kommentar zu § 308 tHGB nicht. Štenglová/Plíva/Tomsa - Štenglová, § 308 tHGB, begnügen sich mit etwas mehr als zwei Zeilen, in denen der Gesetzeswortlaut in anderer Formulierung wiederholt wird.

Forderung teilen und daher auch bei einer cessio legis auf den Bürgen übergehen[654].

Eine ausdrückliche Regelung über den dann auszuführenden Sicherungsausgleich sieht das tschechische Recht nicht vor. Überzeugende Lösungsvorschläge aus der rechtswissenschaftlichen Literatur sind nicht erkennbar. Der einzige bislang unterbreitete Lösungsansatz[655] überzeugt nicht, da das von einem Dritten bestellte Pfandrecht von dem Bürgen nicht in Anspruch genommen werden könnte. Der Bürge würde daher voll haften, während der - möglicherweise zufällig - nicht in Anspruch genommene Dritte unbelastet bliebe. Das einzig befriedigende Ergebnis wäre daher auch im tschechischen Recht eine Lösung über die analoge Anwendung der Vorschriften über den Gesamtschuldnerausgleich[656]. Diese Meinung kann freilich nicht als herrschend bezeichnet werden[657].

B. Bankgarantie

Die Bankgarantie spielt im täglichen Kreditgeschäft in der Tschechischen Republik und insbesondere bei grenzüberschreitenden Transaktionen unter Beteiligung von ausländischen Banken eine erhebliche Rolle. Allerdings hat die Praxis ebenfalls gezeigt, daß keineswegs die Garantien sämtlicher tschechischer Banken bedenkenlos akzeptiert werden. Nicht zuletzt in Anbetracht der erheblichen Unruhe, die durch den Zusammenbruch einiger Bankhäuser ausgelöst wurde, wie auch der beharrlichen Gerüchte über Korruptionsfälle werden nur ausgesuchte tschechische Kreditinstitute zumindest im internationalen Zahlungsverkehr als Garanten akzeptiert. So wird auch von tschechischen Bankern eingeräumt, daß die Qualität einer Bankgarantie erheblich von der jeweils garantierenden Bank abhängt. Als zuverlässig gelten[658] - ohne Anspruch auf Vollzähligkeit - die Komerční Banka, ČSOB, Česká Spořitelna, Živnostenská Banka, Agrobanka und Bayrische Vereinsbank (CZ).

Das Institut der Bankgarantie ist ausschließlich in den §§ 313 bis 322 tHGB geregelt. Diese Vorschriften finden nach § 261 Abs. 3 tHGB auf alle

654 Notfalls wäre dieses Ergebnis über eine analoge Anwendung von § 524 Abs. 2 tBGB zu erzielen.

655 Derjenige von Dědič - Marčanová, § 308 tHGB, vgl. die obige Darstellung.

656 §§ 307 Abs. 1 Satz 2 i.V.m. 293 tHGB sowie § 511 ff. tBGB analog.

657 Hinsichtlich der weiteren Untergangsgründe sowie Übertragungsmöglichkeiten vgl. die Ausführungen zur Bürgschaft nach tBGB, oben II.

658 So vorgetragen von Dr. Karel Kratina, damals stellvertretender Direktor der Bayrischen Vereinsbank AG, Niederlassung Prag, im Rahmen der Karlsbader Juristentage 1994.

einschlägigen Rechtsbeziehungen unabhängig von der Unternehmereigenschaft der beteiligten Vertragsparteien Anwendung[659]. Die in den genannten Vorschriften getroffenen Regelungen sind bis auf § 313 (Schriftform) und § 321 Abs. 4 tHGB (Regreßanspruch bei unberechtigter Inanspruchnahme) grundsätzlich dispositiv[660]. Anlaß für Mißverständnisse insbesondere nicht-tschechischer Juristen ist die Tatsache, daß die §§ 313 ff. tHGB unter der Überschrift „Bankgarantie" (Bankovní záruka) sowohl die nichtakzessorische und nichtsubsidiäre Bankgarantie als auch die akzessorische und subsidiäre Bankbürgschaft regeln. Grundform der gesetzlichen Regelungen ist die unbedingte Garantie[661], wobei jedoch einzelne Vorschriften es ausdrücklich ermöglichen, die Grundsätze der Akzessorietät und Subsidiarität in die Garantieerklärung aufzunehmen[662]. Wenn von einer Bankgarantie (bankovní záruka) die Rede ist, muß daher stets inhaltlich geprüft werden, ob es sich nach deutschem Verständnis nicht doch um eine Bankbürgschaft handelt. Es steht zu vermuten, daß ausländische Banken auch aus diesem Grund zu besonderer Vorsicht bei der Annahme von Garantieerklärungen tschechischer Banken neigen.

I. Entstehung der Bankgarantie

1. Einfache Bankgarantie

Grundlage und Bezugspunkt für die Bestellung einer Bankgarantie ist eine zu sichernde Hauptforderung. An die Art der Forderung stellen die Vorschriften der §§ 313 ff. tHGB keine ausdrücklichen Anforderungen. Lediglich § 314 tHGB erwähnt, daß auch eine andere als eine Geldforderung durch eine Bankgarantie gesichert werden kann. Nach § 322 Abs. 1 tHGB sind jedoch die Vorschriften über die Bürgschaft entsprechend anwendbar. Demnach kann es sich bei der zu sichernden Forderung um eine bereits bestehende, eine zukünftige oder aber eine lediglich bedingte Forderung handeln[663]. Die Bankgarantie selbst kommt durch eine entsprechende Erklärung der garantierenden Bank zustande. Es handelt sich daher nach der gesetzlichen Konzeption nicht um einen

---

659 Es handelt sich die sogenannte absolute Anwendbarkeit des tHGB nach § 261 Abs. 3 tHGB, vgl. Faldyna/Hušek/Des - Faldyna, S. 71.

660 Vgl. die Aufzählung in § 263 tHGB.

661 Sog. „bedingungslose Garantie auf erstes Anfordern" (záruka na první výzvu a bez námitek); Eliáš betont in Právní praxe 10/1995, S. 634 ff., 634, daß bei der Bankgarantie lediglich „grundsätzlich" das Prinzip der Subsidiarität und Akzessorietät ausgeschlossen seien.

662 Vgl. z.B. die Regelungen in §§ 317 und 318.

663 § 304 Abs. 2 tHGB.

Garantievertrag[664]. Als „Bank“ zählen die im Gebiet der Tschechischen Republik ansässigen juristischen Personen, die Einlagen von der Öffentlichkeit annehmen, Kredite gewähren und im Besitz einer Banklizenz sind[665]. Die Erklärung bedarf nach § 313 tHGB der Schriftform[666]. Eine nicht der Formvorschrift entsprechende Erklärung ist nach § 40 Abs. 1 tBGB unwirksam. Nach § 263 tHGB hat die Vorschrift des § 313 tHGB zwingenden Charakter. Ein Verzicht auf die Schriftform ist daher auch nicht durch abweichende vertragliche Regelung zwischen den Parteien möglich. Inhaltlich muß die Erklärung die Umstände für den Eintritt des Garantiefalls regeln. Abhängig von der Ausgestaltung der Erklärung wird es sich um eine unbedingte Garantie, eine mit gewissen Bedingungen versehene Garantie oder aber um eine Bankbürgschaft handeln.

Aufgrund der diesbezüglich bestehenden Dispositionsfreiheit steht der erklärenden Bank eine Vielzahl von Möglichkeiten zur Verfügung. Es kann daher etwa erklärt werden, daß die Zahlungsverpflichtung der Bank bei Nichterfüllung des Hauptschuldners eintritt[667] oder eventuell zusätzlich, daß der Gläubiger bei Inanspruchnahme der Bank zur Vorlage bestimmter, seine Berechtigung ausweisender Dokumente[668] verpflichtet ist. Von erheblicher Bedeutung in der Praxis ist die auch im deutschen Rechtsverkehr gebräuchliche Garantie auf erste Anforderung[669]. Diese Praxis hat sich auf dem Gebiet der Tschechischen Republik vor allem aufgrund der Tätigkeit von ausländischen Banken durchgesetzt[670]. Bei Vorliegen einer solchen Garantieerklärung ist die Bank bei Inanspruchnahme durch den Gläubiger zur Zahlung der Garantiesumme verpflichtet, ohne daß ihr Einwendungen oder Einreden gegen die Entstehung oder den Fortbestand der Forderung des Gläubigers zustehen[671]. Allerdings wird in der Literatur[672] die Einschränkung gemacht, daß die in Anspruch genommene Bank die Auszahlung der Garantiesumme auch dann verweigern darf, wenn es sich um eine zweifelsfrei und offensichtlich rechtsmißbräuchliche Inanspruchnahme durch den Gläuber handelt.

---

664 Vgl. auch Kopáč, Obchodní Kontrakty, S. 180; Faldyna/Hušek/Des - Faldyna, S. 71.

665 Vgl. § 1 Abs. 1 tBankenG sowie die Ausführungen bei Dědič - Liška § 313 S. 834.

666 Dies entspricht auch dem Schriftformerfordernis der Bürgschaft, vgl. § 303 tHGB.

667 Diese Alternative ist ist in § 313 tHGB vorgeschlagen.

668 Vgl. zu dieser Bedingung Kopáč, Obchodní Kontrakty, S. 183.

669 Siehe hierzu auch Dědič - Liška, § 317 S. 838; Kopáč, Obchodní Kontrakty, S. 182; Faldyna/Hušek/Des - Faldyna, S. 73.

670 Holeyšovský, Newsletter Praha, S. 99.

671 Vgl. auch § 317 Satz 1 tHGB.

672 Soweit ersichtlich nur durch Kopáč, Obchodní Kontrakty, S. 183.

Begründet wird diese Ansicht mit § 265 tHGB, wonach eine Rechtshandlung keinen Schutz genießt, wenn sie den Grundsätzen des ordentlichen Handelsverkehrs widerspricht. Grundsätzlich ist die Bank jedoch gehalten, die Einwendungen und Einreden in einem anschließenden Rückforderungsprozeß geltend zu machen. Schließlich bedarf die Garantieerklärung einer Bestimmung der Garantiesumme. Diese muß sich aus rechtlichen Gesichtspunkten nicht notwendigerweise an der Höhe der gesicherten Forderung orientieren, sondern kann von den Parteien nach Belieben bestimmt werden. Bei Fehlen einer Festsetzung des Garantiebetrages ist die Erklärung als Bürgschaftserklärung im Sinne der §§ 303 ff. tHGB auszulegen[673]. Nach § 319 tHGB muß die Zahlungsaufforderung an die Bank in schriftlicher Form erfolgen. Diese Formvorschrift ist jedoch nicht zwingend, eine Abweichung durch vertragliche Vereinbarung der Parteien ist daher möglich. Wichtig ist, daß im Unterschied zur Bürgschaft eine Aufforderung des Gläubigers an den Hauptschuldner zur Zahlung nicht notwendig ist[674].

2. *Rückgarantie*

Neben dem Fall der Beteiligung lediglich einer Bank regelt das Gesetz in § 315 tHGB auch die Möglichkeit, daß neben der ersten garantierenden Bank zusätzlich eine weitere Bank auf Verlangen der ersten Bank die „Garantie bestätigt"[675]. Diese Bestätigung unterliegt im Gegensatz zur Garantieerklärung selbst nicht dem Schriftformerfordernis[676]. Hierbei handelt es sich gewissermaßen um eine "gestaffelte" Garantie, bei der die zweite Bank die Garantie für die Zahlung durch die erste Bank übernimmt. Üblich sind derartige Konstruktionen vor allem im internationalen Geschäft, wobei sich die ausländische Bank die Garantie einer - möglicherweise weniger bekannten - Bank durch eine renommierte Bank „rückgarantieren" läßt[677]. In dieser Situation liegt die Entscheidung, welche der Banken aus der Garantie in Anspruch genommen wird, nach § 315 Abs. 1 tHGB beim Gläubiger. Sofern sich der Gläubiger für die erste Bank entscheidet, ändert sich nichts im Vergleich zu der Konstellation, bei der lediglich eine Bank beteiligt ist. Wenn dagegen die zweite Bank aus der von ihr abgegebenen

---

673 Zutreffend Kopáč, Obchodní Kontrakty, S. 180.

674 Hierauf weist Chalupa zu Recht hin, Právní rádce 3/1996, S. 12 ff.

675 So der genaue Gesetzeswortlaut in § 315 Abs. 1 tHGB.

676 So unter Berufung auf den Gesetzeswortlaut Dědič - Liška, § 315 (S. 836); dies erscheint indes nicht ganz zweifelsfrei, da es sich inhaltlich um eine selbständige Garantieerklärung handelt, so daß § 313 Anwendung finden könnte.

677 Vgl. die Darstellung bei Kopáč, Obchodní Kontrakty, S. 181, sowie Eliáš, Právní praxe 10/1995, S. 634 ff., 636 f.

Garantieerklärung in Anspruch genommen wird, so steht dieser Bank gegen die erste Bank ein Regreßanspruch zu[678].

II. Untergang der Bankgarantie

Folgende Gründe kommen für den Untergang des Anspruchs aus einer Garantieerklärung in Betracht:

1. Erfüllung

Der Anspruch kann sowohl durch die Erfüllung der gesicherten Hauptforderung durch den Hauptschuldner als auch durch die Erfüllung des gegenüber der Bank bestehenden Garantieanspruchs selbst erlöschen. Für die Beurteilung der Frage, ob der Garantieanspruch tatsächlich erloschen ist, kommt es auf die im jeweiligen Einzelfall vereinbarten Bedingungen[679] für die Inanspruchnahme der Garantie an. Sollte hier in den Garantiebedingungen jede Akzessorietät zur gesicherten Forderung ausgeschlossen sein, so hat die Erfüllung der Hauptforderung kein gleichzeitiges Erlöschen der Bankgarantie zur Folge. Die Frage der Anrechenbarkeit einer Teilerfüllung des Hauptschuldners auf die Garantie wird in § 316 Abs. 2 tHGB ausdrücklich behandelt. Demnach vermindert sich der Anspruch des Gläubigers aus der Garantie nicht, solange der noch ausstehende Teil der Hauptforderung die Höhe der Garantiesumme erreicht. Rechtsfolge der Zahlung der garantierenden Bank an den Gläubiger ist nach § 321 Abs. 2 tHGB ein Regreßanspruch der Bank gegen den Schuldner[680]. Sofern der Gläubiger im Verhältnis zum Schuldner nicht zur Inanspruchnahme der Garantie berechtigt war[681], ist er dem Schuldner nach § 321 Abs. 4 tHGB zwingend zur Herausgabe des Erlangten und zum Ersatz des durch die Inanspruchnahme der Garantie verursachten Schadens verpflichtet. Im Gegensatz zum deutschen Recht regelt das tschechische Recht einen derartigen Regreßanspruch bei unberechtigter Inanspruchnahme der Bankgarantie ausdrücklich[682].

---

678 § 315 Abs. 2 tHGB.

679 Vgl. die obigen Ausführungen unter I.

680 § 321 Abs. 2 tHGB; dem Verhältnis zwischen Schuldner und Bank liegt regelmäßig ein Mandatsvertrag zugrunde, vgl. § 322 Abs. 2 tHGB.

681 Etwa in dem Fall, daß die Bankgarantie trotz bereits eingetretener Erfüllung in Anspruch genommen wurde, vgl. Štenglová/Plíva/Tomsa - Štenglová zu § 321 tHGB.

682 Aufgrund seiner Spezialität geht § 321 Abs. 4 einem Anspruch aus ungerechtfertigter Bereicherung (§ 451 ff.) vor, vgl. Kopáč, Obchodní Kontrakty, S. 186.

2. *Zeitablauf*

In der Praxis wird die Dauer der Garantieerklärung häufig auf einen bestimmten Zeitraum begrenzt. In diesem Fall geht der Garantieanspruch des Gläubigers unter, wenn er nicht innerhalb der Geltungszeit der Garantie in der vorgeschriebenen Form geltend gemacht wurde[683].

3. *Unzulässigkeit des Widerrufs*

In der Praxis taucht gelegentlich die Frage auf, ob die Bankgarantie durch einseitigen Widerruf der Bank zum Erlöschen gebracht werden könne[684]. Nicht selten verlangen Garantienehmer daher, daß in der Garantieerklärung ausdrücklich die Unwiderruflichkeit festgehalten wird[685]. Eine Unwiderruflichkeit ergibt sich indes bereits aus dem Wesen der Garantie, da sie bei Widerruflichkeit praktisch wertlos würde[686]. Auch kann eine Kündigung des Mandatsvertrages zwischen Bank und Schuldner nicht zum Erlöschen der Bankgarantie führen, da die Garantie gegenüber einem Dritten besteht[687]. Dennoch muß nach wie vor damit gerechnet werden, in der Praxis mit einem vermeintlich wirksamen Widerruf einer Bankgarantie konfrontiert zu werden. Auch dieses Phänomen wird bei ausländischen Banken Skepsis hinsichtlich der Sicherheit einer Bankgarantie nach tschechischem Recht hervorrufen. Dies gilt insbesondere im Hinblick auf die völlig überlastete Gerichtsbarkeit, da die gerichtliche Geltendmachung einer vermeintlich sicheren Garantieforderung mehrere Jahre in Anspruch nehmen kann[688].

---

683 Ausdrücklich § 321 Abs. 1 tHGB.

684 Vgl. die Darstellung bei Dědič - Liška, § 321 S. 841 f.

685 Auch in der deutschen Rechtspraxis wird die Unwiderruflichkeit einer Bürgschaft oder Garantie oft ausdrücklich festgehalten.

686 In Betracht käme daher nur ein vertraglicher Verzicht gemäß § 574 Abs. 1 tBGB, vgl. auch Kopáč, Obchodní Kontrakty, S. 187, der sich allerdings - wohl versehentlich - auf § 574 Abs. 2 tBGB beruft.

687 So zutreffend Dědič - Liška § 321 S. 841 f.

688 Hinsichtlich weiterer Untergangsgründe (Verzicht, Schuldübernahme) wird auf die entsprechenden Ausführungen zum Grundpfandrecht, Teil 1 § 1 B II 3 und 10 verwiesen.

III. Übertragung der Bankgarantie[689]

Der Gläubiger kann grundsätzlich nach den allgemeinen Bestimmungen über die Abtretung von Forderungen[690] seinen Anspruch gegen die Bank an einen Dritten abtreten. Die Abtretbarkeit des Anspruchs erfährt jedoch durch § 318 tHGB eine Einschränkung. Sofern der Garantieanspruch von der Nichterfüllung der Hauptforderung durch den Hauptschuldner abhängig ist, kann der Garantieanspruch nur gemeinsam mit der gesicherten Forderung abgetreten werden. Diese Einschränkung der Abtretbarkeit beruht auf dem subsidiären Charakter der Garantierklärung für den Fall, daß diese an die Nichterfüllung der Hauptschuld gebunden ist. Nicht geregelt ist dagegen der Fall, daß die „Garantieerklärung" das Recht der Bank enthält, die Einwendungen des Schuldners aus der Forderung geltend zu machen[691]. Das in § 318 tHGB enthaltene Erfordernis der gemeinsamen Übertragung von Forderung und Garantie ist in diesem Fall analog anzuwenden[692].

C. Patronatserklärung

Die Patronatserklärung spielt bei der Vergabe von größeren Krediten an Konzerntochtergesellschaften eine Rolle. Mit einer Patronatserklärung gegenüber der kreditgewährenden Bank kann die Konzernmuttergesellschaft in unterschiedlicher Weise ihr Einstehen für die Konzerntochter bekunden. Es werden sogenannte harte und weiche Patronatserklärungen unterschieden, je nachdem, ob in der Erklärung ein Rechtsbindungswille zum Ausdruck kommt soll. Die harte Patronatserklärung unterscheidet sich dabei von der Bürgschaft und der Garantie dadurch, daß die Muttergesellschaft lediglich eine Ausstattungsgarantie für ihre Tochtergesellschaft abgibt. Dadurch verpflichtet sie sich, die Tochtergesellschaft jederzeit so auszustatten, daß diese in der Lage ist, ihren Kreditverpflichtungen nachzukommen[693]. Die Muttergesellschaft verpflichtet sich dadurch nicht zur Leistung an den Kreditgeber, sondern an die eigene Tochtergesellschaft. Die dadurch gewonnene Flexibilität

---

689 Hinsichtlich der Schulderneuerung als Übertragungsvorgang wird auf die obigen Ausführungen Teil 1 § 1 B III verwiesen.

690 §§ 524 ff. tBGB; die Bankgarantie wird zutreffend nicht als Wertpapier eingestuft, so daß eine Übertragung durch Abtretung erfolgt, vgl. Dědič - Liška § 318.

691 Tatsächlich handelte es sich in diesem Fall um eine Bankbürgschaft, die jedoch nach tschechischer Terminologie ebenfalls eine „bankovní záruka", also eine „Bankgarantie" wäre.

692 So auch Dědič - Liška, § 318.

693 Vgl. die Darstellung bei Weber, Kreditsicherheiten, S. 89 f.

hinsichtlich der Ausstattungsmodalitäten stellt einen nicht unerheblichen Vorteil dar. Weder die Literatur noch die Judikatur in der Tschechischen Republik haben zum Thema Patronatserklärung bisher in erwähnenswerter Weise Stellung bezogen. Es kann jedoch davon ausgegangen werden, daß die Patronatserklärung in der Praxis, insbesondere im Hinblick auf die Vielzahl von Tochtergesellschaften ausländischer Konzernmuttergesellschaften, bereits verwendet worden ist.

D. Vertragsstrafe

Obgleich es sich bei der Vertragsstrafe[694] um kein Kreditsicherungsmittel im engeren Sinn handelt, soll sie an dieser Stelle dennoch Erwähnung finden, da auch der tschechische Gesetzgeber sie unter der Überschrift der "Sicherung von Verbindlichkeiten" aufgeführt hat. Die Vertragstrafe ist in §§ 544 und 545 tBGB sowie in den §§ 300 bis 302 tHGB geregelt. Während das tBGB nur eine verschuldensabhängige Entstehung einer Vertragsstrafe erlaubt, kann nach § 300 tHGB auch eine verschuldensunabhängige Vertragsstrafe vereinbart werden. Die Vereinbarung bedarf der Schriftform[695]. Die Verwirkung der Vertragsstrafe hat jedoch keinen Einfluß auf die zu sichernde Forderung, auch bei Zahlung der Vertragsstrafe bleibt der Schuldner zur Begleichung der zugrundeliegenden Forderung verpflichtet[696]. Die Vereinbarung einer Vertragsstrafe ist in der Praxis besonders häufig anzutreffen. Bei der Vereinbarung einer Vertragsstrafe ist darauf zu achten, daß sie in einem angemessenen Verhältnis zu der gesicherten vertraglichen Leistung steht. Das Kreisgericht Hradec Králové hat in einer Entscheidung[697] aus dem Jahr 1996 befunden, daß die Vereinbarung einer Vertragsstrafe von 10.000,- CZK für jeden angefangenen Verzugsmonat zur Absicherung eines Darlehens in Höhe von 30.000,- CZK sittenwidrig und daher nichtig sei. Allgemein anwendbare Erwägungen über das Bestehen eines sittenwidrigen Mißverhältnisses wurden von dem Gericht jedoch nicht angestellt. Die Entwicklung einer Rechtsprechung zur Sittenwidrigkeit ist daher auch im Bereich der Vertragsstrafe noch in ihrem Anfangsstadium.

---

694 Vgl. hierzu auch Bejček, Ekonom 19/1992 S. 56 f., sowie derselbe in Ekonom 30/1993 S. 60 f.; ferner auch Hušek, Obchodní právo 6/1994, S. 2 ff. und Forejt, Právní rádce 1/1993, S. 14 f.

695 § 544 Abs. 2 tBGB.

696 Zutreffend Holeyšovský, Newsletter Praha, S. 105.

697 Soudní rozhledy 5/1996, 119 f.; vgl. auch die obigen Ausführungen unter Teil 1 § 2 A III 3; Die Möglichkeit der gerichtlichen Herabsetzung einer Vertragsstrafe auf ein angemessenes Maß ist in § 301 tHGB ausdrücklich statuiert.

D. Vertragsstrafe

Dritter Teil: Die Verwertung der Sicherungsmittel

§ 1 Liegenschaften

Das tschechische Recht bietet sowohl einen gerichtlichen als auch einen außergerichtlichen Weg zur Verwertung von Grundpfandrechten an. Die gesetzliche Regelung der Verwertung von Sicherungsmitteln ist Gegenstand einer bereits seit einigen Jahren währenden Diskussion[698]. Leider weist die tschechische Rechtsordnung in diesem Bereich besonders viele Lücken auf. Da es sich bei der Verwertung von Sicherungsmitteln um einen für das Kreditsicherungsrecht wichtigen und sensiblen Bereich handelt, soll die derzeitige Diskussion im folgenden ausführlich behandelt werden.

A. Gerichtliche Verwertung

Die gerichtliche Zwangsvollstreckung ist die von der Gesetzessystematik als Grundsatz vorgesehene Art der Verwertung[699]. Eine gerichtliche Verwertung der Pfandsache setzt einen Vollstreckungstitel[700] voraus. Das tschechische Zwangs-vollstreckungsrecht[701] geht grundsätzlich von einer gerichtlichen Entscheidung als Vollstreckungstitel aus[702]. Ein gerichtliches Urteil wiederum setzt die Durchführung eines Erkenntnisverfahrens voraus.

I. Erkenntnisverfahren

Die Voraussetzungen für die Durchführung eines Erkenntnisverfahrens sind in der tZPO geregelt. Allerdings besteht erhebliche Rechtsunsicherheit hinsichtlich einzelner Fragen, da die Vorschriften des materiellen Rechts, des Prozeßrechts und des Zwangsvollstreckungsrechts nicht ausreichend

---

698 Vgl. hierzu Bureš/Drápal, S. 14 ff.; Eliáš, Právní praxe v podnikání 7-8/1995, S. 6 ff., 13 ff.; Holeyšovský, Newsletter Praha, S. 51 f., Knapp, Právní praxe 2/1993, S. 96 ff.; Petrus, Právní praxe 5/1993, S. 295 ff.

699 So auch Bureš/Drápal, S. 14.

700 Bureš/Drápal, S. 14 weisen aus ihrer forensischen Erfahrung allerdings darauf hin, daß in der Praxis oft versucht wird, die Zwangsvollstreckung ohne Titel unter Berufung auf den Wortlaut von § 151f Abs. 1 tBGB einzuleiten. Das ist nicht möglich.

701 §§ 251 ff. tZPO.

702 Weitere Vollstreckungstitel wie Zahlungsbefehl und notarielle Urkunde sind in § 274 tZPO erwähnt und werden im folgenden behandelt.

aufeinander abgestimmt sind[703]. Aufgrund der unzureichenden gesetzlichen Regelung ist u.a. bereits umstritten, wie ein Klageantrag auf Befriedigung aus einem Pfandrecht lauten muß. Ferner ist ebenfalls umstritten, gegen wen sich eine solche Klage zu richten hat, wenn der Schuldner nicht identisch mit dem Eigentümer der Pfandsache ist.

1. Klage

Die Ursache für diese Unklarheit liegt in § 258 tZPO. Nach § 258 Abs. 1 tZPO kann lediglich eine solche Entscheidung vollstreckt werden, die dem Verpflichteten auferlegt, einen bestimmten Geldbetrag zu bezahlen. Eine derartige Vollstreckung erfolgt nach § 258 Abs. 1 S. 2 tZPO durch Abzüge vom Lohn, Überweisung von Forderungen oder dem Verkauf von beweglichen und unbeweglichen Sachen. Der aus einem Grundpfandrecht hervorgehende Anspruch auf Befriedigung aus der Verwertung der Pfandsache ist inhaltlich dem materiellen Recht zufolge ein Duldungsanspruch und daher von einem Zahlungsanspruch klar zu unterscheiden[704]. Es ist daher fraglich, ob der Anspruch auf Befriedigung aus dem Pfandrecht über die in § 258 Abs. 1 tZPO enthaltene Regelung einklagbar ist[705]. Es ist allgemein anerkannt, daß die Klage gegen den Hauptschuldner auf Zahlung eines Geldbetrages nach § 258 Abs. 1 tZPO zu richten ist. Dies gilt auch, wenn der Hauptschuldner zugleich Verpfänder der Liegenschaft ist, da in diesem Falle aus dem erstrittenen Titel auch in das verpfändete Eigentum vollstreckt werden kann[706].

Fraglich und durchaus umstritten ist allerdings, mit welchem Klageantrag gegen einen Verpfänder vorzugehen ist, der nicht mit dem eigentlichen Schuldner identisch ist. Im wesentlichen werden zur Zeit drei Meinungen zu diesem Streitpunkt vertreten[707]. Eine diesen Streit abschließend beseitigende Rechtsprechung hat sich bislang noch nicht heraus-

---

703 Vgl. die Analyse von Bureš/Drápal, S. 16, sowie Eliáš, Právní praxe v podnikání 7-8/1995, S. 6 ff., 14.

704 Zutreffend Eliáš, Právní praxe v podnikání 7-8/1995, S. 6 ff., 14, der sich auf den Befriedigungscharakter des (Grund-)pfandrechts, den Wortlaut von § 151f Abs. 1 und die „klassische Lehre vom Pfandrecht" beruft. Ebenso Fiala, Bulletin advokacie 2/1997, S. 25 ff., 28. Vgl. im deutschen Recht § 1147 BGB.

705 § 258 Abs. 2 tZPO kommt für die Vollstreckung eines Duldungsanspruchs ebenfalls zumindest nicht ausdrücklich nicht in Betracht, da die dort enumerativ aufgezählten Vollstreckungsmöglichkeiten die Verwertung einer Liegenschaft durch Versteigerung nicht vorsehen.

706 Eliáš, Právní praxe v podnikání 7-8/1995, S. 6 ff., 14; Bureš/Drápal, S. 14 f.

707 Vgl. Holeyšovský, Newsletter Praha, S. 51 f., wo Meinungen ohne nähere Bezeichnung der Autoren und auch ohne eigene Stellungnahme wiedergegeben werden.

gebildet[708]. Zunächst wird die Ansicht vertreten[709], der Eigentümer und Verpfänder müsse darauf verklagt werden, die Zwangsvollstreckung in sein Eigentum zu dulden. Gestützt wird diese Ansicht auf eine weite Auslegung von § 258 Abs. 1 tZPO, da die Duldung der Zwangsvollstreckung im Kern für den Pfandgläubiger geldwerten Charakter habe. Andererseits[710] wird befürwortet, daß der Eigentümer und Verpfänder auf Zahlung der gesicherten Forderung verklagt werden müsse, welche dann durch Verwertung der Pfandsache befriedigt wird. Der Klageantrag müsse daher wie folgt lauten:

Der Beklagte wird verurteilt, an den Kläger....CZK... zu zahlen, wobei der Kläger zur Befriedigung seiner Forderung nur aus dem Verkaufserlös der Liegenschaft Nr...berechtigt ist.

Die dritte - weitergehende - Ansicht[711] schließlich argumentiert, daß die Klage einheitlich sowohl gegen den Schuldner als auch gegen den Eigentümer der Pfandsache erhoben werden müsse. Dabei müsse der Klageantrag auf Zahlung eines bestimmten Geldbetrages lauten, wobei jedoch auch die gegenseitigen internen Verpflichtungen von Schuldner und Eigentümer zu berücksichtigen seien:

Die Beklagten werden verurteilt, an den Kläger...CZK....zu zahlen, wobei durch die Leistung des einen die Verpflichtung des anderen im Umfang der geleisteten Zahlung erlischt und ferner der Kläger gegenüber dem Beklagten zu 2)[712] zur Befriedigung seiner

---

708 Auf das Urteil des Obersten Gerichts, Hospodářské Noviny (Wirtschaftszeitung) vom 13. März 1996, S. 13, wird im folgenden näher eingegangen.

709 Diese Meinung vertreten Eliáš, Právní praxe v podnikání 7-8/1995, S. 6 ff., 15 sowie, wenn auch in anderem Zusammenhang, Holeyšovský, Newsletter Praha, S. 11; ferner auch Faldyna/Hušek/Des - Faldyna, S. 29 f., der den Duldungsanspruch gegen den Eigentümer aber mit dem Zahlungsanspruch gegen den Schuldner in einer Klage verbunden wissen will. Eine Begründung gibt Faldyna allerdings nicht. Fiala, Bulletin advokacie 2/1997, S. 25 ff., 28 f. ist der Ansicht, daß der Duldungsanspruch im Ergebnis überhaupt nicht vollstreckbar ist, da weder § 258 Abs. 1 noch Abs. 2 tZPO Anwendung finden könne.

710 Diese Meinung vertreten Bureš/Drápal, S. 17; wohl ebenso, wenn auch nicht ausdrücklich Kopáč, Obchodní Kontrakty, S. 156.

711 Grulich, Právni rádce 11/1996, S. 5 f. hält daher nur ein einheitliches Vorgehen gegen Schuldner und Verpfänder für zulässig. Grulich ist juristischer Mitarbeiter der Bank Haná a.s. und beruft sich auf Gespräche mit Richtern zu diesem Thema. Bureš/Drápal, S. 17, halten ein einheitliches Vorgehen für möglich, aber nicht für zwingend.

712 Mit dem Beklagten zu 2) ist hier der Verpfänder gemeint.

Forderung nur aus dem Verkaufserlös der Liegenschaft Nr...berechtigt ist.[713]

Vorzuziehen ist m.E. die erstgenannte Ansicht, da sie allein das Wesen des Pfandrechts als eigenständigen Duldungsanspruch richtig zu erklären vermag. Darüberhinaus ist sie auch aus Zweckmäßigkeitsgründen in der Praxis vorzuziehen, da ein zusätzliches[714] Vorgehen gegen einen in der Regel unvermögenden Hauptschuldner als überflüssig angesehen werden muß. Im Gegensatz zu Eliáš[715] sollte jedoch eine analoge Anwendung von § 258 Abs. 2 tZPO bevorzugt werden, da der Duldungsanspruch systematisch nicht unter den die Geldforderungen regelnden § 258 Abs. 1 paßt. Es wäre daher erforderlich, die in § 258 Abs. 2 aufgezählten Vollstreckungsmöglichkeiten nicht als abschließende Regelung aufzufassen[716] oder andere Vollstreckungsarten analog anzuwenden.

Eine erste Grundsatzentscheidung zu diesem Themenbereich hat nunmehr das Oberste Gericht getroffen[717]. In diesem Fall hatte es über die Zulässigkeit der Anordnung der Zwangsvollstreckung zu entscheiden. Den Vollstreckungstitel in Gestalt eines Urteils hatte der Vollstreckungsgläubiger gegen seinen persönlichen Schuldner erstritten. Das Eigentum an der zu verwertenden Liegenschaft lag indes in den Händen Dritter, gegen die kein Vollstreckungstitel vorlag. Das drittinstanzlich angerufene Oberste Gericht entschied, daß die Anordnung der Zwangsvollstreckung gegen einen Eigentümer, gegen den selbst kein Vollstreckungstitel vorliegt, unzulässig sei. Damit wurde klargestellt, daß bei fehlender Identität zwischen Kreditnehmer und Verpfänder zur Vollstreckung des Grundpfandrechts jedenfalls auch gegen den Verpfänder ein Vollstreckungstitel erlangt werden muß. Offengelassen wurde in der Entscheidung jedoch zum einen, ob sich die zu erhebende Klage sowohl gegen Schuldner als auch Verpfänder richten muß, oder ob gegen den Verpfänder isoliert vorgegangen werden kann. Zum anderen lassen sich aus der Entscheidung auch keinerlei Hinweise auf die Formulierung des Klageantrages entnehmen. Diese drittinstanzliche Entscheidung und ihre

713 Die Formulierungen stammen von Bureš/Drápal, S. 17.

714 So die Ansicht von Grulich, Právní rádce 11/1996, S. 5 f.

715 Eliáš, Právní praxe v podnikání 7-8/1995, S. 6 ff., 15.

716 Die systematische Richtigkeit der Anwendung von § 258 Abs. 2 tZPO wird von Fiala, Bulletin advokacie 2/1997, S. 25 ff., 28 f. bejaht. Er hält die Aufzählung der Vollstreckungsarten indes für zwingend und will den Duldungsanspruch daher über eine Zwangsgeldauferlegung bis zu 100.000 CZK nach § 351 ZPO vollstrecken. Er räumt jedoch ein, daß dies praktisch unmöglich ist und hält eine Gesetzesänderung für unabänderlich.

717 Vgl. den Bericht in Hospodářské Noviny ("Wirtschaftszeitung") vom 13. März 1996, S. 13.

Besprechung in einer führenden Wirtschaftszeitung[718] veranschaulichen jedoch, wie groß die Rechtsunsicherheit in derartig wichtigen Grundfragen auch heute noch ist[719]. Gleichzeitig wird deutlich, daß die Kreditinstitute mit der Verwertung von Grundpfandrechten äußerst zögerlich umgehen. Nach der häufig anzutreffenden Meinung von Praktikern wird das Risiko eines Fehlschlagens des Verwertungsverfahrens aus rechtlichen Gründen nach wie vor als zu hoch eingeschätzt. Auch die im folgenden dargestellte außergerichtliche Verwertung kann noch keineswegs als gut eingespieltes Verfahren bezeichnet werden.

2. *Zahlungsbefehl*

Auch ein Zahlungsbefehl[720] ist ein Vollstreckungstitel. Dieser kann vom Vorsitzenden Richter im Rahmen seines Ermessens erlassen werden, wenn es sich bei dem zugrundeliegenden Anspruch um eine Geldforderung handelt und der geltend gemachte Anspruch aus dem klägerischen Vortrag hervorgeht. Gegen einen erlassenen Zahlungsbefehl kann der Beklagte innerhalb einer Frist von 15 Tagen Widerspruch einlegen. Der Zahlungsbefehl unterscheidet sich daher vom Mahnbescheid nach deutschem Prozeßrecht darin, daß er einerseits nicht in einem besonderen Verfahren beantragt werden muß und andererseits eine Schlüssigkeitsprüfung durch den Vorsitzenden Richter erfolgt. In der Praxis wird der Zahlungsbefehl häufig in Anspruch genommen[721].

3. *Notarielle Urkunde*

Weitere Vollstreckungstitel sind in § 274 tZPO aufgeführt, u.a. die notarielle Urkunde[722]. Eine solche notarielle Urkunde muß über eine zivilrechtliche Verpflichtung ausgestellt sein, den Berechtigten und den Verpflichteten, den Rechtsgrund, den Gegenstand und den Zeitpunkt der Erfüllung bezeichnen. Ferner muß der Verpflichtete der sofortigen Vollstreckbarkeit

---

718 Und zwar im Jahr 1996, also rund sieben Jahre nach dem Systemwechsel.

719 Diese Unsicherheit wurde erneut durch die Veröffentlichung eines Urteils des Kreisgerichtes Brünn vom 11.11.1996 in Soudní Rozhledy 1/1997 S. 1 bestätigt. Dieses Urteil entspricht inhaltlich der erwähnten Entscheidung des Obersten Gerichtes.

720 § 172 Abs. 1 tZPO.

721 Diese Feststellung beruht auf eigenen Erfahrungen und Gesprächen mit Rechtsanwälten.

722 § 274 e) tZPO; eingehend dazu Bělohlávek/Habertová, Právní rádce 10/1993, S. 13 f., die die notarielle Urkunde als Vollstreckungstitel angesichts der überlasteten Justiz und der häufigen schlechten Zahlungsmoral sehr empfehlen; ebenso Jindřich, Právní rádce 12/1994, S. 48 f., 49.

in der notariellen Urkunde zugestimmt haben. Gegenstand der Vollstreckung kann jede Art von Verpflichtung sein. Die notarielle Urkunde ist als Vollstreckungstitel erst am 1.1.1992 eingeführt worden und von der Praxis zunächst kaum beachtet worden[723]. Es ist jedoch zu erwarten, daß die Bedeutung der notariellen Urkunde als Vollstreckungstitel angesichts der erheblichen Verfahrensdauer vor tschechischen Gerichten schon bald stark zunehmen wird[724].

II. Zwangsvollstreckungsverfahren[725]

Aus einem Grundpfandrecht wird nach § 258 Abs. 1 i.V.m. §§ 335 ff. tZPO durch Verkauf der Liegenschaft vollstreckt. Der Verkauf erfolgt im Rahmen einer vom Richter durchgeführten Versteigerung[726]. Die Versteigerung läßt sich in drei aufeinander folgende Phasen aufteilen:

1. Anberaumungsphase

Nach § 335 Abs. 1 tZPO wird der Verkauf angeordnet, wenn dies von dem Berechtigten beantragt wird, die zu verkaufende Liegenschaft genau bezeichnet ist und nachgewiesen wird, daß der Verpflichtete Eigentümer der Liegenschaft ist. Die Anordnung der Zwangsvollstreckung erstreckt sich auf die Liegenschaft mit ihren Bestandteilen und ihrem Zubehör[727]. Sie enthält ferner das an den Verpflichteten ergehende Verbot, die Liegenschaft zu übertragen oder zu belasten[728]. Nach dem Anordnungsbeschluß erfolgt eine Bewertung der Liegenschaft[729]. Die Bewertung erfolgt durch einen vom Gericht bestimmten Sachverständigen. Der Schätzwert soll sich an dem genauen Wert der Liegenschaft nebst Zubehör orientieren und die bestehenden dinglichen Lasten berücksichtigen[730]. Gegen die Festlegung des Schätzpreises durch das Gericht kann nach §§ 201 ff. tZPO Rechtsmittel eingelegt werden. Nachdem die rechtskräftige Bewertung vorgenommen wurde, ordnet das Gericht einen

---

723 Vgl. Jindřich, Právní rádce 12/1994, S. 48 f., 49. Mikeš, Právní rádce 12/1994, S. 10 f.

724 Diese Vermutung teilt Faldyna/Hušek/Des - Faldyna, S. 20.

725 Eine brauchbare Beschreibung der Zwangsvollstreckung in Grundstücke gibt Kozel in Právní rádce 10/1996, S. 9 ff.

726 § 335a tZPO; die im deutschen Recht in §§ 146 ff. ZVG enthaltene Vollstreckungsart der Zwangsverwaltung kennt das tschechische Recht hingegen nicht.

727 § 335 Abs. 2 tZPO.

728 § 335 Abs. 3 tZPO; der Anordnung kommt daher ebenso wie im deutschen Recht Beschlagnahmewirkung zu, vgl. § 20 Abs. 1 ZVG.

729 §§ 336, 336a tZPO.

730 Kozel, Právní rádce 10/1996, S. 9 ff., 9.

Versteigerungstermin mit einer Frist von mindestens 30 Tagen an[731]. Die Anordnung enthält u.a. den Zeitpunkt und Ort der Versteigerung, die Bezeichnung der Liegenschaft und des Zubehörs sowie des Eigentümers, die Angabe des Schätzwertes, der zugleich das Mindestgebot darstellt und die Höhe der erforderlichen Sicherheitsleistung.

Von erheblicher Bedeutung für den Inhaber eines Grundpfandrechts ist die Situation, daß ein anderweitiger Gläubiger wegen eigener Forderungen die Vollstreckung in die verpfändete Liegenschaft betreibt. In diesem Fall ist der Inhaber des Grundpfandrechts verpflichtet, seine Forderung[732] bei dem Vollstreckungsgericht anzumelden. Ferner muß er nach § 336b Abs. 2 j) tZPO angeben, ob er die Befriedigung seiner Forderung „in bar" verlangt. Wenn er letzteres unterläßt, ist der spätere Ersteigerer berechtigt zu erklären, daß er „die Schuld" übernehme. In diesem Falle ist der Grundpfandrechtsinhaber nicht am Versteigerungserlös beteiligt, sein Grundpfandrecht bleibt vielmehr bestehen. Es handelt sich daher um einen Anwendungsfall des „Übernahmeprinzips". Wenn es nicht zu einer derartigen Schuldübernahme kommt, findet dagegen das „Löschungsprinzip" Anwendung. Es erscheint befremdlich, daß der Gesetzeswortlaut[733] ausdrücklich die „Schuldübernahme" anspricht, anstatt lediglich von der „Übernahme des Grundpfandrechts" zu sprechen. In der Literatur[734] wird daher auch unkritisch für die Anwendung von §§ 531 ff. tBGB plädiert, demzufolge eine Schuld durch Vereinbarung zwischen Schuldner und Übernehmer sowie Zustimmung des Gläubigers übernommen werden kann[735]. Die Anwendung dieser Regelungen über die Schuldübernahme ist an dieser Stelle jedoch verfehlt. Weder liegt eine Einwilligung des Schuldners in eine „Schuldübernahme" vor, noch ist der Wille des Ersteigerers darauf gerichtet, eine fremde Schuld zu übernehmen. Vielmehr erwirbt er die Liegenschaft lediglich in Kenntnis ihrer Belastung durch ein Grundpfandrecht. Der Umfang der zugrundeliegenden Forderung sowie nähere Einzelheiten sind ihm ohnehin in der Regel nicht bekannt.

---

731 § 336b Abs. 1 tZPO.

732 Die Anmeldung der Forderung muß unter Einreichung der entsprechenden Urkunden geschehen, § 336b Abs. 2 i) tZPO; eines gerichtlichen Titels bedarf es für die Anmeldung der Forderung eines Grundpfandrechtinhabers nicht, siehe Bureš/Drápal, S. 20 f.

733 § 336b Abs. 2 j) tZPO.

734 Bureš/Drápal, S. 21; es ist zu betonen, daß es sich bei den Autoren um Richter des Obersten Gerichts handelt, so daß ihre Auffassung für die Praxis von erheblichem Gewicht ist.

735 Vgl. auch die obigen Ausführungen zum Untergang des Grundpfandrechts, Teil 2 § 1 B II 10.

Eine weitere in der Literatur[736] behandelte Frage geht dahin, ob diejenigen Grundpfandrechtsinhaber, deren Forderungen noch nicht fällig sind, berechtigt sind, ihre Forderungen anzumelden und am Versteigerungserlös teilzunehmen. Bureš/Drápal bieten drei theoretische Lösungsmöglichkeiten an:

Einerseits könne das Übernahmeprinzip zur Anwendung kommen, und zwar unabhängig von der Bereitschaft des Ersteigerers zur „Schuldübernahme". Diese Möglichkeit wird indes mit der Begründung abgelehnt, daß dies zu einer praktischen Unverkäuflichkeit der Liegenschaft führe, wenn der Betrag des Grundpfandrechts höher sei als der Schätzwert für die Liegenschaft. Abgesehen davon, daß derartige Praktikabilitätsüberlegungen nicht notwendigerweise stimmen müssen, erstaunt diese Begründung. Offensichtlich wird hier das Interesse des die Vollstreckung betreibenden - ungesicherten - Gläubigers über das Interesse des Grundpfandrechtsinhabers an der Sicherungsfunktion des Grundpfandrechts gestellt.

Andererseits komme in Betracht, das Grundpfandrecht zu löschen, den Ersteigerer aber zu verpflichten, den für das Grundpfandrecht eingetragenen Betrag auf ein verzinsliches Konto bei Gericht einzuzahlen. Bei Eintritt der Fälligkeit solle das Gericht den verzinsten Betrag an den noch nicht vom Schuldner befriedigten Gläubiger auszahlen. Im Falle der Befriedigung sei Zahlung an andere Gläubiger oder an den Schuldner zu leisten[737]. Abgesehen davon, daß der Gesetzeswortlaut für eine derartige Regelung auch nicht ansatzweise herangezogen werden kann, muß sehr bezweifelt werden, daß die Gerichte eine solche Aufgabe wahrnehmen könnten. Ferner trifft auch für diesen Lösungsansatz das obige ablehnende Argument von Bureš/Drápal, die Liegenschaft könne bei niedrigerem Schätzwert als dem Betrag des Grundpfandrechts unverkäuflich werden, zu.

Als dritte Möglichkeit wird schließlich vorgeschlagen, die Fälligkeit der Forderung infolge der Zwangsvollstreckungsmaßnahmen als eingetreten anzusehen. Als Begründung wird auf § 151e Abs. 3 tBGB verwiesen, wonach Fälligkeit der Forderung eintritt, wenn die Sicherung infolge Wertverlustes der Pfandsache unzureichend wird und der Schuldner keine ausreichende weitere Sicherheit bietet. Diese Lösung kann für sich wenigstens in Anspruch nehmen, mit dem gesetzlichen Grundsatz des Löschungsprinzips in Einklang zu stehen. Inhaltlich kann auch hier freilich nicht befriedigen, daß die Sicherungsfunktion des Grundpfandrechts auf

---

736 Bureš/Drápal, S. 22; das Gesetz regelt diese Frage nicht ausdrücklich.

737 Dieser Vorschlag wird von Bureš/Drápal, S. 22, als annehmbar bezeichnet.

diese Weise unterbrochen wird und die Vertragsparteien ohne aktuelles Befriedigungsinteresse zur Verwertung des Grundpfandrechts gezwungen werden.

Als Zwischenergebnis ist festzuhalten, daß diese wichtige Frage im tschechischen Recht bislang nicht befriedigend gelöst worden ist. In der Praxis werden daher in aller Regel nur erstrangige Grundpfandrechte als Sicherheit akzeptiert. Der Sicherungsgeber wird vertraglich verpflichtet, keine weiteren Grundpfandrechte zu bestellen. Befriedigen kann das nicht. Als sachlich angemessene Lösung ist vielmehr das in dem ersten Lösungsansatz erwähnte Übernahmeprinzip als Grundsatz anzuwenden[738]. Das von Bureš/Drapal hiergegen vorgebrachte Argument der Unverkäuflichkeit ist nicht stichhaltig. Bei Vorhandensein umfangreicher Grundpfandrechte sind diese entweder abzulösen oder zu übernehmen. In beiden Fällen findet eine Anrechnung auf den Kaufpreis statt.

2. *Versteigerungsphase*

Kaufinteressenten sind verpflichtet, die Hälfte des Schätzwertes der Liegenschaft als Sicherheit zu hinterlegen[739]. Nach der Hinterlegung der Sicherheitsleistung fordert der Richter gemäß § 336e tZPO zur Abgabe von Geboten auf. Der die Versteigerung leitende Richter sowie der Verpflichtete sind zur Abgabe von Geboten nicht berechtigt[740]. Den Zuschlag erhält der Bieter, der das höchste Gebot abgegeben hat. Sofern mehrere Bieter in gleicher Höhe geboten haben, entscheidet das Los[741]. Allerdings werden Miteigentümer bzw. Inhaber eines dinglichen Vorkaufsrechts vor anderen Bietern bevorzugt. Alle Beteiligten werden sodann gefragt, ob sie gegen die Erteilung des Zuschlags Einwände erheben. Solche Einwände werden in das Versteigerungsprotokoll aufgenommen[742]. Gegen den Zuschlag kann nach § 336k tZPO Rechtsmittel eingelegt werden, sofern der Rechtmittelführer seine Einwände zu Protokoll gegeben hat. Das Eigentum an der versteigerten Liegenschaft erwirbt der Ersteigerer gemäß § 336i tZPO erst mit Zahlung des

---

738 Vgl. zu dem im deutschen Recht Anwendung findenden Übernahmeprinzip, §§ 52 Abs. 1 Satz 1 i.V.m. 44 Abs. 1 ZVG.

739 § 336d tZPO; die Hinterlegung hat entweder in bar oder per Scheck auf das Gerichtskonto zu erfolgen, vgl. auch Kozel, Právní rádce 10/1996, S. 9 ff., 10.

740 § 336f Abs. 3 tZPO führt noch weitere Nichtberechtigte auf, u.a. den Ersteigerer, der im Rahmen einer vorangegangenen Versteigerung den Ersteigerungspreis nicht rechtzeitig gezahlt hat.

741 § 336h Abs. 3 tZPO.

742 § 336h Abs. 1 und 2 tZPO.

Ersteigerungspreises, allerdings mit Rückwirkung zum Zeitpunkt des Zuschlags.

3. Verteilungsphase

Nach der Versteigerung ordnet das Gericht eine Sitzung zur Verteilung des Erlöses an, § 336n tZPO. In dieser Sitzung wird über die Reihenfolge und die Art der Befriedigung der angemeldeten Ansprüche entschieden[743]. Die Reihenfolge der Befriedigung ergibt sich aus § 337 Abs. 1 tZPO[744]:

- Verfahrenskosten (lit a),
- Forderungen aus Hypothekenkrediten, welche zur Deckung des Nennwertes von Hypothekenpfandbriefen dienen (lit b),
- Steuern und Gebühren, sofern sie nach besonderen Vorschriften durch ein vorrangiges gesetzliches Pfandrecht gesichert sind und innerhalb der letzten drei Jahre vor der Versteigerung fällig wurden (lit c),
- Forderungen des vollstreckenden Gläubigers, durch Pfandrechte gesicherte Forderungen, gegebenenfalls durch eine Verfügungsbeschränkung gesicherte Forderungen, Ersatz für Grunddienstbarkeiten, die der Ersteigerer unter Anrechnung auf das höchste Gebot übernommen hat und Ansprüche für Grunddienstbarkeiten, die der Ersteigerer nach dem Ergebnis der Versteigerung nicht übernimmt, insgesamt nach ihrer Reihenfolge (lit d),
- Unterhaltsansprüche (lit e),
- Steuern und Gebühren, die nicht nach lit. b befriedigt wurden (lit f),
- sonstige Forderungen (lit g)
  Wenn gleichrangige Forderungen nicht vollständig befriedigt werden, so werden sie anteilsmäßig befriedigt[745].

Der Wortlaut von § 337 Abs. 1 tZPO ist mißverständlich und hat in der Praxis zu erheblicher Verunsicherung[746] geführt. Zum einen ist festzustellen, daß es keine - wie in lit c ausgeführt - vorrangigen gesetzlichen Steuergrundpfandrechte gibt. Das steuerliche Grundpfandrecht nach

---

743 § 336o tZPO.

744 Im folgenden wird keine wörtliche Übersetzung, sondern lediglich eine singgemäße Aufzählung wiedergegeben.

745 § 337 Abs. 1 S. 2 tZPO.

746 Bureš/Drápal, S. 21.

§ 72 tSteuerverwaltungsG[747] hat nicht eo ipso einen Vorrang vor anderen Grundpfandrechten, sondern fügt sich nach dem Zeitpunkt seiner Entstehung in die Rangordnung bestehender Grundpfandrechte ein. Das steuerliche Grundpfandrecht ist daher mit den sonstigen Grundpfandrechten in der vierten Klasse (lit d) zu befriedigen. Die Regelung einer dritten Klasse (lit c) ist dagegen ohne Anwendungsbereich[748].

Ferner geht aus dem Wortlaut von lit d nicht klar hervor, welche Reihenfolge die einzelnen aufgezählten Forderungen einnehmen. Insbesondere die Voranstellung der - ungesicherten - Forderung des vollstreckenden Gläubigers könnte auf deren Priorität schließen lassen. Das käme jedoch einer praktischen Entwertung der Grundpfandrechte gleich. Im übrigen wird im materiellen Recht[749] die Rangordnung von (Grund-) Pfandrechten gemäß dem Zeitpunkt ihrer Eintragung ausdrücklich vorgeschrieben. Innerhalb der vierten Klasse ist daher auch im Rahmen des Zwangsvollstreckungsrechts eine eigene Rangordnung herzustellen, wobei die zeitlich zuvor bestellten Grundpfandrechte der Forderung des vollstreckenden Gläubigers vorgehen[750].

III. Schutz vor Eingriffen Dritter

Eine wesentliche Frage für den Inhaber von Sicherungsrechten ist, welche Rechte ihm das Zwangsvollstreckungsrecht zum Schutz gegen Eingriffe Dritter in sein Sicherungsrecht gewährt. Im deutschen Recht wird vor allem zwischen der Drittwiderspruchsklage[751] und der Klage auf vorzugsweise Befriedigung[752] unterschieden. Das tschechische Verfahrensrecht kennt in § 267 tZPO eine der Drittwiderspruchsklage entsprechende Möglichkeit für einen Rechtsinhaber, eine Zwangsvollstreckung in eine bestimmte Sache oder ein bestimmtes Recht zu verhindern.
§ 267 tZPO hat folgenden Wortlaut:

---

747 Vgl. die obigen Ausführungen unter Teil 2 § 1 B I 4 d.

748 Mit diesem Ergebnis auch Bureš/Drápal, S. 21 f.; gegen diese Annahme spricht auch nicht § 371 Abs. 2 Satz 3 tZPO. Diese Vorschrift kann nicht als „besondere Bestimmung“ im Sinne des § 332 Abs. 2 tZPO angesehen werden, da sie unter der Überschrift „Schluß- und Übergangsvorschriften“ enthalten ist und daher aus systematischen Gründen keine spezielle Regelung im Vergleich zu § 72 tSteuerverwaltungsG“ darstellt. Ebenso Bureš/Drápal/Mazanec, § 337 tZPO Rn 4.

749 Vgl. § 151c Abs. 1 tBGB.

750 Dies scheint in der rechtswissenschaftlichen Literatur einhellige Auffassung zu sein, vgl. Bureš/Drápal, S. 22; Kozel, Právní rádce 10/1996, S. 9 ff., 11.

751 § 771 ZPO.

752 § 805 ZPO.

„(1) Das Recht an einer Sache, welches die Zwangsvollstreckung nicht zuläßt, kann gegenüber dem Berechtigten mit einem Antrag auf Ausschluß der Sache aus der Zwangsvollstreckung im Verfahren nach dem Dritten Teil dieses Gesetzes geltend gemacht werden.
(2) Mit einem Antrag nach dem Dritten Teil dieses Gesetzes kann ferner das Bestreiten der Echtheit, der Höhe oder der Rangordnung einer der zur Verteilung des Erlöses angemeldeten Forderungen geltend gemacht werden, wenn die Zwangsvollstreckung durch Forderungspfändung oder Verkauf von beweglichen oder unbeweglichen Sachen angeordnet wurde."

Daraus ist zu schließen, daß Abs. 1 seinem Regelungsgehalt zufolge mit der Drittwiderspruchsklage[753] nach deutschem Recht zu vergleichen ist. Der Verweis auf den Dritten Teil der tZPO bezieht sich auf die allgemeinen erstinstanzlichen Verfahrensvorschriften. In § 268 Abs. 1 Buchst. f) tZPO wird angeordnet, daß die Zwangsvollstreckung eingestellt wird, wenn der nach § 267 tZPO geltend gemachte Anspruch rechtskräftig bestätigt wurde. In der Kommentarliteratur wird darauf hingewiesen, daß es sich bei Rechten nach § 267 Abs. 1 in erster Linie um das Eigentum handeln dürfte[754]. Ein Grundpfandrecht stellt dagegen kein Recht im Sinne des § 267 Abs. 1 tZPO dar[755]. Wie oben ausgeführt geht das tschechische Recht grundsätzlich vom Löschungsprinzip aus, so daß eine Befriedigung des Grundpfandrechtsinhabers vorgesehen ist. Selbst im Falle einer ausnahmsweisen Übernahme kommt ein Drittwiderspruchsrecht nicht in Betracht, da in diesem Fall die Sicherungsfunktion fortbesteht.

In § 267 Abs. 2 tZPO wird dagegen inhaltlich - unter anderem - eine der Klage auf vorzugsweise Befriedigung nahekommende Regelung getroffen. Ein Rechtsinhaber und auch der Grundpfandrechtsinhaber haben somit verfahrensrechtlich die Möglichkeit der Geltendmachung ihrer möglicherweise bestehenden vorrangigen Rechte und des Bestreitens der besseren Rechte des Vollstreckungsgläubigers[756].

---

753 In der tschechischen Terminologie „Ausschlußklage", vgl. Bureš/Drápal/Mazanec § 267 Rn 1 tZPO.

754 Faldyna/Hušek zu § 267 tZPO; ebenso Bureš/Drápal/Mazanec § 267 Rn 3, die ferner auch den berechtigten Eigenbesitz nach §§ 129, 130 tBGB erwähnen.

755 Zutreffend Bureš/Drápal/Mazanec § 267 Rn 3 tZPO.

756 Faldyna/Hušek § 267 tZPO; Bureš/Drápal/Mazanec § 267 Rn 6 tZPO.

B. Außergerichtliche Verwertung

Trotz erheblicher Probleme, auf die an späterer Stelle eingegangen wird, stellt die Vereinbarung einer außergerichtlichen Verwertung von Pfandrechten in der täglichen Praxis der Kreditinstitute die häufigste Verwertungsart dar[757]. Die Bevorzugung der außergerichtlichen Verwertung dürfte in erster Linie auf die gegenwärtige erhebliche Überlastung der Gerichte[758] zurückzuführen sein[759]. Nach der zur Zeit geltenden Gesetzeslage ist § 299 Abs. 2 tHGB der Ausgangspunkt für eine außergerichtliche Verwertung. Nach § 299 Abs. 2 Halbsatz 1 tHGB kann eine solche Verwertung durch öffentliche Versteigerung erfolgen. § 299 Abs. 2 Halbsatz 2 eröffnet ferner die Möglichkeit der vertraglichen Vereinbarung einer anderen geeigneten Art der Verwertung[760]. Beide Alternativen setzen die Anwendbarkeit des tHGB voraus[761].

Vor der Durchführung einer außergerichtlichen Verwertung der Pfandsache ist der Pfandgläubiger verpflichtet, den Schuldner und, soweit von dem Schuldner verschieden, auch den Verpfänder auf die drohende Verwertung rechtzeitig hinzuweisen[762]. Eine bestimmte Frist zur Durchführung dieser Mitteilung stellt das Gesetz nicht auf. Insofern muß derzeit auf eine Präzisierung durch die Rechtsprechung gewartet werden[763]. Das deutsche Recht schreibt im Rahmen der Verwertung von beweglichen Pfandsachen eine Frist von einem Monat vor, § 1234 Abs. 2 BGB. Auch im tschechischen Recht könnte diese Frist als Maßstab herangezogen werden. Jedenfalls sollte die Mitteilung so rechtzeitig erfolgen müssen, daß dem Schuldner bzw. Verpfänder die Vornahme geeigneter rechtlicher Schritte zu seinem Schutz ermöglicht wird.

---

757 Holeyšovský, Newsletter Praha, S. 47; von der Praxis aus betrachtet stellt die gesetzlich als Grundsatz vorgesehene gerichtliche Verwertung daher die Ausnahme dar.

758 Vgl. Bělohlavek/Habartová, Právní rádce 10/1993, S. 13 f.

759 Kopáč, Ochodní Kontrakty S. 156; der Abschluß eines erstinstanzlichen Verfahrens dauert derzeit ca. zwei bis drei Jahre.

760 Im deutschen Recht ist eine derartige Vereinbarung einer außergerichtlichen Verwertung dagegen erst nach Eintritt der Fälligkeit der Forderung möglich, vgl. § 1149 BGB, BGH NJW 1995, S. 2635 ff.

761 Zur Anwendbarkeit des tHGB vgl. die Ausführungen unter Teil 1 § 2 A I.

762 § 299 Abs. 2 tHGB sieht das ausdrücklich vor.

763 Dědič - Češková, § 299 tHGB, S. 821, beschränken sich auf die Aussage, daß die Mitteilung „rechtzeitig" erfolgen muß. Dies ergibt sich bereits aus dem Gesetz.

I. Öffentliche Versteigerung

Die Möglichkeit der öffentlichen Versteigerung einer Pfandsache nach § 299 Abs. 2 Halbsatz 1 tHGB ist derzeit einer der meistdiskutierten Streitpunkte im tschechischen Recht überhaupt. Anlaß für die Diskussion ist das Vorliegen einer Gesetzeslücke. Ein Verfahren für die Durchführung dieser außergerichtlichen Versteigerung hinsichtlich einer Liegenschaft ist nämlich nicht geregelt. Dem Parlament liegt bereits ein Gesetzesentwurf zur Entscheidung vor, der u.a. die Versteigerung von beweglichen und unbeweglichen Sachen, an denen ein Pfandrecht besteht, vorsieht. Daher soll im folgenden der bisherige Meinungsstand nur kurz skizziert werden.

Einer Meinung[764] zufolge ist die Durchführung einer öffentlichen Versteigerung von mit einem Grundpfandrecht belasteten Liegenschaften derzeit überhaupt nicht möglich. Mangels einer entsprechenden Verfahrensregelung müsse auf den Erlaß des sich in Arbeit befindlichen Gesetzesentwurfes gewartet werden.

Die entgegengesetzte Meinung[765] will dagegen die Vorschriften über die Versteigerung von beweglichen Sachen sowie über die Versteigerung im Rahmen der Privatisierung[766] entsprechend anwenden, um wenigstens für eine Übergangszeit eine Verwertungsmöglichkeit vorweisen zu können. Gegen eine derartige analoge Anwendung wird wiederum eingewandt, daß diese Regelungen inhaltlich schlichtweg nicht passen und den Besonderheiten des Grundpfandrechts nicht angemessen Rechnung tragen[767]. Die von der zweitzitierten Meinung vorgeschlagene analoge Anwendung hat in der Praxis bislang keine Bedeutung erlangt. Die Kreditinstitute haben sich mit der in § 299 Abs. 2 Halbsatz 2 tHGB vorgesehenen Möglichkeit beholfen[768]. Insofern hat die Praxis den dargestellten Rechtsstreit zugunsten der erstzitierten Meinung entschieden.

---

764 Hierbei dürfte es sich um die herrschende Meinung handeln: Knapp, Právní praxe 2/1993, S. 96 ff.; Faldyna, Právo a podnikání 3/1994, S. 7 ff., 9; Mikeš, Právní rádce 12/1994, S. 10 f., 10; offenlassend dagegen Bureš/Drápal, S. 14 und Holeyšovský, Newsletter Praha, S. 49 f.

765 Kopáč, Obchodní Kontrakty S. 157 f.; derselbe in Právní rádce 5/1993, S. 13 ff.

766 Gesetze 427/1990 und 535/1990; für deren analoge Anwendung spricht sich insbesondere Vácha, Bulletin advokacie 1/1995, S. 29 ff., 38, aus.

767 So insbesondere Knapp, Právní praxe 2/1993, S. 96 ff., der sich heftig gegen eine analoge Anwendung ausspricht.

768 Holeyšovský, Newsletter Praha, S. 49.

II. Verkauf durch Pfandgläubiger auf sonstige geeignete Art

Nach § 299 Abs. 2 Halbsatz 2 tHGB kann der Pfandgläubiger die Pfandsache aufgrund des mit dem Verpfänder abgeschlossenen Vertrages auch auf eine andere geeignete Art verkaufen. Diese extrem kurze gesetzliche Regelung eines von unterschiedlichen Interessen geprägten Kernproblems des Kreditsicherungsrechts hat in der Praxis zu beachtlichen Schwierigkeiten geführt. Dennoch handelt es sich hierbei um das von den Kreditinstituten bevorzugt vereinbarte Verwertungsinstrument[769]. Unsicherheit besteht vornehmlich in der Frage, ob ein freihändiger Verkauf durch den Pfandgläubiger im Namen des Eigentümers und Verpfänders erfolgen muß, oder aber ob der Pfandgläubiger zum Verkauf der Pfandsache im eigenen Namen berechtigt ist[770]. Bei Annahme eines Verkaufs im Namen des Eigentümers wiederum stellt sich die Frage, um welche Art der Vertretung es sich handelt. Im wesentlichen werden die folgenden Meinungen[771] vertreten.

Einerseits wird § 299 Abs. 2 Halbsatz 2 tHGB als gesetzliche Vertretungsbefugnis[772] interpretiert. Ein Verkauf durch den Pfandgläubiger müßte demnach im Namen des Eigentümers erfolgen.

Eine weitere Auffassung interpretiert § 299 Abs. 2 Halbsatz 2 tHGB als Grundlage für eine rechtsgeschäftliche Bevollmächtigung[773]. Auch hier würde eine Veräußerung daher im Namen des Eigentümers erfolgen. Ein wesentlicher Unterschied zur gesetzlichen Vertretungsbefugnis besteht jedoch darin, daß eine rechtsgeschäftliche Bevollmächtigung nach § 33b Abs. 1 lit b) tBGB jederzeit vom Vertretenen widerrufen werden kann. Ein Verzicht auf dieses Widerrufsrecht ist nach § 33b Abs. 3 tBGB nicht möglich[774]. Dies hat zur Folge, daß der verwertende Pfandgläubiger davon abhängig ist, daß der Eigentümer seine Vollmacht nicht widerruft. Im Falle eines Widerrufs bliebe dem Pfandgläubiger lediglich noch die Möglichkeit einer Verwertung auf gerichtlichem Wege.

---

769 Holeyšovský, Newsletter Praha, S. 50.

770 Im deutschen Recht veräußert der Pfandgläubiger im eigenen Namen und mit gesetzlicher Verfügungsbefugnis, vgl. § 1242 Abs. 1 BGB. Dies bezieht sich freilich nur auf das Pfandrecht an beweglichen Sachen.

771 Der Meinungsstand wird von Holeyšovský, Newsletter Praha, S. 49 f. ohne weitere Nachweise dargestellt.

772 So Petrus, Právni praxe 5/1993, S. 295 ff., 297 sowie Vácha, Bulletin advokacie 1/1995, S. 29 ff., 37, unter Berufung auf die allgemeine Regelung der gesetzlichen Vertretung in §§ 23, 26 ff. tBGB

773 Die rechtsgeschäftliche Bevollmächtigung ist in §§ 23, 31ff. tBGB geregelt.

774 Zutreffend Mikeš, Právní rádce 12/1994, S. 10 f., 11.

Eine weitere Meinung[775] weicht stark von den bereits geschilderten Auffassungen ab. Demnach soll es sich bei der Einigung nach § 299 Abs. 2 Halbsatz 2 tHGB um eine Einigung sui generis handeln. Demzufolge wäre der Pfandgläubiger zu einer Veräußerung im eigenen Namen berechtigt und verfügungsbefugt[776]. Diese Meinung muß sich allerdings mit gewichtigen Gegenargumenten auseinandersetzen. Zum einen gibt der extrem kurze Wortlaut des Gesetzes kaum Anhaltspunkte für einen derartig nachhaltigen Eingriff in die Verfügungsbefugnis des Eigentümers über sein verfassungsrechtlich geschütztes Eigentum. Ferner besteht die Gefahr, daß die Pfandsache zum Nachteil des Eigentümers deutlich unter ihrem tatsächlichen Wert verkauft wird[777]. Dem könnte allerdings - wenn auch eingeschränkt - durch eine Korrektur über den Grundsatz der guten Sitten nach § 39 tBGB und gegebenenfalls die Verletzung von Vertragspflichten begegnet werden[778].

Desweiteren treten praktische Schwierigkeiten bei der Eintragung des Erwerbers in das Liegenschaftskataster auf, wenn eine Zustimmung des eingetragenen Eigentümers nicht vorliegt. Das Katasteramt ist nach § 5 tLiegenschaftsEintrG zur Überprüfung der Berechtigung zur Verfügung über die eingetragenen Rechte verpflichtet. Es wird jedoch argumentiert[779], daß die fehlende Zustimmung des Eigentümers durch Vorlage des Pfandvertrages und des Vertrages nach § 299 Abs. 2 Halbsatz 2 tHGB, mit denen die Verfügungsberechtigung des Pfandgläubigers nachgewiesen wird, ersetzt werden kann. Die Pfandreife könne durch eine notarielle

---

775 Diese Meinung vertreten unter Berufung auf den Wortlaut von § 299 Abs. 2 tHGB („kann...verkaufen...wenn rechtzeitig informiert") Eliáš, Právní praxe v podnikání 7-8/1995, S. 6 ff., 14; Dědič - Češková § 299 tHGB S. 821.; Štenglová/Plíva/Tomsa - Štenglová § 299 S. 318; ferner auch grundsätzlich Knapp, Právní praxe 2/1993, S. 96 ff.,102, der eine außergerichtliche Verwertung allerdings insgesamt wegen der fehlenden gesetzlichen Ausgestaltung für nicht durchführbar hält.

776 Dies entspräche der im deutschen Recht verwandten Konzeption einer gesetzlichen Verfügungsbefugnis, § 1242 BGB.

777 Diese Gefahr besteht freilich auch bei Annahme einer gesetzlichen Vertretungsbefugnis.

778 Insbesondere Petrus, Právní praxe 5/1993, S. 295 ff., 301, betont die Bedeutung einer zukünftigen Rechtsprechung zur Ausgestaltung der gegenseitigen Rechte und Pflichten im Falle der außergerichtlichen Verwertung. Dies erscheint insofern widersprüchlich, als er andererseits die gerichtliche Verwertung infolge der Überlastung der Justiz geradezu kategorisch als unpraktikabel ausschließt.

779 Vgl. die Darstellung bei Holeyšovský, Newsletter Praha, S. 50.; Kopáč, Právní rádce 5/1993, S. 15 ff.

Urkunde nach § 5 Abs. 6 des Katastergesetzes[780] nachgewiesen werden, derzufolge der Schuldner auf Aufforderung des Notars keinen Beweis für die Tilgung der gesicherten Forderung oder einen sonstigen Untergang des Pfandrechts vorgelegt habe und daß die Forderung auch nicht auf Anforderung des Notars erfüllt worden sei. Erhebliche Schwierigkeiten treten ebenfalls auf, wenn mehrere Gläubiger durch Grundpfandrechte an der gleichen Liegenschaft abgesichert sind, und einer dieser Gläubiger einen freihändigen Verkauf nach § 299 Abs. 2 tHGB beabsichtigt. In diesem Fall ist noch nicht einmal eine Informationspflicht gegenüber den anderen Grundpfandrechtsinhabern normiert[781]. Es wird zum Teil vertreten, daß auch nachrangige Pfandrechtsinhaber sich durch freien Verkauf der Liegenschaft befriedigen können, ohne zunächst vorrangige Pfandgläubiger zu befriedigen, sofern sich diese nicht an der freien Verwertung beteiligen[782]. Hier besteht tatsächlich ein fast rechtsfreier Raum[783], der eine Durchführung der außergerichtlichen Verwertung kaum möglich erscheinen läßt[784].

Festzuhalten ist daher, daß eine erhebliche Rechtsunsicherheit besteht mit der Folge, daß die Kreditinstitute eine Verwertung ihrer Grundpfandrechte nach Möglichkeit vermeiden und lieber eine einvernehmliche Lösung mit dem Schuldner bzw. Sicherungsgeber suchen. Dies wiederum hat zur Folge, daß die Gerichte mit dieser wichtigen Frage bislang kaum befaßt wurden, so daß auch keine weiterführende Rechtsprechung vorliegt[785].

Für die Zwecke der Kreditinstitute wäre die Annahme einer Einigung sui generis am vorteilhaftesten, da auf diese Weise eine reibungslose Verwertung noch am ehesten gewährleistet wäre. Auch inhaltlich wäre die

---

780 Zákon České národní rady o katastru nemovitostí České Republiky ze dne 7. Května 1992 č. 344/1992 Sb.(Gesetz des Tschechischen Nationalrats über das Liegenschaftskataster der Tschechischen Republik vom 7. Mai 1992, Nr. 344/1992 Slg.), im folgenden „tKatasterG".

781 § 299 Abs. 2 tHGB regelt lediglich eine Pflicht, den Schuldner sowie den Eigentümer von dem bevorstehenden Verkauf zu informieren.

782 So Petrus, Právní praxe 5/1993, S. 295 ff., 298 f.

783 So zutreffend Knapp, Právní praxe 2/1993, S. 96 ff., 102.

784 Um dies zu vermeiden, sehen die Grundpfandrechtsverträge in der Praxis die Regelung vor, daß der Verpfänder nicht zur Bestellung weiterer Grundpfandrechte berechtigt ist. Nach Auffassung von Petrus, Právní praxe 5/1993, S. 295 ff., 299, habe eine derartige Vereinbarung zur Folge, daß die Katasterämter die Eintragung weiterer Grundpfandrechte gemäß § 5 Abs. 1 tLiegenschaftsEintrG verweigern müssen. M.E. kommt einer derartigen Vereinbarung lediglich schuldrechtliche Wirkung zu mit der Folge, daß ein Verstoß zur Schadensersatzpflicht führt.

785 Holeyšovský, Newsletter Praha, S. 51, betont die Notwendigkeit weiterführender Rechtsprechung und des Tätigwerdens des Gesetzgebers.

Annahme einer gesetzlichen Verfügungsbefugnis noch am ehesten mit dem Wortlaut von § 299 Abs. 2 tHGB sowie der Gesamtkonzeption des außergerichtlichen Verkaufs zu vereinbaren. In der bislang herrschenden Praxis behelfen sich die Kreditinstitute damit, in dem Pfandvertrag einerseits möglichst genaue Regelungen für die Verwertung der Pfandsache zu treffen, andererseits für den Fall der Ungültigkeit einzelner Klauseln entsprechende Ersatzklauseln vorzusehen. Im Ergebnis haben einige Kreditinstitute jede der oben angeführten Meinungen in ihren Klauseln dergestalt verarbeitet, daß sie unabhängig davon, welchen Weg zukünftig eine höchstrichterliche Rechtsprechung einschlagen wird, zur Verwertung in der Lage sein werden.

Zur Frage der "Geeignetheit" der Verwertungsart im Sinne des § 299 Abs. 2 Halbsatz 2 tHGB existiert ein Urteil des Stadtgerichts Prag vom 29.11.1993[786]. Der Entscheidung lag der folgende Sachverhalt zugrunde:

> *Die KG A hatte der Firma B ein Grundpfandrecht bestellt. In dem zwischen den Parteien geschlossenen Pfandvertrag war bestimmt, daß B zur Verwertung auf sonstige geeignete Art (§ 299 Abs. 2 Halbsatz 2) berechtigt sein sollte, falls die Forderung nicht ordnungsgemäß bezahlt würde. Bei Verzugseintritt verkaufte B die Liegenschaft aus freier Hand. A stimmte der Eintragung des Erwerbers in das Liegenschaftskataster zu. Dennoch verweigerte das Katasteramt die Eintragung des Erwerbers, da B wegen seines fehlenden Eigentums zur Veräußerung nicht berechtigt sei. Das daraufhin angerufene Gericht bestätigte die Entscheidung des Katasteramtes mit der folgenden Begründung: Auch bei einer Verwertung nach § 299 Abs. 2 Halbsatz 2 tHGB seien nicht lediglich die Interessen des Pfandgläubigers an der Befriedigung seiner Forderung, sondern auch das Interesse des Eigentümers an der Erzielung eines möglichst hohen Kaufpreises sowie sonstiger Gläubiger zu berücksichtigen. Als "geeignete" Verwertungsart könne daher nur ein Verfahren anerkannt werden, das zuvor vertraglich detailliert geregelt sei und den genannten Interessen Rechnung trage.*

Das Gericht führte allerdings nicht näher aus, welche konkreten Regelungen vertraglich getroffen werden müßten, um diese Art der Verwertung durchzuführen. Auch hinsichtlich der Frage, ob in § 299 Abs. 2 tHGB eine gesetzliche Verfügungsbefugnis enthalten ist, äußert sich

---

786 Rozsudek Městského soudu v Praze č.j. 33 Ca 193/1993, gefunden bei Eliáš, Právní praxe v podnikání 7-8/1995, S. 6 ff.; Besprechung auch bei Muzikař, Právní praxe 5/1995, S. 321 ff.

das Urteil nicht ausdrücklich. In der Praxis der Kreditinstitute werden daher verschiedenartige Verwertungsklauseln verwendet. Nicht alle entsprechen den obigen Anforderungen des Gesetzes und der Rechtsprechung. Als Anlage 3 ist dieser Arbeit ein aus der gegenwärtigen Praxis stammender Vertrag beigefügt, welcher in Ziffer 4 die soeben genannten Überlegungen berücksichtigt. Insbesondere wird das Bestreben erkennbar, die verschiedenen Unwägbarkeiten angesichts der derzeitigen Rechtsunsicherheit zu erfassen und dem Kreditgeber alle denkbaren Verwertungsmöglichkeiten zu erhalten[787]. Als Anlagen 4 und 5 ist ein weiterer Grundpfandvertrag nebst Verwertungsvereinbarung beigefügt, der von einem anderen Kreditinstitut verwendet wurde. Hier ist festzustellen, daß nicht alle denkbaren Schwierigkeiten berücksichtigt wurden, die im Falle einer Verwertung einer Liegenschaft auftreten können. So ist insbesondere nicht vorgesehen, daß der Gläubiger die Verwertung der Liegenschaft auch im eigenen Namen vorzunehmen berechtigt ist. Desweiteren erscheint fraglich, ob der von vornherein auf 2/3 des Marktwertes begrenzte Mindestverkaufspreis hinsichtlich des Schuldnerschutzes einer gerichtlichen Überprüfung standhalten würde. Durch die als Anlagen beigefügten Vertragsexemplare wird jedenfalls deutlich, daß sich die Kreditinstitute Wege schaffen, um auch bei den oben dargestellten ungeklärten Rechtsfragen eine Verwertung von bestellten Grundpfandrechten durchführen zu können. Interessant ist es zu sehen, daß dies auf durchaus unterschiedliche Weise erfolgen kann.

III. Zukünftige gesetzliche Regelung

Dem Parlament liegt bereits seit Dezember 1995 ein Gesetzentwurf vor, der die durch § 299 Abs. 2 tHGB bewirkte Gesetzeslücke schließen soll[788]. Es handelt sich hierbei um das "Gesetz über Versteigerungen außerhalb der gerichtlichen Zwangsvollstreckung"[789]. Da in Expertenkreisen mit der baldigen Verabschiedung des Gesetzes gerechnet wird, soll sein Regelungsinhalt hier kurz dargestellt werden:

Der Gesetzesvorschlag regelt öffentliche Versteigerungen zur Befriedigung von Forderungen, die durch Pfandrechte gesichert sind, sowie Versteigerungen auf Antrag des Eigentümers und anderer Personen. Im folgenden soll nur die Versteigerung zur Befriedigung einer durch ein Pfandrecht gesicherten Forderung behandelt werden. Die in dem

787 Der Erfindungsreichtum der Kautelarjurisprudenz in dieser Frage ist insbesondere im Verhältnis zu anderen Rechtsbereichen außergewöhnlich.

788 Die erste Lesung durch das Parlament erfolgte am 5.12.1995.

789 Im folgenden „tVersteigerungsG“.

Gesetzesvorschlag enthaltenen Regelungen lassen sich in folgende drei Phasen aufteilen:

1. Anberaumungsphase

Eingeleitet wird das Verfahren auf Antrag des Pfandgläubigers (§ 2 Abs. 2). Verfahrensvoraussetzung ist zunächst, daß entweder die Voraussetzungen des § 299 Abs. 2 tHGB vorliegen, oder aber der Eigentümer seine notariell beglaubigte Zustimmung zu einer Versteigerung erklärt hat[790]. Eine solche Zustimmung soll der Eigentümer nach § 2 Abs. 2 S. 2 nur mit Zustimmung des Pfandgläubigers widerrufen können. Gegenstand der Versteigerung können sowohl bewegliche als auch unbewegliche Sachen sein[791]. Zur Durchführung sind nur natürliche oder juristische Personen befähigt, die eine entsprechende gewerberechtliche Genehmigung haben[792]. Unmittelbar handelndes Organ ist der sogannte "Lizitator", der die Versteigerung leitet[793]. Vor der Versteigerung muß der Versteigerer eine Bewertung des Versteigerungsgegenstandes durchführen. Bei Immobilien und Unternehmen soll die Bewertung durch ein Sachverständigengutachten erfolgen[794]. Sodann erfolgt eine Ankündigung der Versteigerung durch den Versteigerer[795]. Gegenstand der Ankündigung sind Ort und Zeitpunkt der Versteigerung, die Bezeichnung des Antragstellers, der Gegenstand der Versteigerung, das Mindestgebot usw. Der Verpfänder hat die Möglichkeit, innerhalb von 15 Tagen ab Zustellung der Versteigerungsankündigung die Ungültigkeit des (Grundpfandvertrages sowie Einwendungen und Einreden gegen die Forderung geltend zu machen. Im Falle einer solchen Geltendmachung wird die Versteigerung nicht durchgeführt[796].

---

790 § 2 Abs. 2; nicht geklärt wird hierdurch, ob eine gesetzliche Verfügungsbefugnis gegeben ist.

791 § 3 Abs. 1.

792 Auch "Versteigerer", § 4 Abs. 1.

793 § 4 Abs. 3.

794 § 5 Abs. 1.

795 § 6; zugestellt wird die Ankündigung den Gläubigern, dem Eigentümer, dem Schuldner sowie sonstigen Personen, die an dem Versteigerungsgegenstand dingliche Rechte haben. Hierzu zählen auch Grundpfandrechtsinhaber.

796 § 7 Abs. 3; auf diese Weise kann die Verwertung allerdings ohne weiteres vereitelt werden.

2. *Versteigerungsphase*

Die Versteigerung beginnt mit Verkündung des Ausrufungspreises durch den Lizitator[797]. Der Ausrufungspreis entspricht der Höhe nach dem Mindestgebot und beträgt mindestens die Hälfte des Gegenstandswertes. An der Versteigerung dürfen nach § 8 Abs. 2 weder der Schuldner noch der Versteigerer teilnehmen. Nach dreimaligem Aufruf des höchsten Gebots wird dem Bietenden der Versteigerungsgegenstand zugeschlagen (§ 9). Sofern keine Gebote eingehen, kann der Lizitator, wenn es sich um eine unbewegliche Sache handelt, das Mindestgebot um bis zu 70 Prozent verringern[798]. Gemäß § 11 Abs. 1 ist der Ersteigerer verpflichtet, innerhalb von 15 Tagen seit der Versteigerung die Ersteigerungssumme zu zahlen. Mit Bezahlung wird der Ersteigerer rückwirkend zum Zeitpunkt des Zuschlags Eigentümer[799].

3. *Verteilungsphase*

Frühestens 20 Tage nach der Versteigerung beruft der Versteigerer den Pfandgläubiger, den Eigentümer, den Pfandschuldner und andere Personen, zu deren Gunsten im Liegenschaftskataster ein dingliches oder sonstiges Recht eingetragen ist, zu einer Verteilungssitzung ein[800]. Von dem Versteigerungserlös werden zunächst die Versteigerungskosten abgezogen. Von der verbleibenden Summe werden die Forderungen in der folgenden Reihenfolge befriedigt:

1) Forderungen aus Hypothekenpfandbriefen
2) Forderungen, die durch Pfandrechte gesichert sind[801]
3) Steuern und Abgaben, sofern sie während der letzten drei Jahre vor Durchführung der Versteigerung fällig geworden sind
4) alle anderen angemeldeten Forderungen.

4. *Stellungnahme zum Gesetzesentwurf.*

Es fällt auf, daß der Gesetzesentwurf starke Ähnlichkeit mit der Regelung der gerichtlichen Versteigerung aufweist. Dies ist aus Gründen der

---

797 § 8 Abs. 4; die Versteigerungsphase ähnelt der in der tZPO geregelten gerichtlichen Versteigerung, vgl. die obigen Ausführungen.

798 § 10 Abs. 2.

799 § 11 Abs. 2.

800 § 15; auch die Verteilungsphase ähnelt derjenigen, die in der tZPO geregelt ist.

801 Im Falle der Bestellung mehrerer (Grund-)Pfandrechte geht das jeweils ältere vor.

Vereinheitlichung des Versteigerungsverfahrens zu begrüßen. Vorteil der außergerichtlichen Verwertung wird daher vor allem sein, daß nicht zuvor ein Vollstreckungstitel erstritten werden muß, wodurch sich grundsätzlich ein Zeitvorteil ergeben wird. Wenn allerdings der Verpfänder seine Rechte aus § 7 Abs. 3 tVersteigerungsG wahrnimmt, kann eine gerichtliche Auseinandersetzung nicht vermieden werden. Der Verpfänder kann daher theoretisch bereits aus Verzögerungsgründen das staatliche Gericht anrufen und auf diese Weise eine außergerichtliche Versteigerung verhindern. Insofern bietet sich in Anbetracht der überlasteten Justiz die notarielle Unterwerfungserklärung gemäß § 274 tZPO[802] an, auch wenn hierdurch anfängliche Kostennachteile in Kauf zu nehmen sind.

Ein weiteres Problem liegt in der Befriedigung vorrangiger Gläubiger im Falle der Verwertung durch einen nachrangigen Gläubiger. Der Gesetzesentwurf sieht in § 16 vor, daß der Versteigerungserlös u.a. auf die mit Grundpfandrechten ausgestatteten Gläubiger aufgeteilt wird. Wenn der Versteigerungserlös nicht zur Deckung sämtlicher Forderungen ausreicht, werden die Forderungen gemäß ihrer Rangfolge befriedigt. Es ist jedoch nicht vorgesehen, daß nicht befriedigte Grundpfandrechte erhalten bleiben und von dem Ersteigerer übernommen werden[803]. Der einzige Schutz für vorrangige Gläubiger besteht in dem Mindestgebot[804], das nach § 8 Abs. 4 des Gesetzesentwurfes mindestens die Hälfte des geschätzten Wertes betragen muß. Hier besteht ein wesentlicher Unterschied zum deutschen Recht, welches in § 44 ZVG regelt, daß das geringste Gebot mindestens die dem Anspruch des Gläubigers vorrangigen Rechte sowie die Kosten des Verfahrens abdecken muß. Eine weitere Schutzvorschrift, wenngleich zugunsten des Eigentümers, stellt § 85a Abs. 1 ZVG dar, wonach der Zuschlag zu versagen ist, wenn das Meistgebot einschließlich des Kapitalwertes der bestehenbleibenden Rechte nicht die Hälfte des Grundstückswertes erreicht.

Von einigen der in der tschechischen Republik tätigen Praktiker[805] ist bereits die Befürchtung geäußert worden, daß die außergerichtliche Versteigerung auf Betreiben von nachrangigen Gläubigern bewußt zum Nachteil von vorrangigen Gläubigern ausgenutzt werden könnte. Dies

---

802 Vgl. Teil 3 § 1 A I 3.

803 Insofern unterscheidet sich der Gesetzesentwurf von der gerichtlichen Zwangsvollstreckung, die wenigstens als Ausnahme das Übernahmeprinzip vorsieht, vgl. die obigen Ausführungen unter Teil 3 § 1 A II.

804 Der im Gesetz verwendete Begriff des "nejnížší podání" läßt sich sowohl als "geringstes Gebot" wie auch als "Mindestgebot" übersetzen.

805 Diese Informationen stammen aus dem „Arbeitskreis Hypothekenrecht", der vorübergehend aus Vertretern von Hypothekenbanken und Mitarbeitern der zuständigen Abteilung des Wirtschaftsministeriums gebildet wurde.

könnte etwa unter Einschaltung von Strohleuten, welche als Ersteigerer auftreten, geschehen. Die vorrangigen Gläubiger wären in diesem Fall gezwungen, selbst als Bieter aufzutreten, um ihre Sicherungsrechte an der Liegenschaft zu erhalten. Dies kann ihnen in aller Regel jedoch nicht zugemutet werden. Der Schutz der vorrangigen Gläubiger könnte bereits durch geringfügige Änderungen des Gesetzesentwurfs hergestellt werden. Der im tschechischen Recht gebrauchte Begriff des Mindestgebots müßte auch in Bezug zu dem Umfang der vorrangigen Rechten gesetzt werden. In § 8 Abs. 4 des Gesetzesentwurfs müßte es dann heißen:

> *"Sofern es sich nicht um eine freiwillige Versteigerung handelt, beträgt das geringste Gebot mindestens die Hälfte des geschätzten Wertes des Versteigerungsgegenstandes. Es darf den Umfang der vorrangigen Rechte anderer Gläubiger jedoch nicht unterschreiten."*

Grundsätzlich wäre allerdings auch im Rahmen der außergerichtlichen Versteigerung die Aufnahme des Übernahmeprinzips hinsichtlich bestehender Grundpfandrechte am besten geeignet, um die Interessen der Beteiligten zu gewährleisten.

Insgesamt bleibt es daher äußerst fraglich, ob die Einführung einer außergerichtlichen Verwertungsmöglichkeit für Grundpfandrechte sinnvoll ist. Es ist unverkennbar, daß sowohl in der gerichtlichen als auch der außergerichtlichen Verwertung ähnliche Probleme weiterhin einer gesetzlichen Lösung bedürfen. Da der Vollstreckungsschuldner durch Anrufung des Gerichts die außergerichtliche Verwertung ohne weiteres verhindern kann, sind die in der Praxis geäußerten Hoffnungen auf eine reibungslos funktionierende und schnelle außergerichtliche Verwertung unrealistisch. Nicht zuletzt im Hinblick auf die Bedeutung der Zwangsvollstreckung in Liegenschaften und die Gemengelage der hierbei zu berücksichtigenden Interessen der verschiedenen Beteiligten sollte man sich unter größter Prioritätensetzung auf eine gerichtliche Verwertung konzentrieren. Zu diesem Zweck ist die Lösung der materiellen und personellen Engpässe in der staatlichen Gerichtsbarkeit sowie ein weiteres Tätigwerden des Gesetzgebers unabdingbar.

§ 2 Fahrnis

A. Pfandrechte an beweglichen Sachen als Sicherungsmittel

I. Gerichtliche Verwertung

1. Erkenntnisphase

Im Gegensatz zum deutschen Recht[806] handelt es sich bei dem Pfandrecht an beweglichen Sachen nicht um ein Verkaufspfandrecht. Sofern vertraglich nichts anderes vereinbart ist, muß der Pfandgläubiger daher grundsätzlich zur Verwertung der Pfandsache einen Vollstreckungstitel[807] erwirken.

2. Zwangsvollstreckungsphase

Die Zwangsvollstreckung in bewegliche Sachen erfolgt nach §§ 323 ff. tZPO durch deren Verkauf im Rahmen einer Versteigerung. Ebenso wie die Regelungen über die Versteigerung von Liegenschaften, §§ 335 ff. tZPO, weisen die Vorschriften eine insbesondere im Vergleich zum materiellen Recht hohe Regelungsdichte auf.

a) Anberaumungsphase

Handelndes Organ der Zwangsvollstreckung ist das Gericht. Die Zwangsvollstreckung erfolgt nach § 323 Abs. 1 tZPO auf Antrag des Berechtigten. Durch Anordnung der Zwangsvollstreckung wird dem Verpflichteten verboten, über diejenigen Pfandsachen zu verfügen, die der Berechtigte bereits in seinem Antrag bezeichnet hat[808]. Von der Anordnung der Zwangsvollstreckung wird der Schuldner allerdings erst im Zeitpunkt der Vollstreckung in Kenntnis gesetzt, um den Erfolg der Vollstreckung nicht zu gefährden. Sofern es erforderlich ist, erfolgt vor der Versteigerung eine Durchsuchung der Wohnung des Verpflichteten gemäß §§ 325a, 326 tZPO. In Anbetracht der Ausgestaltung des „Besitzpfandrechts" in der

---

806 Vgl. §§ 1228 Abs. 1 und 1233 Abs. 1 BGB, die einen Privatverkauf des Pfandgläubigers zulassen, allerdings grundsätzlich nur im Rahmen einer öffentlichen Versteigerung, § 383 Abs. 3 Satz 1 BGB.

807 Als Vollstreckungstitel kommen u.a. Urteile, Zahlungsbefehle und notarielle Urkunden in Betracht, vgl. § 274 tZPO sowie die obigen Ausführungen zum Grundpfandrecht, Teil 3 § 1 A I.

808 Den Begriff des Pfändungspfandrechts (vgl. § 804 Abs. 1 ZPO) kennt das tschechische Recht nicht.

Praxis[809] kommt die Durchsuchung der Wohnung durchaus in Betracht, da der Schuldner de facto oft im Besitz der Pfandsache belassen wird. Sodann erfolgt gemäß § 328 tZPO eine Schätzung der in einem Verzeichnis aufgestellten Sachen.

b) Versteigerungsphase

Auch bei beweglichen Sachen erfolgt die Verwertung mittels einer Versteigerung. Die Versteigerung selbst wird nach § 328b Abs. 3 tZPO von einem Gerichtsvollzieher durchgeführt. § 329 Abs. 1 tZPO legt das Mindestgebot auf zwei Drittel des Schätzwertes fest. Den Zuschlag erhält, wer das höchste Gebot abgibt. Bei gleich hohen Geboten entscheidet das Los. Der Ersteigerer ist zur sofortigen Zahlung verpflichtet und erwirbt gemäß § 329 Abs. 3 tZPO mit Zahlung lastenfreies Eigentum.

c) Verteilungsphase

An die Versteigerungsphase schließt sich die Verteilung des erzielten Erlöses an. Sofern die Vollstreckung zur Befriedigung lediglich einer Forderung diente, läßt der Vorsitzende des Senats den erzielten Erlös nach Abzug der Verfahrenskosten an den Berechtigten auszahlen, § 331 Abs. 1 tZPO. Abweichendes gilt dagegen bei Vorliegen mehrerer vollstreckbarer Forderungen. In diesem Fall richtet sich die Reihenfolge der Befriedigung nach dem zeitlichen Eingang des jeweiligen Antrags auf Zwangsvollstreckung[810]. Bei gleichzeitigem Eingang werden die Forderungen anteilsmäßig befriedigt, wenn der Erlös nicht zur Deckung aller Forderungen ausreicht[811]. Forderungen, die durch Pfandrechte gesichert sind, haben gemäß § 371 Abs. 1 tZPO Vorrang vor ungesicherten Forderungen[812]. Die Befriedigungsrangfolge unter den durch Pfandrechte gesicherten Forderungen ergibt sich aus dem materiellen Recht[813]. Ungeklärt ist allerdings, ob auch solche durch Pfandrechte gesicherte Forderungen befriedigt werden, deren Fälligkeit noch nicht eingetreten ist. Eine ausdrückliche gesetzliche Bestimmung existiert nicht[814]. Daraus wird zum Teil geschlossen, daß eine noch nicht fällige Forderung nicht befriedigt werden kann und das für sie bestellte

809 Vgl. die Ausführungen zum Publikationsakt bei der Pfandrechtsbestellung, Teil 2 § 2 A I.

810 § 332 Abs. 1 tZPO.

811 § 332 Abs. 2 tZPO.

812 Vgl. auch Bureš/Drápal, S. 24; die Regelung dieser wichtigen Bestimmung in Teil 8 der tZPO unter der Überschrift „Übergangsbestimmungen" ist verfehlt.

813 Siehe § 151c Abs. 1 tBGB.

814 Vgl. dagegen § 805 Abs. 1 2. Halbsatz ZPO.

Pfandrecht mit dem Versteigerungszuschlag erlischt[815]. Dadurch würde indes das Pfandrecht als Sicherungsinstrument weitgehend entwertet. Es ist daher notwendig, daß auch noch nicht fällige Forderungen, die durch ein Pfandrecht gesichert sind, gemäß ihrer Rangordnung am Befriedigungserlös teilhaben.

3. Klage auf vorzugsweise Befriedigung

Einen verfahrensrechtlichen Schutz für den Pfandgläubiger zur Sicherung seines Befriedigunginteresses sieht das tschechische Prozeßrecht - wenn auch nicht ausdrücklich - in § 267 Abs. 2 tZPO vor[816]. Demnach kann durch Klage u.a. die Richtigstellung der Rangfolge der zur Verteilung des Erlöses angemeldeten Forderungen verlangt werden. Ein Recht auf Ausschluß der Sache von der Zwangsvollstreckung stellt das Pfandrecht dagegen ebensowenig dar wie das Grundpfandrecht[817].

II. Außergerichtliche Verwertung

Die Voraussetzungen für eine außergerichtliche Verwertung von Pfandrechten an beweglichen Sachen sind ebenso wie die Voraussetzungen für die Verwertung von Grundpfandrechten in § 299 Abs. 2 tHGB[818] geregelt:

1. Öffentliche Versteigerung

Nach § 299 Abs. 2 Halbsatz 1 tHGB ist der Pfandgläubiger berechtigt, eine bewegliche Pfandsache, die sich in seinem Besitz befindet oder über die er verfügen darf, im Rahmen einer öffentlichen Versteigerung[819] zu verwerten. Vorher muß er allerdings sowohl den Schuldner als auch den Eigenümer von der bevorstehenden Verwertung in Kenntnis setzen[820]. Im

---

815 So Bureš/Drápal, S. 24 f., ohne auf die Konsequenz der dadurch eintretenden Entwertung der Pfandrechte hinzuweisen. Andere Literaturstimmen zu dieser Konstellation gibt es - soweit ersichtlich - nicht.

816 Vgl. die Übersetzung von § 267 tZPO in Teil 3 § 1 A III.

817 Zur Begründung vgl. die obigen Ausführungen zum Grundpfandrecht.

818 Diese Verwertungsarten setzen freilich die Anwendbarkeit des tHGB voraus.

819 Diese Verwertungart entspricht der im deutschen Recht üblichen Verwertungsart von Pfandrechten durch öffentliche Versteigerung, §§ 1235 Abs. 1 i.V.m. 383 Abs. 3 BGB.

820 Ausdrücklich § 299 Abs. 2 1. Halbsatz tHGB.

Gegensatz zu den Grundpfandrechten gibt es ein Gesetz aus dem Jahre 1950[821], welches die Versteigerung von beweglichen Sachen regelt.

2. Verwertung aufgrund vertraglicher Vereinbarung

Nach § 299 Abs. 2 Halbsatz 2 tHGB können die Parteien des Pfandvertrages auch individuell die Verwertung der Pfandsache regeln. Hier stellen sich im wesentlichen die gleichen Fragen wie bei den Grundpfandrechten, nämlich in wessen Namen der Pfandgläubiger die Pfandsache veräußert und wie ein effektiver Schutz des Eigentümers gewährleistet werden kann[822]. Bei der Verwertung von beweglichen Sachen ist die Frage allerdings nur von theoretischer Bedeutung. Da eine Eintragung in das Liegenschaftskataster nicht erforderlich ist, spielt es in praktischer Hinsicht keine Rolle, von wem der Ersteigerer das Eigentum erwirbt. Wohl aus diesem Grund ist die Frage hinsichtlich beweglicher Sachen von der Literatur nicht gesondert aufgegriffen worden. Ein wichtiger Unterschied[823] zum Grundpfandrecht besteht ferner darin, daß bei Veräußerung beweglicher Sachen ein gutgläubiger Erwerb[824] möglich ist. Auch wenn die vertraglichen Voraussetzungen[825] für einen Verkauf durch den Pfandgläubiger nicht vorliegen, kann der Verpfänder daher sein Eigentum verlieren.

B. Sicherungsübereignung

I. Verwertung

Im Rahmen der Durchsetzung seines Sicherungseigentums wird der Sicherungsnehmer typischerweise versuchen, den Sicherungsgegenstand von dem besitzenden Sicherungsgeber herauszuverlangen, um ihn verwerten zu können. Ein Besitzrecht des Sicherungsgebers besteht gemäß

---

821 Gesetz Nr. 174/1950 Slg.; diese Regelung dürfte allerdings in naher Zukunft durch das neue „Gesetz über die außergerichtliche Versteigerung von beweglichen und unbeweglichen Sachen" abgelöst werden. Auf die obige Darstellung unter Teil 3 § 1 B III wird verwiesen.

822 Im deutschen Recht wird ein freihändiger Verkauf außerhalb von Versteigerungen lediglich bei Gegenständen zugelassen, die einen Börsen- oder Marktpreis haben, vgl. § 1235 Abs. 2 i.V.m. 1221 BGB. Hierdurch wird der Schutz des Eigentümers gegen Verschleuderung gewährleistet.

823 Hierauf weist Kopáč, Právní rádce 5/1993, S. 15 ff. hin.

824 § 446 tHGB; Voraussetzung ist freilich die Anwendbarkeit des tHGB, also das Vorliegen eines Handelskaufs.

825 Z.B. Bedingungen für den Eintritt der Verfügungsbefugnis des Pfandgläubigers.

der - gegebenenfalls auszulegenden - Sicherungsabrede nicht mehr, da der Verwertungsfall eingetreten ist. Sollte der Sicherungsgeber zur Herausgabe nicht bereit sein, so ist der Herausgabeanspruch des Eigentümers[826] von dem Sicherungsnehmer durch Erhebung einer entsprechenden Klage auf Herausgabe geltend zu machen[827]. Wie bereits geschildert[828], bestehen angesichts der fehlenden gesetzlichen Regelungen sowie wegweisender Rechtsprechung nach wie vor erhebliche Irritationen hinsichtlich der Frage, ob überhaupt ein Verwertungsrecht des Sicherungseigentümers besteht. Diese Frage ist nachdrücklich zu bejahen, da andernfalls daß Sicherungseigentum als Sicherungsmittel weitgehend entwertet würde[829].

Freilich ist auch dann noch die Frage nach der Verwertungsart offen. Im deutschen Recht wird allgemein angenommen, daß dem Sicherungsnehmer aufgrund der Sicherungsabrede auch bei fehlenden ausdrücklichen Vereinbarungen das Recht zum freihändigen Verkauf des Sicherungsgegenstandes zusteht[830]. Selbstverständlich hat er unter Befolgung der Sicherungsabrede hierbei die Interessen des Sicherungsgebers zu wahren. Sofern Sicherungsgeber und Schuldner nicht identisch sind, hat der Sicherungsgeber das Recht zur Auslösung des Sicherungsgegenstandes durch Befriedigung des Gläubigers. Ein derartiges Verfahren bietet sich im tschechischen Recht ebenfalls an[831]. Derzeit noch offene Einzelfragen, etwa im Hinblick auf die erforderliche Absicherung des Sicherungsgebers, sind von der Praxis, rechtswissen-schaftlichen Literatur sowie Rechtsprechung zu entwickeln.

---

826 § 126 Abs. 1 2. Halbsatz tBGB.

827 Die Vollstreckung des Herausgabeanspruches richtet sich nach § 258 Abs. 2 und §§ 345 ff. tZPO.

828 Vgl. die obigen Ausführungen zur Entstehung des Sicherungseigentums, Teil 2 § 2 B I.

829 So auch Plíva, Právní praxe v podnikání 3/1997, S. 1 ff., 7, sowie Holeyšovský, Právní rádce 2/1996, 8 ff., 9. Holeyšovský gibt jedoch ausdrücklich zu bedenken, daß bis zu einer gesetzlichen Regelung oder einer wegweisenden gerichtlichen Entscheidung erhebliche Rechtsunsicherheit bestehen wird. In diesem Sinne, wenn auch ohne eigene Stellungnahme zur Verwertungsart Zoufalý, VII. Karlsbader Juristentage, S. 215 ff.

830 Vgl. die Darstellung bei Weber, Kreditsicherheiten, S. 128 f., mit weiteren Nachweisen.

831 Holeyšovský, Právní rádce 2/1996, S. 8 ff., 9; dagegen will Čermák, Bulletin advokacie 3/1997, S. 11 ff., 15. den Sicherungsnehmer verpflichten, einen vollstreckbaren Titel zu erwirken bzw. nach § 299 Abs. 2 tHGB vorzugehen: hierbei wird übersehen, daß der Sicherungsnehmer rechtlicher Eigentümer ist und daher eines Titels nicht bedarf. Kopáč, Obchodní Kontrakty, S. 195, sieht den Sicherungsnehmer als berechtigt an, den Sicherungsgegenstand einzubehalten. Dies schließt eine Veräußerungsbefugnis ein.

II. Schutz vor Eingriffen Dritter

Da der sich im Besitz des Sicherungsgebers befindliche Sicherungsgegenstand keinem Publizitätserfordernis unterliegt, ist für außenstehende Dritte nicht erkennbar, daß der Gegenstand sicherungsübereignet wurde. Für den Sicherungsnehmer ist es daher von besonderer Bedeutung, Eingriffe Dritter in den Sicherungsgegenstand im Rahmen der Zwangsvollstreckung abwehren zu können. Trotz fehlender Rechtsprechung zu dieser Frage kann angenommen werden, daß es sich bei Sicherungseigentum um ein „die Zwangsvollstreckung aus-schließendes Recht" im Sinne des § 267 Abs. 1 tZPO handelt[832]. Die Rechtslage entspräche in diesem Fall der von der herrschenden Meinung im deutschen Recht vertretenen Rechtslage, derzufolge das Sicherungseigentum ein mit der Drittwiderspruchsklage geltend zu machendes Recht darstellt[833].

C. Eigentumsvorbehalt

Dem Eigentumsvorbehalt kommt als Sicherungsmittel der Warenkreditgeber keine eigenständige Befriedigungsfunktion zu. Er dient lediglich als Druckmittel des Verkäufers, um seine Kaufpreisforderung gegenüber dem Käufer durchzusetzen. Diese Sicherungsfunktion ermöglicht es dem Verkäufer, im Falle der Nichtzahlung des Kaufpreises vom Vertrag zurückzutreten[834] und die Herausgabe der Kaufsache zu verlangen. Ebenso wie bei der Sicherungsübereignung erfolgt die gerichtliche Geltendmachung des Vindikationsanspruches aus § 126 Abs. 1 2. Halbsatz tBGB[835] durch Erhebung einer entsprechenden Klage auf Herausgabe der Sachen, auf die sich der Eigentumsvorbehalt erstreckt. Ebenso steht dem Vorbehaltsverkäufer als Schutz vor Eingriffen Dritter in sein Eigentum die Drittwiderspruchsklage nach § 267 Abs. 1 tZPO zu[836].

---

832 Es ist unstreitig, daß das Eigentum ein „die Zwangsvollstreckung ausschließendes Recht" im Sinne des § 267 Abs. 1 tZPO darstellt, vgl. Faldyna/Hušek, § 267 tZPO; Bureš/Drápal/Mazanec, § 267 tZPO. Eine Unterscheidung von Volleigentum und Sicherungseigentum wird nicht vorgenommen.

833 BGHZ 7,111; 12, 234; Baur/Stürner § 57 V 2.

834 Das Rücktrittsrecht ist in § 517 Abs. 1 tBGB bzw. 345 Abs. 1 tHGB geregelt; vgl. auch Mruzek, Ekonom 41/1994, S. 83 f., 84.

835 Vgl. auch Mruzek, Ekonom 41/1994, S. 83 f., 84.

836 Zutreffend auch Mruzek, Ekonom 41/1994, S. 83 f., 84.

D. Zurückbehaltungsrecht

Die Verwertung des Zurückbehaltungsrechts nach §§ 151s ff. tBGB gleicht der gerichtlichen Verwertung von Pfandrechten an beweglichen Sachen. Die Verwertung kann nur aufgrund eines vollstreckbaren Titels durch Zwangsvollstreckung in die zurückbehaltene Sache erfolgen[837]. Die Möglichkeit eines außergerichtlichen Verkaufs durch den Gläubiger besteht auch im Falle einer Vereinbarung zwischen den Parteien nicht, da § 299 Abs. 2 tHGB diese Möglichkeit ausschließlich für das Pfandrecht vorsieht[838]. Es ist zu betonen, daß das Zurückbehaltungsrecht ein Recht auf vorrangige Befriedigung gegenüber etwa bestehenden Pfandrechten verleiht[839].

§ 3 Rechte als Sicherungsmittel

A. Forderungspfandrecht

Bei der Verwertung von Forderungspfandrechten ist zunächst zu unterscheiden, ob es sich um Geldforderungen oder Forderungen auf Herausgabe einer Sache handelt. Handelt es sich um eine Geldforderung, so hat der Pfandgläubiger mit Eintritt der Fälligkeit der verpfändeten Forderung einen unmittelbaren Zahlungsanspruch gegen den Drittschuldner[840]. Voraussetzung ist freilich, daß dem Drittschuldner die Verpfändung mitgeteilt worden ist. Streitig[841] ist allerdings, wie die Zahlung durch den Drittschuldner an den Pfandgläubiger dogmatisch einzuordnen ist. Einerseits wird die Auffassung vertreten, der Pfandgläubiger sei zur

---

837 So Holeyšovský, Newsletter Praha, S. 77.

838 Diese von Kopáč, Obchodní Kontrakty, S. 164, geäußerte Meinung hat den Gesetzeswortlaut für sich. In Anbetracht der sehr ähnlichen Rechtsnatur von Zurückbehaltungsrecht und Pfandrecht wäre freilich zu überlegen, ob § 299 Abs. 2 tHGB nicht entsprechende Anwendung auf die Verwertung des Zurückbehaltungsrecht finden müßte.

839 Das ergibt sich aus § 332 Abs. 2 tZPO i.V.m. § 151u tBGB; vgl. auch Bureš/Drápal, S. 24.

840 Ausdrücklich § 151i Satz 1 tBGB; diese Verwertungsart unterscheidet sich insofern vom deutschen Recht, als nach § 1282 Abs. 1 BGB der Pfandgläubiger Zahlung an sich erst nach Fälligkeit der gesicherten Forderung verlangen darf. Eine derartige Auslegung von § 151i tBGB wird auch von Holeysovsky, Newsletter Praha, S. 67, befürwortet. Sie findet jedoch keinen Anhaltspunkt im Gesetz.

841 Die im folgenden dargestellten Meinungen werden von Holeyšovský, Newsletter Praha, S. 67, ohne nähere Nachweise angeführt.

Annahme der Zahlung mit Erfüllungswirkung berechtigt und müsse lediglich den über sein Sicherungsinteresse hinausgehenden Betrag an den Schuldner auskehren. Einer anderen Meinung zufolge ist jedoch erforderlich, daß der Pfandgläubiger dem Schuldner die Aufrechnung mit der gesicherten Forderung erklären muß, nachdem er die verpfändete Forderung vom Drittschuldner eingezogen hat. Eine unmittelbare Erfüllung soll daher nicht eingetreten sein. M.E. ist die erstgenannte Meinung vorzuziehen, da der Wortlaut von § 151i Satz 1 tBGB keinen Anhaltspunkt für das Erfordernis einer zusätzlichen Aufrechnung bietet. Es ist vielmehr anzunehmen, daß die Leistung durch den Drittschuldner selbst die gesicherte Forderung im Umfang der Zahlung zum Erlöschen bringt. In der Praxis mancher Kreditinstitute wird jedoch vorsichtshalber eine Aufrechnung zur Vereinfachung des Ablaufs von vornherein in den Pfandvertrag aufgenommen[842]. Hierbei dürfte es sich um eine aufschiebend bedingte Aufrechnung handeln, die von der Erfüllung durch den Drittschuldner und dem Eintritt der Fälligkeit der gesicherten Forderung abhängt. Handelt es sich bei der verpfändeten Forderung dagegen um eine Forderung auf Herausgabe einer Sache oder eines anderen Vermögenswertes, so erlischt mit der Übergabe der Sache an den Pfandgläubiger das Forderungspfandrecht und setzt sich als Sachpfandrecht an der Sache selbst fort (Surrogationsprinzip)[843]. Die Befriedigung dieses Pfandrechts richtet sich nach den allgemeinen Vorschriften[844].

B. Sicherungsabtretung

Bei der Verwertung[845] einer sicherungshalber abgetretenen Forderung oder eines Rechts ist keine zwangsweise Vollstreckung erforderlich. Vielmehr ist der Sicherungsnehmer nach Eintritt der gemäß Sicherungsabrede zu bestimmenden Verwertungsreife berechtigt, die an ihn abgetretene Forderung im eigenen Namen geltend zu machen. Die Verwertungsreife wird typischerweise mit Eintritt der Fälligkeit der gesicherten Forderung gegeben sein. Der Sicherungsnehmer hat zwei Möglichkeiten der Verwertung des übertragenen Rechts: Er kann das Recht verkaufen, beispielsweise eine Forderung an eine Factoring-gesellschaft. Er kann die abgetretene Forderung aber auch selbst durch Einforderung vom

---

842 Holeyšovský, Newsletter Praha, S. 67.

843 § 151i Satz 2 tBGB; der Begriff der „Surrogation“ wird in der tschechischsprachigen Literatur allerdings nicht verwandt.

844 Vgl. hierzu die Ausführungen über die Verwertung von Pfandrechten an beweglichen Sachen, Teil 3 § 2 A I und II.

845 In der tschechischen Literatur wurde hierzu - im Gegensatz zur Sicherungsübereignung - bislang nicht ausdrücklich Stellung genommen.

Drittschuldner einziehen. Einen etwaigen Mehrerlös hat er an den Schuldner auszukehren.

§ 4 Personalsicherheiten

Die Verwertung von Bürgschaft und Bankgarantie erfolgt durch Inanspruchnahme des Bürgen bzw. Garanten auf Zahlung. Für den Fall der gerichtlichen Inanspruchnahme ist eine Zwangsvollstreckung wegen Geldforderungen durchzuführen, die sich nach § 258 Abs. 1 i.V.m. §§ 276 ff. tZPO richtet. Als Vollstreckungsmaßnahmen kommen Abzüge vom Lohn[846], Überweisung von Forderungen[847] und der Verkauf von beweglichen und unbeweglichen Sachen[848] in Betracht.

---

846 §§ 276 bis 302 tZPO.
847 §§ 303 bis 319 tZPO.
848 §§ 321 bis 338 tZPO.

Vierter Teil: Die Sicherungsmittel im Konkurs

§ 1 Einführung in das tschechische Konkursrecht

Das tschechische Konkursrecht wird durch das Konkurs- und Ausgleichsgesetz vom 1.10.1991 geregelt. Da es sich um ein für die tschechische Rechtsordnung nach dem Systemwechsel neuartiges Verfahren[849] handelt, besteht bei der Durchführung von Konkursverfahren in der Praxis ein erheblicher Mangel an Erfahrung und somit auch an Rechtssicherheit.

A. Formelles Konkursrecht[850]

Voraussetzung für die Eröffnung eines Konkursverfahrens ist zunächst die Zahlungsunfähigkeit oder die Überschuldung des Schuldners. Zahlungsunfähigkeit liegt vor, wenn der Schuldner mehrere Gläubiger[851] hat und für eine längere Zeit nicht imstande ist, seinen fälligen Verbindlichkeiten nachzukommen[852]. Überschuldung liegt vor, wenn mehrere Gläubiger vorhanden sind und das Vermögen des Schuldners die fälligen Verbindlichkeiten nicht mehr deckt. Der Überschuldungstatbestand findet lediglich bei Unternehmen und juristischen Personen Anwendung[853]. Zuständig für die Betreibung eines Konkursverfahrens ist nach § 3 Abs. 1 und 2 tKonkursG

---

849 Freilich existierte in Tschechien bereits zur Zeit der österreichisch-ungarischen Monarchie eine Konkursordnung aus dem Jahre 1869. Die sozialistische Periode von 1948 bis 1989 stellt insoweit jedoch eine „rechtliche und ökonomische Lücke" dar, wie zutreffend von Munková/Thurner/Bučková S. 1 f. ausgeführt wird. Zur historischen Entwicklung vgl. auch Barák, Právní rádce 3/1993, S. 26 ff., 26.

850 Ausführliche Darstellungen des Konkursverfahrens bieten Munková/Thurner/Bučková, S. 28 ff. sowie Humlová-Ueltzhöffer/Ziebe, WiRO 1993, S. 308 ff. Eine praxisbezogene Darstellung findet sich bei Mlejnková/Modlitbová, VII. Karlsbader Juristentage, S. 74 ff.

851 § 4 Abs. 1 tKonkursG; in der Praxis führt die Voraussetzung des Vorhandenseins mehrerer Gläubiger für die Antragstellung dazu, daß in den einschlägigen Wirtschaftszeitungen weitere Gläubiger durch Inserate gesucht werden.

852 § 1 Abs. 2 Satz 1 tKonkursG.

853 § 1 Abs. 3 tKonkursG; dieser moderne Überschuldungsbegriff unterliegt ausdrücklich dem going-concern-Prinzip und wurde erst durch die Novelle Nr. 94/1996 Slg. eingeführt, vgl. ausführlich Munková/Thurner/Bučková, S. 8.

das Bezirksgericht[854], handelnd durch einen Einzelrichter. Das Konkursverfahren wird auf Antrag entweder des Schuldners oder eines Gläubigers eröffnet. Weitere Voraussetzung für die Eröffnung des Konkursverfahrens ist, daß der Schuldner ein die Kosten des Verfahrens deckendes Vermögen vorweisen kann[855].

Innerhalb von 15 Tagen seit Stellung des Konkursantrages hat der Schuldner die Möglichkeit, nach § 5a tKonkursG eine dreimonatige und auf sechs Monate verlängerbare Schutzfrist[856] bei dem Gericht zu beantragen. Diese Regelung wurde eingeführt, um die in der ČR nach Einführung der "Marktwirtschaft ohne Attribute"[857] drohende Konkurswelle abzufangen. Ihre Wirksamkeit darf jedoch bezweifelt werden, da es einem bereits zahlungsunfähig gewordenen Schuldner kaum möglich sein wird, seine bereits verlorene Zahlungsfähigkeit innerhalb einer relativ kurzen Zeit wieder herzustellen[858]. Weitere im Konkursverfahren auftretende Organe sind der Konkursverwalter[859], die Gläubigerversammlung[860] und der Gläubigerausschuß[861]. Mit Eröffnung des Konkursverfahrens[862] geht die Verfügungsbefugnis des Schuldners auf den Konkursverwalter über[863]. Die Gläubiger müssen ihre Forderungen innerhalb der vom Konkursgericht gesetzten Frist anmelden[864]. Die angemeldeten Forderungen gelten als berechtigt, wenn sie vom Konkursverwalter anerkannt und nicht von anderen Gläubigern bestritten wurden[865]. Im Falle der Nichtanerkennung oder des Bestreitens seiner Forderung kann der Gläubiger Klage gegen den bestreitenden Gläubiger und den Konkursverwalter erheben[866].

---

854 Dies entspricht etwa dem deutschen Landgericht.

855 § 4 Abs. 2 tKonkursG; vgl. hierzu allerdings auch die folgenden Ausführungen unter B II.

856 Vgl. ausführlich zur gegenwärtigen Regelung der Schutzfrist Munková/Thurner/Bučková, S. 33 ff.

857 So die oft gebrauchte Redewendung des ehemaligen Premierminister Václav Klaus.

858 So schon Paulus/Göpfert/Stuna/Zoulík, Konkurs- und Vergleichsrecht in der tschechischen und slowakischen Republik, CS Syst 91 Rn 2a in Breidenbach (Hrsg), Handbuch Wirtschaft und Recht in Osteuropa; ferner auch Barák, Právní rádce 3/1993, S. 26 ff., 27.

859 § 8 tKonkursG.

860 § 10 tKonkursG.

861 § 11 tKonkursG.

862 § 13 tKonkursG.

863 § 14 tKonkursG.

864 § 20 Abs. 1 tKonkursG.

865 § 23 Abs. 1 tKonkursG.

866 § 23 Abs. 2 tKonkursG.

B. Materielles Konkursrecht

I. Verwertung

Die Verwertung des schuldnerischen Vermögens kann durch Versteigerung nach den Vorschriften der Zwangsvollstreckung in der tZPO oder durch freihändigen Verkauf erfolgen[867], letzteres allerdings nur mit Zustimmung des Gerichts und des Gläubigerausschusses und nach Anhörung des Schuldners. Auch das tschechische Konkursrecht[868] kennt Aussonderungs- und Absonderungsrechte. Nach § 28 Abs. 1 tKonkursG haben die Gläubiger von Forderungen, die durch ein Pfandrecht, Zurückbehaltungsrecht oder Sicherungseigentum bzw. Sicherungs-abtretung gesichert sind, ein Recht auf abgesonderte Befriedigung aus dem Verkaufserlös für die Sache. Ab dem Zeitpunkt der Konkurseröffnung ist den Absonderungsgläubigern die individuelle gerichtliche Geltendmachung ihrer Rechte sowie die Durchführung von Vollstreckungsmaßnahmen verwehrt[869]. Aussonderungsgläubiger können nach § 19 Abs. 2 tKonkursG Klage auf Herausgabe der geltend gemachten Sache erheben. Die übrigen Forderungen können in Masseforderungen und Konkursforderungen aufgeteilt werden.

Masseforderungen sind nach § 31 Abs. 2 tKonkursG Forderungen, die nach Konkurseröffnung gegenüber der Masse entstanden sind. Es handelt sich hierbei um Kosten der Verwaltung der Masse, Ansprüche des Konkursverwalters auf Entlohnung und Aufwendungsersatz, Steuern und Abgaben, Ansprüche aus Rechtshandlungen des Konkursverwalters und Ansprüche der Gäubiger aus mit dem Konkursverwalter abgeschlossenen Verträgen[870]. Diese Ansprüche sowie Ansprüche von Arbeitnehmern des Schuldners nach § 31 Abs. 3 tKonkursG werden zunächst aus dem Erlös befriedigt. Die jetzt noch offenen Konkursforderungen werden nach § 32 Abs. 2 tKonkursG in drei Klassen eingeteilt und in der folgenden Reihenfolge befriedigt:

---

867 § 27 Abs. 1 tKonkursG; im Gegensatz zur gerichtlichen Versteigerung kann ein freihändiger Verkauf zu einem geringeren Preis als dem Schätzpreis erfolgen, § 27 Abs. 2 tKonkursG sowie Bureš/Drápal, S. 28.

868 Vgl. zum deutschen Recht §§ 43 ff. KO bzw. § 47 Insolvenzordnung (Aussonderung) und §§ 47 ff. KO bzw. §§ 49 ff. Insolvenzordnung (Absonderung).

869 § 14 Abs. 1 lit c) und e) tKonkursG; sogenannte Prozeß- und Vollstreckungssperre, vgl. auch Munková/Thurner/Bučkova, S. 15.

870 Vgl. § 31 Abs. 2 tKonkursG.

1) Forderungen 1. Klasse

- Ansprüche aus Arbeitsverhältnissen aus den letzten drei Jahren vor Konkurseröffnung
- Rentenversicherungsansprüche
- gesetzliche Unterhaltsansprüche
- Restitutionsansprüche, die auf Entschädigung in Geld gerichtet sind[871]

2) Forderungen 2. Klasse

- Steuern, Gebühren, Zölle und Beiträge zur Sozialversicherung aus den letzten drei Jahren vor der Konkurseröffnung

3) Forderungen 3. Klasse

- alle übrigen Forderungen.

II. Inanspruchnahme von absonderungsberechtigten Gläubigern

Interessant und nicht ohne inhaltliche Widersprüche ist die neu aufgenommene Vorschrift des § 28 Abs. 4 tKonkursG[872]. Danach darf an Inhaber von Absonderungsrechten nach § 28 tKonkursG, falls die übrige Masse nicht zur Deckung der Kosten des Konkursverfahrens ausreicht, höchstens 70 % des Erlöses aus der Verwertung der mit dem Absonderungsrecht behafteten Sache ausgezahlt werden. Der übrige Erlösanteil wird zur Deckung der Verfahrenskosten verwendet. Übrigbleibende Mittel werden sodann wieder vorrangig an die absonderungsberechtigten Gläuber ausgezahlt[873].

Diese Regelung erscheint zum einen fragwürdig, da die Festsetzung des Höchstprozentsatzes von 70 % willkürlich anmutet. Ferner stellt sich die wichtigere Frage, warum überhaupt der Schutz von Gläubigern mit gesicherten Forderungen zugunsten eines massearmen Verfahrens verringert wird. Überspitzt ausgedrückt besagt diese Regelung, daß im Falle einer wider Erwarten nicht kostendeckenden Konkursmasse die Honoraransprüche des Konkursverwalters und die Verwaltungskosten des Staates von den absonderungsberechtigten Gläubigern zu begleichen sind.

---

871 Vgl. § 68 Abs. 2 tKonkursG.
872 Eingeführt durch die Novelle Nr. 94/1996 vom 13. März 1996.
873 §§ 28 Abs. 4 Satz 2 i.V.m. 32 Abs. 1 tKonkursG.

Ein „Konkurs im Konkurs" geht also zu Lasten dieser Gläubiger. Begründen läßt sich diese Regelung auch nicht mit einer gewünschten Besserstellung der ungesicherten Gläubiger im Vergleich zu den gesicherten Gläubigern. Derartige Überlegungen werden gelegentlich zur deutschen Rechtsordnung angestellt, da die Schmälerung des Schuldnervermögens durch die besitzlosen Sicherungsrechte die wesentliche Ursache der großen Zahl der massearmen Konkurse und der daraus folgenden niedrigen Deckungsquote ist[874]. Die vorliegende Regelung dient indes ausschließlich der Deckung der Verfahrenskosten, die Interessen der ungesicherten Gläubiger bleiben unberücksichtigt.

Diese Neuregelung stellt einen erheblichen Eingriff in die Rechtsposition von Gläubigern dar. Von einer Konkursfestigkeit von Absonderungsrechten kann unter diesen Umständen nicht mehr gesprochen werden[875]. Es muß ferner vermutet werden, daß der Anreiz für Kreditinstitute zur Übersicherung der von ihnen gewährten Kredite hierdurch weiter zunehmen wird. Dies wirkt sich gesamtwirtschaftlich schädigend aus, da so die Bereitstellung weiterer Kreditmittel mangels ausreichender freier Sicherheiten abnehmen wird.

III. Gläubigerbenachteiligung

Im Hinblick auf Absonderungsrechte erscheint ferner die in § 14 Abs. 1 f) tKonkursG enthaltene Regelung fragwürdig. Dieser Vorschrift zufolge erlöschen die bestellten Pfandrechte, Sicherungsübereignungen etc., wenn sie sich auf die der Konkursmasse zugehörigen Sachen beziehen und innerhalb von zwei Monaten vor Konkursantragstellung erworben wurden. Erkennbar hatte hier der Gesetzgeber die Vermeidung von Gläubigerbenachteiligung durch ein Handeln des zukünftigen Gemein-schuldners kurz vor Toresschluß im Blickwinkel. Zwar ist dieser Zweck grundsätzlich billigenswert und in den meisten Rechtsordnungen verankert. Dem Gesetzgeber ist jedoch vorzuwerfen, sich mit der in § 14 Abs. 1 f) tKonkursG enthaltenen Regelung ausschließlich auf den Zeitfaktor beschränkt zu haben[876]. Bei der Verhinderung von Gläubigerbenach-teiligungen wäre vielmehr darauf abzustellen, ob der Bestellung von Absonderungsrechten

---

874 Vgl. Drobnig, Gutachten, S. 35.

875 Zutreffend, wenn auch nicht sonderlich kritisch Munková/Thurner/Bučková, S. 20; gänzlich unkritisch die Darstellung bei Bureš/Drápal, S. 29 sowie Steiner, § 28 tKonkursG S.187 f. und Zoulík, § 28 tKonkursG.

876 Weitere Regelungen über die Unwirksamkeit von Rechtshandlungen des Schuldners unter ansatzweiser Berücksichtigung des Kriteriums der Gläubigerbenachteiligung enthalten §§ 15 f. tKonkursG. Unkritisch die Kommentierung bei Steiner § 14 tKonkursG, S. 103.

entsprechende wirtschaftliche Gegenleistungen gegenüberstanden[877]. Unabhängig davon, wieviele Tage vor Konkurs-antragstellung die Bestellung von Pfandrechten etc. erfolgt, kann eine Gläubigerbenachteiligung nicht vorliegen, solange eine wirtschaftlich gleichwertige Gegenleistung erfolgt[878].

IV. Auswirkungen des Zwangsausgleichs auf akzessorische Sicherungsmittel

Aufgrund des Zwangsausgleichs[879] wird der Gemeinschuldner mit Wirkung gegenüber allen Konkursgläubigern von seiner Verbindlichkeit befreit, den Ausfall, den diese durch den Zwangsausgleich erleiden, nachträglich zu ersetzen[880]. In gleicher Weise wird er von seiner Verbindlichkeit gegenüber Bürgen und anderen Rückgriffsberechtigten befreit[881]. Sofern eine akzessorische Sicherheit durch einen vom Schuldner verschiedenen Dritten bestellt wurde, stellt sich die Frage, welche Auswirkungen ein Zwangsausgleich mit dem in Konkurs geratenen Schuldner auf die akzessorischen Sicherungsmittel hat. Bei strenger Anwendung des Akzessorietätsprinzips wäre dem Gläubiger auch die Inanspruchnahme des Sicherungsgebers, z.B. des Bürgen, verwehrt, da dieser sich auf den Wegfall der gesicherten Forderung berufen könnte. Ein solches Ergebnis ist mit der Sicherungsfunktion des Sicherungsmittel nicht in Einklang zu bringen, da sich gerade im Falle der Insolvenz des Schuldners die Werthaltigkeit der Sicherheit zeigt[882]. Ebenso wie das deutsche Recht[883] löst das tschechische Recht diese Frage zugunsten der Sicherungs-funktion: der Gläubiger kann den Sicherungsgeber in vollem Umfang in Anspruch nehmen, letzterer trägt das Insolvenzrisiko[884].

---

877 Drobnig, Gutachten, S. 85 f., befürwortet zwar grundsätzlich eine derartige zeitraumabhängige Regelung, führt jedoch ausdrücklich aus, daß lediglich die Bestellung oder Erweiterung solcher Sicherungsrechte erfaßt werden soll, die „ohne präsente Gegenleistungen eingeräumt werden und lediglich einen zunächst ungesichert gewährten Kredit nachträglich absichern sollen“. Dem ist zuzustimmen.

878 Auf das Kriterium der Gläubigerbenachteiligung stellen auch die deutschen Anfechtungsregelungen ab, vgl. §§ 129 ff. Insolvenzordnung.

879 Vgl. hierzu die ausführliche Darstellung bei Munková/Thurner/Bučková, S. 44 ff.

880 § 42 Abs. 1 Satz 1 1. Halbsatz tKonkursG.

881 § 42 Abs. 1 Satz 1 2. Halbsatz tKonkursG.

882 Drobnig, Gutachten S. 85, spricht von der „Feuerprobe“ für die Sicherungsmittel.

883 Vgl. § 193 S. 2 KO.

884 Ausdrücklich § 41 Abs. 2 tKonkursG.

§ 2 Die einzelnen Sicherungsmittel im Konkurs

A. Grundpfandrecht und Pfandrecht

I. Konkurs des Sicherungsgebers

Das Grundpfandrecht zählt zu den Absonderungsrechten nach § 28 tKonkursG und gewährt einen Anspruch auf abgesonderte Befriedigung aus der mit dem Pfandrecht belasteten Liegenschaft[885]. Das gleiche gilt für das Pfandrecht an beweglichen Sachen sowie das Forderungspfandrecht. Zu einer individuellen Verwertung ist der Pfandgläubiger nicht berechtigt. Er hat die Pfandsache dem Konkursverwalter zur Verwertung zu überlassen[886].

II. Konkurs des Sicherungsnehmers

Der Konkurs des Sicherungsnehmers führt dazu, daß ein von diesem gehaltenes Grundpfandrecht bzw. das Pfandrecht Bestandteil der Konkursmasse werden. Der Verpfänder kann gegenüber dem Konkursverwalter aufgrund seines Eigentums ein Aussonderungsrecht nach § 19 Abs. 2 tKonkursG im Hinblick auf die Pfandsache geltend machen. Aufgrund der durch Konkurseröffnung eintretenden Fälligkeit[887] der gesicherten Forderung ist der Konkursverwalter jedoch befugt, das (Grund)Pfand-recht zur Befriedigung der Forderung verwerten. Eine Herausgabe an den Verpfänder wird daher lediglich gegen Ablösung des Pfandrechts erfolgen.

B. Sicherungseigentum und Sicherungsabtretung

I. Konkurs des Sicherungsgebers

Noch bis Anfang 1996 war unklar, welche Stellung das Sicherungseigentum im Falle des Konkurses des Sicherungsgebers einnimmt. Eine ausdrückliche gesetzliche Regelung existierte bis zu diesem Zeitpunkt

---

885 Das ist unstreitig, vgl. Holeyšovský, Newsletter Praha, S. 56; Kopáč, Obchodní Kontrakty, S. 158; Zoulík, § 28 Anm. 2 a tKonkursG.

886 § 18 Abs. 2 i.V.m. § 6 tKonkursG; vgl. auch Zoulik, § 28 Anm. 5 tKonkursG.

887 Siehe § 14 Abs. 1 g) tKonkursG.

nicht, ebensowenig lag eine einschlägige Rechtsprechung vor[888]. Während in der Literatur einerseits schlichtweg davon ausgegangen wurde, daß es sich bei Sicherungseigentum um ein Absonderungsrecht handele[889], wurde die Einordnung andernorts ausdrücklich offengelassen[890]. Da in der Praxis tschechisches Recht oftmals formalistisch ausgelegt wird, konnte de lege lata nicht ausgeschlossen werden, daß Sicherungseigentum nach formeller Betrachtungsweise doch als vollwertiges Eigentum und somit als Aussonderungsrecht behandelt werden würde.

Dankenswerterweise hat der Gesetzgeber in dieser wichtigen Frage nunmehr Klarheit geschaffen und in § 28 Abs. 4 S. 1 tKonkursG[891] ausdrücklich klargestellt, daß auch das Sicherungseigentum im Falle des Konkurses des Sicherungsgebers ein Recht auf abgesonderte Befriedigung aus der sicherungsübereigneten Sache gewährt[892]. Damit orientiert sich auch das tschechische Recht an der im deutschen Recht vorherrschenden wirtschaftlichen Betrachtungsweise. Dieser Eingriff des Gesetzgebers ist ein Beispiel dafür, daß gezielte Maßnahmen des Gesetzgebers in manchen wichtigen Fragen schnell für Klarstellung und somit zu einer Erhöhung der Rechtssicherheit sorgen können. Allerdings gilt dies auch nur eingeschränkt, da die Definition der Konkursmasse in § 6 tKonkursG - zumindest dem Wortlaut nach - von der formellen Betrachtungsweise ausgeht und somit die formale Eigentümerstellung des Gemeinschuldners voraussetzt[893]. Dies würde bedeuten, daß das wirtschaftliche Eigentum des Sicherungsgebers nicht unter die Konkursmasse fiele. Dies stellt einen offenen Widerspruch zu der Regelung in § 28 Abs. 4 S. 1 tKonkursG dar. Es ist daher eine Auslegung von § 6 tKonkursG erforderlich, die auch das wirtschaftliche Eigentum erfaßt.

II. Konkurs des Sicherungsnehmers

Unklarheit besteht allerdings weiterhin in der Frage, welche Rechtsstellung der Sicherungsgeber im Falle des Konkurses des Sicherungsnehmers innehat, da der Gesetzgeber diesen Fall nicht ausdrücklich geregelt hat. Es

---

888 Diese Gesetzeslücke wurde bereits 1994 von Zoulík, § 28 Anm. 1 tKonkursG kritisiert.

889 Vgl. ohne nähere Begründung Munková/Bučková/Thurner, WiRO 1995, S. 165 ff., 169.

890 Linhart/Daubner, Právní rozhledy 2/1993, S. 37 ff., unter vergleichender Darstellung des deutschen Rechts.

891 Dies geschah durch die Novelle Nr. 94/1996 vom 13. März 1996.

892 Vgl. auch die Besprechung von Holeyšovský in Právní rádce, 7/1996, 10 ff.

893 Vgl. § 6 tKonkursG; hierauf weisen Čermák, Bulletin advokacie 3/1997, S. 11 ff., 16, sowie Holeyšovský, Právní rádce 7/1996, S. 10 ff., 12 zutreffend hin.

ist indes nur konsequent, auch in diesem Fall die wirtschaftliche Betrachtungsweise anzuwenden. Demnach steht dem Sicherungsgeber ein Aussonderungsrecht nach § 19 Abs. 2 tKonkursG zu. Allerdings ist diesbezüglich zu beachten, daß auch nach deutschem Recht dem Sicherungsgeber ein Aussonderungsrecht nur dann gewährt wird, wenn er gegenüber dem Konkursverwalter die zugrundeliegende gesicherte Forderung erfüllt[894].

C. Eigentumsvorbehalt

Ähnlich wie im deutschen Recht ist bei der Beurteilung des Eigentumsvorbehalts im Konkurs zunächst schuldrechtlich zu unterscheiden, ob der zugrundeliegende gegenseitige Vertrag fortbestehen soll, oder ob er infolge des Eintritts des Konkurses einer Vertragspartei beendet wird. § 14 Abs. 2 tKonkursG gewährt den Parteien eines gegenseitigen[895] Vertrages, sofern beide Seiten noch nicht erfüllt haben, im Konkursfall das Recht, vom Vertrag zurückzutreten[896].

I. Konkurs des Vorbehaltskäufers

Sofern beide Parteien an dem Vertrag festhalten, hat der Konkursverwalter die Kaufpreisforderung als Masseschuld zu erfüllen[897]. Sofern der Konkursverwalter oder der Vorbehaltsverkäufer von seinem Recht nach § 14 Abs. 2 tKonkursG Gebrauch macht und von dem Vertrag zurücktritt, steht dem Vorbehaltsverkäufer aufgrund seines vorbehaltenen Eigentums ein Aussonderungsrecht nach § 19 Abs. 2 tKonkursG zu[898].

II. Konkurs des Vorbehaltsverkäufers

Auch in dieser Konstellation ist entscheidend, ob die Parteien sich zur Durchführung des Vertrages entschließen oder von ihrem Rücktrittsrecht Gebrauch machen. Sofern der Vertrag durchgeführt werden soll, bleibt der Vorbehaltskäufer zur Zahlung des Kaufpreises verpflichtet. Bei vollständiger Kaufpreiszahlung erwirbt er das Eigentum und kann die Aus-

---

894 BGH WM 1962, 181 ; Baur/Stürner § 57 VI 2.

895 Zoulik, § 14 Anm. 9 tKonkursG, betont zutreffend, daß es sich um einen synallagmatischen Vertrag handeln muß.

896 Im Gegensatz zum deutschen Recht, § 17 KO, hat demnach nicht nur der Konkursverwalter das Wahlrecht hinsichtlich der Durchführung des Vertrages, sondern auch die andere Vertragspartei kann sich einseitig vom Vertrag lösen.

897 § 31 Abs. 2 e) tKonkursG.

898 Ebenso Steiner, § 28 tKonkursG, S. 186.

sonderung aus der Konkursmasse verlangen[899]. Sofern der Konkursverwalter oder der Vorbehaltskäufer von ihrem Rücktrittsrecht Gebrauch machen, kann der Konkursverwalter die Kaufsache aufgrund des vorbehaltenen Eigentums von dem Vorbehaltskäufer herausverlangen. Die gegebenenfalls bereits geleisteten Kaufpreisraten muß der Vorbehaltskäufer als gewöhnliche Konkursforderungen geltend machen. Im Gegensatz zum deutschen Recht[900] gibt es hierfür keine ausdrückliche Regelung. Aus dem Fehlen einer Regelung kann jedoch im Umkehrschluß gefolgert werden, das es sich bei der Rückforderung um eine gewöhnliche, den allgemeinen Regelungen unterliegende Konkursforderung handeln muß.

D. Zurückbehaltungsrechte

I. Konkurs des Sicherungsgebers

Zurückbehaltungsrechte werden in der tschechischen Rechtsordnung als dingliche Rechte behandelt und gewähren im Konkurs des Schuldners ein Absonderungsrecht[901]. In ihrer Wirkung entsprechen sie daher dem kaufmännischen Zurückbehaltungsrecht gemäß § 369 des deutschen HGB, welches der in § 51 Nr. 3 Insolvenzordnung enthaltenen Regelung zufolge ebenfalls dingliche Wirkung im Falle des Konkurses des Schuldners hat. Sollte neben dem Zurückbehaltungsrecht ein Pfandrecht zugunsten eines Dritten bestehen, so geht das Zurückbehaltungsrecht dem Pfandrecht in der Reihenfolge der Befriedigung vor. Zwar regelt § 151u tBGB diesen Vorrang ausdrücklich nur für die Einzelvollstreckung, es ist im Konkursfall jedoch eine analoge Anwendung vorzunehmen[902]. Zu berücksichtigen ist ferner, daß ein Zurückbehaltungsrecht im Falle des Konkurses des Sicherungsgebers aufgrund der Sonderregelung in § 151s Abs. 3 tBGB auch dann besteht, wenn die Forderung des Sicherungsnehmers noch nicht fällig war und unabhängig davon, ob dem Sicherungsnehmer ein Zurückbehaltungsrecht überhaupt zustehen sollte[903].

---

899 Zum Thema des Eigentumsvorbehalts im Konkurs haben sich bislang allerdings weder Rechtsprechung noch Literatur detailliert geäußert.

900 Vgl. dort § 26 Satz 1 KO bzw. § 107 i.V.m. § 103 Insolvenzordnung.

901 Ausdrücklich § 28 Abs. 1 tKonkursG.

902 So auch Holeyšovský, Newsletter Praha, S. 57; Zoulík, § 28 Anm. 5 tKonkursG.

903 Vgl. die obigen Ausführungen zum Zurückbehaltungsrecht, Teil 2 § 2 D I.

II. Konkurs des Sicherungsnehmers

Dem Sicherungsgeber steht in diesem Fall ein Aussonderungsrecht aufgrund seiner Eigentümerstellung zu. Aufgrund der durch die Konkurseröffnung eingetretenen Fälligkeit[904] der Forderung hat der Konkursverwalter das Recht, die gesicherte Forderung aus dem Zurückbehaltungsrecht zu befriedigen[905].

E. Vermögen

Die am Vermögen des Schuldners bestellten Sicherheiten wie Bürgschaft, Garantie usw. gewähren kein Recht auf abgesonderte Befriedigung. Bei ihnen wird es sich in der Regel um Konkursforderungen dritter Klasse[906] handeln, sofern sie nicht ausnahmsweise in eine andere Kategorie der obigen Rangordnung einzureihen sind.

---

904 § 14 Abs. 1 g) tKonkursG.

905 Das Zurückbehaltungsrecht gewährt einen Anspruch auf Befriedigung durch Verwertung, vgl. Teil 3 § 2 D.

906 § 32 Abs. 2 c) tKonkursG.

Fünfter Teil: Zusammenfassung und Reformvorschläge

§ 1 Zusammenfassung

Das Recht der Kreditsicherheiten in der Tschechischen Republik ist in wichtigen Bereichen von starker Unsicherheit geprägt. Die derzeitige Gesetzeslage muß bei einer Gesamtbetrachtung als unbefriedigend empfunden werden. Das tschechische Recht weist eine sehr geringe Regelungsdichte auf, oft sind nur die Grundstrukturen von Sicherungsinstrumenten geregelt. Das gilt insbesondere für das Grundpfandrecht: Während im deutschen Recht die Hypothek in den §§ 1113 ff. BGB in insgesamt 77 Vorschriften abgehandelt wird, begnügt sich das tBGB mit deren 7, wobei gleichzeitig noch das Pfandrecht an beweglichen Sachen mitgeregelt wird. Es fällt ferner auf, daß einzelne Gesetze nicht hinreichend aufeinander abgestimmt sind. Hierdurch kommt es zu erheblichen Anwendungsschwierigkeiten.

Eine wissenschaftliche Aufarbeitung des geltenden Rechts ist noch im Anfangstadium begriffen. Die wissenschaftliche Literatur begnügt sich oft mit der Wiedergabe des Gesetzeswortlauts. Entscheidende Fragestellungen unterbleiben, weiterführende Gedanken sind selten. Von einer dogmatischen Durchdringung kann insbesondere im Vergleich zu westeuropäischen Rechtsordnungen kaum die Rede sein.

Ein wesentlicher Unsicherheitsfaktor ist die in weiten Teilen fehlende Rechtsprechung. Angesichts der lückenhaften und zum Teil widersprüchlichen Gesetzeslage wäre es umso notwendiger, daß die Gerichte mit Vision und Entscheidungsfreudigkeit Lösungsmöglichkeiten aufzeigten. Dies scheitert jedoch bereits an materiellen und personellen Engpässen innerhalb der staatlichen Gerichtsbarkeit[907].

Vor diesem Hintergrund ist es zu begrüßen, daß bereits seit einigen Jahren eine Expertenkommission mit der Neukodifizierung des gesamten Zivil- und Handelsrechts befaßt ist. Es ist freilich noch nicht abzusehen, wann mit einem ersten Arbeitsergebnis, geschweige denn mit dem Erlaß entsprechender Neukodifikationen zu rechnen ist. Während zunächst damit

---

907 Von den erstinstanzlichen Gerichten wurden nach persönlicher Auskunft von Richtern im Jahr 1997 die Fälle aus den Jahren 1992/3 abgearbeitet, vgl. auch mit ähnlichen Angaben Daubner, RIW 1997, S. 648 ff., 649 Fn 18.

gerechnet[908] wurde, daß die Kommission im Laufe des Jahres 1998 ihre Arbeit beenden werde, scheint sich bereits eine Verzögerung bis ins Jahr 2000 anzudeuten[909]. Auch für die nächsten Jahre wird das Recht der Kreditsicherheiten daher von erheblichen Unsicherheiten geprägt bleiben.

§ 2 Reformvorschläge

In den vorangegangenen Teilen dieser Abhandlung wurden rechtliche Fragestellungen und Probleme des Kreditsicherheitenrechts in der Tschechischen Republik dargestellt, aus denen sich ein Bedürfnis für Reformen ergibt. Hieran anknüpfend werden die folgenden, z.T. bereits ausgeführten Reformvorschläge zusammenfassend skizziert.

A. Allgemeine Reformvorschläge

1. Das Zusammenwirken von tBGB und tHGB muß vereinfacht werden. Die in §§ 261 tHGB ff. enthaltene Abgrenzungsregelung[910] ist zu kompliziert, führt zur Mehrfachregelung vergleichbarer Sachverhalte und wirft stets im Grunde nicht notwendige Anwendbarkeitsfragen auf[911]. Das tHGB sollte sich auf wirkliche Sonderregelungen für Unternehmer beschränken.

2. Erlaß eines Verbraucherkreditgesetzes gemäß EU-Richtlinie[912].

3. Gesetzliche Regelung des Rechts der allgemeinen Geschäftsbedingungen[913].

4. Es ist zu prüfen, ob das Eigentum von Eheleuten weiterhin gemäß §§ 143 ff. tBGB grundsätzlich als Gesamthandseigentum ausgestaltet sein soll. Dies führt zu einer nicht unerheblichen Komplikation im alltäglichen Rechtsverkehr[914].

---

908 Diese Angaben beruhten auf informellen Gesprächen mit tschechischen Rechtsanwälten.

909 So Humlová-Ueltzhöffer, WiRO 1997, S. 290 ff., 291 Fn 14.

910 Vgl. Teil 1 § 2 A I.

911 Siehe auch Jähnke, WiRO 1997, S. 333 ff., 337 f.

912 Vgl. Teil 1 § 2 A IV.

913 Vgl. Teil 1 § 2 A V.

914 Vgl. Teil 1 § 2 B IV 2.

5. Der gutgläubige Erwerb im Liegenschaftsrecht muß erweitert und insbesondere im tBGB verankert werden. Ein aufgrund der Eintragungen im Liegenschaftskataster gutgläubiger Erwerber sollte bereits mit seiner Eintragung Eigentum erwerben[915].

6. Den Grundsatz des „superficies solo cedit" zumindest mittelfristig wieder einführen[916].

7. Das Führen der Liegenschaftskataster sollte in die Hände der unabhängigen Gerichte gelegt werden[917].

8. Die Regelung einer Abschlußgebühr für eine Kreditgewährung in § 499 tHGB ersatzlos streichen, zumindest in eindeutiger Weise formulieren[918].

9. In §§ 503 ff. tHGB sollte die Möglichkeit eines Ausschlusses des vorzeitigen Tilgungsrechts des Kreditnehmers ausdrücklich geregelt werden[919].

10. Die den Wucher betreffende Vorschrift in § 502 Abs. 1 Satz 3 tHGB streichen; eine geltungserhaltende Reduktion ist sachlich nicht gerechtfertigt[920].

11. Die Möglichkeit der Einrede der beschränkten Erbenhaftung nach § 470 Abs. 1 tBGB sollte für den Sicherungsgeber ausgeschlossen werden[921].

12. Die Anzeigepflicht des Schuldners gegenüber dem Zessionar zur Erhaltung der Aufrechnungsmöglichkeit in § 529 Abs. 2 tBGB ersatzlos streichen[922].

13. In § 524 Abs. 1 tBGB klarstellen, daß und unter welchen Voraussetzungen zukünftige Forderungen abgetreten werden können[923].

---

915 Vgl. Teil 1 § 2 D II 3 sowie Teil 1 § 2 B III.
916 Vgl. Teil 1 § 2 D III 2.
917 Vgl. Teil 1 § 2 D II 1.
918 Vgl. Teil 1 § 2 A III.
919 Vgl. Teil 1 § 2 A III 1.
920 Vgl. Teil 1 § 2 A III 3.
921 Vgl. Teil 2 § 1 B IV.
922 Vgl. Teil 1 § 2 C.
923 Vgl. Teil 2 § 3 C II.

In § 524 Abs. 2 tBGB klarstellen, daß lediglich die akzessorischen Sicherungsrechte mit Abtretung der Forderung auf den Zessionar übergehen[924].

14. § 574 Abs. 2 tBGB entweder ersatzlos streichen oder im Wortlaut konkreter und enger fassen[925].

15. Eine dem deutschen § 776 BGB entsprechende Regelung sollte in das tBGB eingeführt werden. Bei einem Verzicht des Gläubigers auf ein Sicherungsrecht sollte sich auch der Haftungsumfang der übrigen Sicherungsgeber vermindern[926].

16. Die Frage des Sicherungsausgleichs bei mehreren Sicherungsgebern im Sinne einer entsprechenden Anwendung der Vorschriften über die Gesamtschuldnerschaft ausdrücklich regeln[927].

17. § 258 tZPO derart formulieren, daß ein Titel auf Duldung der Zwangsvollstreckung durch Verwertung der Pfandsache vollstreckbar ist[928].

18. In den §§ 336 b ff. tZPO das Löschungsprinzip durch das Übernahmeprinzip als Grundsatz zu ersetzen[929].

19. In § 337 Abs. 1 tZPO der Gesetzeswortlaut dahingehend präzisieren, daß die Forderung des vollstreckenden Gläubigers nachrangig gegenüber bereits bestehenden Pfandrechten zu befriedigen ist[930].

20. In § 14 Abs. 1 f) tKonkursG die tatsächliche Gläubigerbenachteiligung als weitere Voraussetzung für die Ungültigkeit der Pfandrechtsbestellung aufführen[931].

21. § 28 Abs. 4 tKonkursG streichen[932].

---

924 Vgl. Teil 2 § 1 B III 2.
925 Vgl. Teil 2 § 3 C II.
926 Vgl. Teil 2 § 1 B II 4.
927 Vgl. Teil 2 § 4 A III 3 b.
928 Vgl. Teil 3 § 1 A I 1.
929 Vgl. Teil 2 § 1 B II 9 sowie Teil 3 § 1 A II 1.
930 Vgl. Teil 3 § 1 A II 3.
931 Vgl. Teil 4 § 1 B III.
932 Vgl. Teil 4 § 1 B II.

22. Im Rahmen der Verwertung von Liegenschaften sollte die Einführung einer Zwangsverwaltung entsprechend §§ 146 ff. ZVG erwogen werden[933].

B. Einzelne Sicherungsmittel

I. Grundpfandrecht

1. Die derzeitigen Bestimmungen über das Grundpfandrecht bedürfen einer umfassenden Neuregelung. Die Regelung des Grundpfandrechts sollte von der Regelung über das Pfandrecht an beweglichen Sachen getrennt werden. Im einzelnen bedarf es u.a. der ausdrücklichen Regelung von Rangänderungsverträgen, der Einführung von Rangvorbehalt und Vormerkung[934] sowie der Einführung einer Briefhypothek, Sicherungshypothek und Eigentümerhypothek[935].

2. Es ist zu erwägen, das Sicherungsinstrument der Sicherungsgrundschuld zusätzlich einzuführen[936].

3. Die Sonderregelungen über das Grundpfandrecht des Arbeitgebers und der Erbengemeinschaft streichen, da diese Tatbestände keiner gesonderten Regelung bedürfen[937].

4. Das richterliche Grundpfandrecht in § 338a und § 338b tZPO so ausgestalten, daß es zu seiner Bestellung einer konstitutiven Eintragung in das Liegenschaftskataster bedarf[938].

5. Auch das steuerliche Grundpfandrecht sollte nur durch konstitutive Eintragung zur Entstehung gelangen. Ferner das in § 72 Abs. 4 Satz 2 tSteuerverwaltungsG enthaltene Verfügungsverbot streichen, da eine ausreichende Sicherung durch den Rang des Grundpfandrechts gewährt wird[939].

---

933 Vgl. Teil 3 § 1 A II.
934 Vgl. Teil 1 § 2 D II 4 und 5.
935 Vgl. Teil 2 § 1 A I.
936 Vgl. Teil 2 § 1 A I.
937 Vgl. Teil 2 § 1 B I 3 a und b.
938 Vgl. Teil 2 § 1 B I 3 c.
939 Vgl. Teil 2 § 1 B I 3 d.

6. In § 151d Abs. 2 tBGB sollte das derzeitige Verhältnis von Grundsatz und Ausnahme umgekehrt werden. Der gutgläubige Erwerb sollte mit Wirkung inter omnes eintreten[940].

7. Die Auswechslung und die Abtretung einer durch ein Grundpfandrecht abgesicherten Forderung ausdrücklich von einer entsprechenden Eintragung in das Liegenschaftskataster abhängig machen[941].

8. Hinsichtlich des gutgläubigen Erwerbs eines Grundpfandrechts sollte eine dem § 1138 BGB entsprechende Regelung aufgenommen werden[942].

9. Das System von Einwendungen und Einreden bedarf einer ausdrücklichen Regelung, gegebenenfalls eines ausdrücklichen Verweises auf das Bürgschaftsrecht[943].

10. Die Möglichkeit der außergerichtlichen Verwertung von Liegenschaften sollte kritisch überdacht werden. Der Herstellung einer praktisch durchführbaren gerichtlichen Verwertung sollte Vorrang eingeräumt werden[944].

II. Pfandrecht an beweglichen Sachen

Es sollte eine gesetzliche Klarstellung erfolgen, daß es sich dem Grundsatz nach um ein Besitzpfandrecht handelt. Die in § 151b Abs. 4 tBGB enthaltene Kennzeichnungspflicht streichen[945].

III. Sicherungsübereignung

1. Die Sicherungsübereignung bedarf einer ausdrücklichen und ausführlichen Regelung. Insbesondere ist darauf zu achten, daß auch Nebengesetze wie z.B. steuerrechtliche Vorschriften das Rechtsinstitut des Sicherungseigentums anerkennen[946].

---

940 Vgl. Teil 2 § 1 B II 7.
941 Vgl. Teil 2 § 1 B III 1 und 2.
942 Vgl. Teil 2 § 1 B IV.
943 Vgl. Teil 2 § 1 B III 4.
944 Vgl. Teil 3 § 1 B III 4.
945 Vgl. Teil 2 § 2 A I 4.
946 Vgl. Teil 2 § 2 B I.

2. Die Bestellung von Sicherungseigentum sollte auch zur Absicherung von zukünftigen Forderungen ermöglicht werden[947].

3. § 553 tBGB dahingehend ändern, daß die Bestellung des Sicherungseigentums auch durch eine vom Schuldner verschiedene Person ermöglicht wird[948].

IV. Eigentumsvorbehalt

Die möglichen Erweiterungsformen des Eigentumsvorbehalts gesetzlich im Grundsatz als zulässig ausweisen[949].

V. Bürgschaft

1. Das Bürgschaftsrecht im tBGB einheitlich regeln. Sonderbestimmungen für Unternehmerverhältnisse in das tHGB aufnehmen[950].

2. Das System von Einwendungen und Einreden ausdrücklich und umfassend regeln. Das gilt insbesondere auch für das Anfechtungsrecht[951].

3. Anstelle der derzeitigen Regelung der Aufrechnung als eigenständigem Recht des Bürgen in § 306 Abs. 2 tHGB eine dilatorische Einrede der Aufrechenbarkeit für Forderungen des Hauptschuldners aufnehmen[952].

4. § 550 tBGB in eine cessio legis für den Fall der Leistung durch den Bürgen umgestalten[953].

5. In das tBGB eine ausdrückliche Regelung aufnehmen, daß Mitbürgen untereinander wie Gesamtschuldner haften[954].

6. Auf das Schriftformerfordernis der Bürgschaft nach § 303 tHGB im kaufmännischen Verkehr sollte verzichtet werden[955].

---

947 Vgl. Teil 2 § 2 B II 1.
948 Vgl. Teil 2 § 2 B II 2 a.
949 Vgl. Teil 2 § 2 C III.
950 Vgl. Teil 2 § 4 A I.
951 Vgl. Teil 2 § 4 A II 1 d und III 2.
952 Vgl. Teil 2 § 4 A III 2.
953 Vgl. Teil 2 § 4 A II 2 b.
954 Vgl. Teil 2 § 4 A II 2 b.
955 Vgl. Teil 2 § 4 A III 1 b.

Anlage 1

KOMERČNÍ BANKA A.S.

ALLGEMEINE KREDITBEDINGUNGEN DER KOMERČNÍ BANKA A.S.

I. Die Komerční banka a.s. (im Folgenden nur "Bank") und der Schuldner einigen sich über sämtliche Angelegenheiten eines Kreditvertrages. Der Kreditvertrag wird durch die Unterschriften der Vertreter der Vertragsparteien bestätigt, welche zu dieser Rechtshandlung gesetzlich berechtigt sind. Änderungen einzelner Teile des Kreditvertrages werden durch Ergänzungen durchgeführt, die unter Bezugnahme auf das zugrundeliegende Aktenzeichen mit fortlaufenden Ziffern nummeriert werden oder durch Ausfertigung eines neuen Kreditvertrages mit neuem Aktenzeichen. Ein Antrag auf Änderung des Kreditvertrages kann gestellt werden, wenn sich die Bank und der Schuldner über alle Angelegenheiten des Vertrages geeinigt haben, welche von der beantragten Änderung berührt werden. Beide Parteien vereinbaren dabei jedenfalls, auf welche Art die Änderung im Kreditvertrag durchgeführt wird. Die Gültigkeit der Vertragsergänzung bestätigen die Parteien mit ihrer Unterschrift. Durch eine Ergänzung des Kreditvertrages kann keine solche Änderung durchgeführt werden, mittels derer es zu einer Erhöhung der vereinbarten Gesamthöhe des Kredits oder zu einer Änderung des Verwendungszweckes kommen würde. Solche Änderungen werden immer durch Abschluß eines neuen Kreditvertrages vorgenommen.

Als Erhöhung des Kredits wird nicht eine eventuelle Erhöhung des Vertrages angesehen, die aus einer Zusammenfassung verschiedener Gebühren bei Krediten verschiedener Quellen aus zwischenbanklichen Beziehungen stammen.

II. Die Bank ist berechtigt, die Bonität des Schuldners, dem sie den Kredit gewährt hat, die Bonität seines Bürgen, die Qualität der Sicherung wie auch weitere Tatsachen zu überprüfen und zu bewerten, welche eine Gefährdung der Kreditrückzahlung als Folge haben können. Desweiteren ist die Bank zur Überprüfung berechtigt, ob der Kredit zum vereinbarten Zweck verwendet wurde.

Der Schuldner verpflichtet sich:

1. Der Bank Buchhaltungs- und statistische Unterlagen vorzulegen. Sofern der Schuldner eine einfache Buchhaltung führt, legt er die Unterlagen vor, welche bei dieser Art Form der Buchhaltung gebräuchlich sind. Der

Schuldner ist weiterhin verpflichtet, etwaige weitere Unterlagen vorzulegen, und zwar im Umfang und zu den Fristen, welche im Kreditvertrag vereinbart sind. Dabei ist die Bank berechtigt, die Vorlage weiterer erforderlicher Unterlagen zur Überprüfung der Zweckmäßigkeit und Rückzahlbarkeit des Kredits zu verlangen und die Glaubhaftigkeit der vorgelegten Angaben und weiterer Tatsachen direkt beim Schuldner zu überprüfen. Die Bank ist berechtigt, eine aktualisierte Bewertung der Pfandsache zu verlangen.

2. Unverzüglich die Bank über alle Tatsachen zu informieren, welche als Folge eine Gefährdung der Kreditrückzahlung einschließlich der Erfüllung der Verpflichtungen gegenüber der staatlichen Buchhaltung und Verwaltungsbehörden, gegebenenfalls eine Änderung der vereinbarten Bedingungen des Kreditvertrags haben können. Insbesondere wird er der Bank immer dann eine Aktualisierung des Finanz- und Rentenausblicks vorlegen, wenn es zu einer Änderung von Voraussetzungen kommt, unter denen der Kreditvertrag abgeschlossen wurde.
3. Informationen über seine sämtlichen Konten bei anderen Geldinstituten oder bei anderen Filialen der KB während der gesamten Zeitdauer der Vertragsbeziehung zur Verfügung zu stellen.
4. Über Verbindlichkeiten (Kredite, Garantien und ähnliches) zu informieren, welche er Dritten gegenüber eingegangen ist.
5. Etwaige Änderungen der Forderungssicherung nur nach Vereinbarung mit der Bank durchzuführen.

III. Im Verlauf der Erfüllung der Vertragsbeziehung führt die Bank eine Kontrolle durch und bewertet die Erfüllung der Kreditvertragsbedingungen, wobei diese Bewertung bei mittelfristigen und langfristigen Krediten mindestens einmal jährlich durchgeführt wird. Der Schuldner ermöglicht den dazu berechtigten Mitarbeitern der Bank im Verlauf der Vertragsbeziehung den Besuch der im Zusammenhang mit seiner unternehmerischen Tätigkeit stehenden Räume sowie den Zugang zu Buchhaltungsunterlagen und Verzeichnissen.

Im Falle der Nichterfüllung der Vetragsbedingungen und im Falle des Vorgehens nach den Vorschriften der Ziffer IV. der Allgemeinen Geschäftsbedingungen nimmt die Bank diese Bewertung immer schriftlich vor, wobei sie die Bewertung dem Schuldner in beweisfähiger Art aushändigt. Andere Maßnahmen als solche, welche im Kreditvertrag oder in den Allgemeinen Geschäftsbedingungen angeführt sind, kann die Bank nur nach vorheriger schriftlicher Mitteilung an den Schuldner geltend machen.

IV. Wenn die Bank feststellt, daß der Schuldner die Bedingungen des Kreditvertrages nicht erfüllt oder eine Verschlechterung der Finanz- und Rentensituation ausweist, welche die Rückzahlung des Kredits gefährdet, ist sie berechtigt, die folgenden Maßnahmen durchzuführen:

1. Auf dem laufenden Konto die finanziellen Mittel aus eingehenden Zahlungen zum Ersatz der fälligen Verbindlichkeiten gegenüber der Komerèní banka a.s. einzubehalten.
2. Den Kreditzinssatz bis auf Basiszinssatz der KB + 30 % p.a. zu erhöhen.
3. Eine weitere Inanspruchnahme des Kredites zu beschränken oder zu unterbinden.
4. Weitere Sicherung des Kredites zu verlangen.
5. Die sofortige Rückzahlung der gesamten Forderung zu verlangen, wobei bei einem Fremdwährungskredit der Schuldner verpflichtet ist, etwaige Kursverluste zu ersetzen, welche im Zeitpunkt der Zahlung an die ausländische Bank auftreten. Die Bank teilt dem Schuldner den Termin der Fälligkeit der Forderung durch zugestellten Brief mit.

V. Im Falle, daß die Bank bei der Bewertung der Erfüllung der Kreditvertragsbedingungen oder auf andere Weise den Untergang oder die Verschlechterung der Kreditsicherung feststellt, ist der Schuldner verpflichtet, die Sicherung auf den ursprünglichen Umfang anzuheben. Wenn dies vom Schuldner nicht innerhalb von 30 Kalendertagen (diese Frist sehen die Vertragsparteien als angemessen an) seit der schriftlichen Zustellung der Aufforderung der Bank vornimmt, ist die Bank berechtigt, die sofortige Rückzahlung des geschuldeten Betrages und der aus der Kreditbeziehung hervorgehenden Zinsen geltend zu machen. Ist der Schuldner im Verzug mit der Tilgung von mehr als zwei Raten oder hinsichtlich einer Rate für eine längere Zeit als drei Monate, so ist die Bank berechtigt, vom Schuldner die Rückzahlung des geschuldeten Betrages nebst Zinsen zu verlangen, gegebenenfalls die Verwertung der Sicherung vorzunehmen.

Bis zum Ausgleich der Forderung ist die Bank in beiden Fällen berechtigt, eine Vertragsstrafe aus dem Betrag nach Fälligkeit der Forderung einschließlich Zinsen bis zu einer Höhe von Basiszinssatz der KB + 30 % p.a. geltend zu machen.

VI. Der Schuldner verpflichtet sich, die Tilgung der Kreditraten und der Zinsen aus diesem Kredit (einschließlich einer etwaigen geltend gemachten Erhöhung des Zinssatzes) zu den im Kreditvertrag vereinbarten Terminen vorzunehmen. Im Falle, daß der Schuldner diese Verpflichtung nicht einhält, ist die Bank berechtigt, bis zum Zeitpunkt des Ausgleichs der Forderung eine

Vertragsstrafe für verspätete Tilgung oder Geltendmachung von Zinsen bis zu Basiszinssatz der KB + 30 % p.a. aus dem Betrag nach Fälligkeit geltend zu machen. Im Falle, daß der Schuldner seine Verpflichtung innerhalb von fünf Kalendertagen nach Fälligkeit erfüllt, berechnet die Bank keine Vertragsstrafe für verspätete Tilgung.

VII. Bei Krediten in CZK und bei Krediten in Fremdwährungen, welche durch eigene Quellen der KB gewährt werden, besteht der Zinssatz aus zwei Elementen, und zwar aus dem Basiszinssatz der KB bzw. dem Referenzsatz für die jeweilige Währung sowie der Abweichung vom Basis- bzw. Referenzsatz.

Der Basissatz der KB und der Referenzsatz für die jeweilige Währung werden auf der Grundlage der Quellenfinanzierungskosten in CZK oder der jeweiligen Währung gebildet und ändern sich je nach dem Wert der Finanzmittel auf dem Kapitalmarkt. Der Basiszinssatz in CZK ist in allen Verkaufsstellen der KB veröffentlicht und seine Aktualisierung wird bekanntgemacht.

Die Referenzzinssätze für Fremdwährungen ändern sich in der Regel wöchentlich, Informationen über die geltende Höhe des Referenzsatzes für die jeweilige Währung können in allen Verkaufsstellen der KB erlangt werden.

Bei Fremdwährungskrediten, die aus zwischenbanklichen Kreditlinien gewährt werden, besteht der Zinssatz ebenfalls aus zwei Elementen, und zwar aus dem von der jeweiligen Bank mitgeteilten Zinssatz, mit der die KB den Finanzierungsvertrag des jeweiligen Geschäfts abschließt, sowie der Abweichung von diesem Satz.

Die KB bestimmt in jedem einzelnen Fall die Abweichung vom Basiszinssatz der KB, vom Referenzzinssatz für Fremdwährungen oder von dem von der jeweiligen Bank mitgeteilten Zinssatz. Diese Abweichung ist für die gesamte Zeitdauer der Verpflichtung des Schuldners unter der Vorraussetzung unveränderlich, daß die Vertragsbedingungen ordnungsgemäß eingehalten werden. Ihre Höhe wird nach dem von der KB geschätzten Risiko im Zusammenhang mit der Realisierung des konkreten Geschäftsfalles vereinbart.

Ein fester Zinssatz kann im Falle kurzfristiger Kredite in Fremdwährungen, die durch eigene Mittel der KB gedeckt sind, und bei Krediten aus zwischenbanklichen Kreditlinien vereinbart werden, sofern dies aus den Bedingungen dieser Kreditlinien hervorgeht.

VIII. Im Falle, daß der Schuldner den Kredit nicht in der vereinbarten Höhe in Anspruch nimmt, ist die Bank zur Vornahme der nachfolgenden Maßnahmen berechtigt:

1. mit dem Schuldner eine Präzisierung der weiteren Kreditinanspruchnahme zu vereinbaren,

2. den Zinssatz bis zu Basiszinssatz KB + 30 % p.a. zu erhöhen,
3. die Zahlung einer Gebühr für die Bereitstellung von Kreditmitteln zu verlangen,
4. Schadensersatz als Folge der nicht Inanspruchnahme des vereinbarten Kredites zu verlangen,
5. bei einem Kontokorrentkredit diese Vertragsform aufzuheben und einen zweckgebundenen Kredit einzuführen.

Wenn die Nichtinanspruchnahme eines Kredites in CZK durch eine Tilgung des Kredits erfolgt, die der Schuldner vor dem vereinbarten Termin vornimmt, macht die Bank die angeführten Maßnahmen unter der Vorraussetzung nicht geltend, daß der Schuldner die vorzeitige Tilgung der Bank spätestens zehn Arbeitstage zuvor mitgeteilt hat.

Bei Fremdwährungskrediten muß jede vorzeitige Tilgung des Kredits mit der Bank zuvor vereinbart werden. Sofern die Bank dem Verlangen des Schuldners nachkommt, ist der Schuldner verpflichtet, der Bank die hierduch eingetretenen Verluste zu ersetzen.

IX. In begründeten Einzelfällen kann der Schuldner eine Verschiebung einer Kreditrate resp. des Endfälligkeitstermins des Kredits verlangen. Nach einer Bewertung der Bonität des Schuldners entscheidet die Bank, ob sie dem Verlangen nachkommt oder nicht. Sofern die Bank dem Verlangen nachkommt, ist sie berechtigt, den Zinssatz für den gewährten Kredit zu erhöhen, wobei diese Erhöhung bei einem Verzug des Schuldners mit dem Endfälligkeitstermin bis zu Basiszinssatz KB + 30 % p.a. erreichen kann.

X. Wenn es seitens des Schuldners zu solchen organisationsrechtlichen und anderen Änderungen kommt, die eine nachhaltige Wirkung auf die Kreditbeziehung haben können (eine Berichtigung der Eintragung im Gewerbe- oder Handelsregister, Eröffnung eines Konkurs- und Ausgleichsverfahrens, Liquidation des Schuldners und ähnliches), so ist der Schuldner verpflichtet, die Bank bereits im Vorbereitungsstadium über diese Tatsachen zu informieren, gegebenenfalls vor Eröffnung des Verfahrens.

Kommt es seitens des Schuldners zu solchen Änderungen, die als Folge eine Spaltung, Fusion oder Untergang seiner unternehmerischen Tätigkeit haben, so ist der Kredit zu dem Tag fällig, an dem diese Änderungen wirksam werden. Der Schuldner verpflichtet sich, die Entscheidungen über solche Änderungen sofort der Bank mitzuteilen.

XI. Ein Unternehmer ist verpflichtet, die Bank darüber zu informieren, daß er in das Handelsregister eingetragen wurde.

XII. Im Falle, daß es zu einem Untergang des Kreditobjekts kommt, ist der Kredit sofort fällig, sofern Bank und Schuldner nicht etwas anderes vereinbaren. Der Schuldner verpflichtet sich, die Bank unverzüglich über den Untergang des Objekts zu informieren. Der Schuldner ist verpflichtet, im Falle einer Entscheidung über die Übertragung des Objekts auf einen anderen die Bank noch vor Durchführung dieser Entscheidung unverzüglich zu informieren. Im Falle der Übertragung des Kreditobjekts auf einen Dritten wird der Kredit am Tage der Übertragung fällig.

XIII. Die Bank verpflichtet sich, dem Schuldner den Kredit zu dem im Kreditvertrag vereinbarten Umfang, Zeitraum und Zinssatz zu gewähren, sofern der Schuldner die Bedingungen erfüllt, von denen die Gewährung des Kredits abhängt.

XIV. Der Schuldner ist verpflichtet, seine Absicht, sämtliche Verpflichtungen aus dem Kreditvetrag vorzeitig zu erfüllen, zuvor mit der Bank zu verhandeln. Sofern die Bank dem Verlangen nachkommt, ist der Schuldner verpflichtet, der Bank die gegebenenfalls aufgetretenen Verluste aus diesem Vorgehen zu ersetzen.

XV. Die Parteien vereinbaren, daß die Bank berechtigt ist, im Rahmen des zwischenbanklichen Informationssystems Angaben weiterzuleiten, welche den Schuldner im Hinblick auf seine organisationsrechtliche Form, Bonität und Umfang der Verpflichtungen aus Bankgeschäften beschreiben. Gegenüber anderen Personen ist die Bank nur berechtigt, Informationen über den Schuldner nach dem im Bankgesetz festgelegten Umfang weiterzugeben.

XVI. Der Schuldner erteilt der Bank ausdrücklich seine Zustimmung, Informationen über alle Bankoperationen des Schuldners zum Zwecke der Bearbeitung von Geschäftsabschlüssen und Wirtschaftsprüfungen der Bank zu benutzen, ferner für Bedürfnisse der Bankeigentümer im Sinne der allgemeinen schuldrechtlichen Vorschriften, sowie zum Gebrauch dieser Informationen durch Personen, die mit der Bank zusammenarbeiten, im Rahmen der Erfüllung ihrer Aufgaben für die Bank.

XVII. Der Schuldner ist verpflichtet, die gewährten Geldmittel in der vereinbarten Frist, ansonsten innerhalb eines Monats von dem Tag, an dem er zur Rückzahlung durch die Bank aufgefordert wurde, zurückzuzahlen.

XVIII. Hinsichtlich der Zustellung wird die Gültigkeit des Vorgehens im Sinne der §§ 46 bis 50 ZPO vereinbart, vor allem wird die Gültigkeit der unwiderlegbaren Rechtsfiktion der Zustellung für den Fall vereinbart, daß der Adressat nicht erreicht wurde, obwohl er sich am Ort der Zustellung aufhält, und der Adressat die Postsendung auch nach einem wiederholten Aufruf des Zustellers und nach Niederlegung bei der Post oder eines Gemeindeorgans nicht innerhalb von drei Tagen nach Niederlegung abholt. In diesem Fall gilt der letzte Tag dieser Frist als Zustellungstag, auch wenn der Adressat nicht von der Niederlegung erfahren hat. Wenn der Adressat die Annahme der Sendung ablehnt, gilt als Tag der Zustellung der Tag der Ablehnung der Annahmne der Sendung.

XIX. Von der Bank gewährte Dienstleistungen werden nach der "Gebührentabelle der Komerční Banka a.s. für die Gewährung von Dienstleistungen" berechnet, und zwar nach der zur Zeit der Dienstleistungen geltenden Fassung.

Die Allgemeinen Bedingungen sind ein untrennbarer Bestandteil des Kreditvertrages Nr. .... vom .... (Datum).

Der Schuldner hat vom gesamten Inhalt der oben angeführten Allgemeinen Bedingungen Kenntnis genommen und bestätigt sein Einverständnis mit ihnen durch seine Unterschrift.

Prag den, ________________ (Datum) Schuldner

Anlage 2

KREDITVERTRAG

abgeschlossen zwischen:

X-Bank, Adresse, vertreten durch...,
im folgenden "Gläubiger"

und

Y-GmbH, Adresse, vertreten durch...,
im folgenden "Schuldner"

§ 1
Höhe des Kreditrahmens

(1) Auf der Grundlage der vorvertraglichen Verhandlungen mit dem Schuldner verpflichtet sich der Gläubiger, dem Schuldner unter den im folgenden aufgeführten Bedingungen einen Kreditrahmen in einer Gesamthöhe von ....CZK zu gewähren.

(2) Der Kreditrahmen wird wie folgt aufgeteilt:
  a) Kontokorrentkredit in Höhe von ....CZK
  b) Kreditlinie in Höhe von ...CZK

§ 2
Verwendungszweck

Der Kreditrahmen wird zur Finanzierung des Betriebskapitals des Schuldners verwendet.

§ 3
Inanspruchnahme

(1) Der Kontokorrentkredit wird von dem bei dem Gläubiger geführten Konto Nr......in Anspruch genommen.

(2) Der Schuldner ist berechtigt, aus seiner Kreditlinie in zeitlich befristeten Verzinsungsabschnitten von 1, 2, 3 oder 6 Monaten Kredit in Anspruch zu nehmen. Die Höhe der Tranche muß mindestens....CZK betragen. Die Inanspruchnahme erfolgt auf schriftliche Anforderung durch den Schuldner, welche zwei Arbeitstage vor dem Tag der Inanspruchnahme bei dem Gläubiger eingehen muß. Die Anforderung muß den genauen Betrag, den Tag der Auszahlung, die gewünschte Dauer und Zahlungsinstruktionen enthalten.

(3) Für die Zwecke dieses Kreditvertrages ist unter "Arbeitstag" ein Tag zu verstehen, an dem bei den Banken in Prag Geschäftsbetrieb herrscht.

(4) Vor der ersten Auszahlung muß der Schuldner die Bestellung eines erstrangigen Grundpfandrechts gemäß Grundpfandvertrag

vom .... (Datum) durch einen entsprechenden Katasterauszug vorweisen.

§ 4
Zinsen und Gebühren

(1) Der Zinssatz für den Kontokorrentkredit wird auf der Grundlage der monatlichen PRIBOR-Rate (Zwischenbanklicher Zinssatz auf dem Prager Geldmarkt) zuzüglich einer Marge von ... (1,5)% per annum bestimmt. Der Zinssatz wird durch den Gläubiger zwei Tage vor Beginn eines jeden Kalendermonats festgelegt und in der vereinbarten Höhe für den Kontokorrentkredit in dem jeweiligen Kalendermonat verwendet. Der Gläubiger belastet das Konto Nr..... am Ende eines jeden Kalendermonats mit den angelaufenen Zinsen.

(2) Im Falle der Inanspruchnahme der Kreditlinie wird der Zinssatz für die jeweiligen Laufzeiten dem PRIBOR Satz von 1, 2, 3 oder 6 Monaten je nach der angeforderten Zeitdauer zuzüglich einer Marge von 1,5 % per annum verwendet werden. Der jeweilige Zinsbetrag ist am Tag der Fälligkeit eines jeden Zinszeitraumes fällig.

(3) Der Gläubiger wird eine Vertragsprovision in Höhe von 0,5 % per annum von dem gesamten nicht in Anspruch genommenen Kreditbetrag nach § 1 Abs. 1 berechnen. Diese Vertragsprovision wird monatlich vom laufenden Konto des Schuldners Nr. .... abgezogen, und zwar unter gleicher Berechnung wie die Zinsen nach § 4 Abs. 1.

(4) Die Zinsen werden für den jeweiligen Kreditbetrag auf der Grundlage der Anzahl der tatsächlich vergangenen Tage und eines 360-tägigen Kalenderjahres berechnet.

§ 5
Tilgung

(1) Der Schuldner verpflichtet sich, den Kontokorrentkredit laufend in Übereinstimmung mit § 3 Abs. 1 zu Gunsten des laufenden Kontos Nr. .... zu tilgen, und den gesamten Kredit spätestens zum .... (Datum) zu tilgen.

(2) Die Rate eines Terminkredites nach § 3 Abs. 2 ist - sofern sie nicht verlängert wurde - am Tag der Fälligkeit eines jeden Zinszeitraumes fällig, wobei kein Zinszeitraum den .... (Datum) überschreiten darf.

(3) Im Falle des Verzuges mit einem Teilbetrag nach § 3 Abs. 1 und Abs. 2 oder Zinsen aus diesen Beträgen oder im Falle der Überinanspruchnahme des Kontokorrentkredits ist der Gläubiger berechtigt, von dem Schuldner für den Gesamtbetrag, der nicht rechtzeitig bezahlt bzw. überschritten wurde, Strafzinsen in der in den AGB des Gläubigers enthaltenen Höhe zu berechnen

(derzeit: 25 % p. a.). Der Gläubiger ist berechtigt, das Konto des Schuldners zum Ende eines jeden Kalendermonats mit den Strafzinsen zu belasten. Der Gläubiger ist berechtigt, die Höhe der Strafzinsen den Bedingungen auf dem Kreditmarkt in der Tschechischen Republik anzupassen.

§ 6
Sicherung des Kredites

Der Kredit wird durch ein erstrangiges Grundpfandrecht an dem Grundstück und Gebäude des Schuldners im Werte von .... CZK gesichert, wie im Grundpfandvertrag Nr. .... vom .... weiter ausgeführt ist.

§ 7
Pflichten des Schuldners

(1) Der Schuldner verpflichtet sich, den Kreditrahmen einschließlich Zinsen und alle anderen Forderungen (das heißt Strafzinsen und Vertragsgebühr) zum vereinbarten Zeitpunkt und gemäß den vereinbarten Bedingungen zu tilgen.

(2) Der Schuldner verpflichtet sich, dem Gläubiger regelmäßig halbjährlich seine finanziellen Unterlagen (Bilanz und Betriebsergebniss) vorzulegen, die mindestens einmal jährlich von einer anerkannten Wirtschaftsprüfergesellschaft, deren Beauftragung der Gläubiger zustimmt, geprüft werden müssen. Die geprüften finanziellen Unterlagen muß der Schuldner spätestens sechs Monate nach Ende eines Bilanzzeitraumes vorlegen. In jedem Fall vermittelt der Schuldner dem Gläubiger weitere finanzielle Informationen, zu deren Veröffentlichung und/oder Mitteilung an Banken er verpflichtet ist oder wird oder welche er freiwillig an kreditgewährende Banken mitteilt.

(3) Der Schuldner verpflichtet sich, einem bevollmächtigten Vertreter des Gläubigers den Besuch seiner Gesellschaft zu ermöglichen, sich mit der Geschäftsleitung in Verbindung zu setzen und alle erforderlichen Informationen zu erlangen. Zu diesen Zweck verpflichtet sich der Schuldner, den Gläubiger mit den erforderlichen Mitwirkungshandlungen zu unterstützen.

(4) Der Schuldner verpflichtet sich, den Gläubiger unverzüglich über wesentliche Veränderungen seiner Situation zu informieren, insbesondere im Falle materieller Änderungen, welche die Tilgung des Kreditrahmens gefährden könnten oder im Falle von Änderungen des Gesellschaftssitzes, der Statutarorgane, einer wesentlichen Verschlechterung seiner finanziellen Situation oder dem Verzug mit Tilgungsleistungen an andere Gläubiger oder im Falle von Änderungen der Gesellschafterstruktur des Schuldners.

(5) Für den Fall des Untergangs des Schuldners als selbstständige juristische Person oder einer Änderung der Rechtsform des Schuldners wird der Kreditrahmen zum Tag fällig, an dem diese

Änderungen wirksam werden, sofern nicht beide Vertragsparteien etwas anderes vereinbaren.

(6) Die Verpflichtungen des Schuldners gegenüber dem Gläubiger aus diesem Kreditvertrag werden immer wenigstens gleichwertig ("pari passu") wie die übrigen gegenwärtigen und zukünftigen vergleichbaren Verpflichtungen des Schuldners gegenüber anderen Gläubigern behandelt.

(7) Der Schuldner bemüht sich darum, einen bedeutenden und befriedigenden Teil seiner Eingangs- und Ausgangszahlungen in fremder und einheimischer Währung über sein laufendes Konto bei dem Gläubiger zu tätigen.

§ 8
Weitere Erklärungen des Schuldners, Erhöhung der Refinanzierungskosten

(1) Der Schuldner erklärt und bestätigt, daß

- es sich bei ihm um eine Gesellschaft handelt, die ordnungsgemäß gegründet wurde und in Übereinstimmung mit den Gesetzen der Tschechischen Republik besteht,
- seine Verpflichtungen nach diesem Vertrag in rechtlicher Hinsicht wirksam bestellt sind und in Übereinstimmung mit den Gesetzen der Tschechischen Republik und den Bestimmungen des Gesellschaftsvertrages verbindlich sind und daher rechtlich einklagbar sind,
- er alle erforderlichen Genehmigungen von Organen der Tschechischen Republik erhalten hat und daß, sofern er eine solche Genehmigung nicht erhalten hat, diese zum Abschluß dieses Kreditvertrages nicht notwendig ist,
- seine jährlichen Geschäftsberichte von einer Wirtschaftsprüfergesellschaft geprüft werden, deren Beauftragung der Gläubiger zustimmt, und zwar in Übereinstimmung mit internationalen Buchhaltungserfordernissen, und daß sein Jahresabschlußbericht zum 31.12. eines jeden Jahres dem Gläubiger ohne Verzögerung zugänglich gemacht wird, spätestens sechs Monate nach Beendigung eines jeden Geschäftsjahres,
- daß er nicht verpflichtet ist, von seinen Zahlungsverpflichtungen gegenüber dem Gläubiger Abzüge oder Gebühren zu Gunsten einer dritten Seite vorzunehmen, und sofern er eine solche Pflicht hat, dem Gläubiger einen zusätzlichen Betrag zahlt, der notwendig ist, damit der Gläubiger den Reinbetrag in einer Währung erhält, in der die Zahlung verwirklicht werden kann und die dem Gesamtbetrag entspricht, den der Gläubiger erhalten

hätte, wenn die Zahlungen nicht diesen Bedingungen unterliegen würden.

(2) Für den Fall, daß
- dem Gläubiger eine gesetzliche Verpflichtung zur Zahlung weiterer Abgaben, Steuern oder anderer Verpflichtungen, die mit seinen Rechten und Pflichten nach diesem Kreditvertrag zusammenhängen, auferlegt wird,
- der Gläubiger verpflichtet ist, ein bestimmtes Liquiditätsverhältnis aufrechtzuerhalten, erhöhte Reserveanforderungen oder andere Einlagen bezüglich des vorliegenden Kredites zu erfüllen, und diese Anforderungen zu einer Erhöhung der Kosten des Gläubigers bezüglich dieses Kredits führt,

ist der Gläubiger berechtigt, nach der erforderlichen Erläuterung dieser zusätzlichen Kosten vom Schuldner den Differenzbetrag zu verlangen, um so seine zusätzlichen Kosten zu kompensieren, und der Schuldner ist verpflichtet, diese Beträge zu zahlen.

§ 9
Rechte des Gläubigers

(1) Wenn der Gläubiger feststellt, daß die ihm von dem Schuldner übermittelten Informationen unwahr oder unvollständig sind, behält sich der Gläubiger folgende Rechte vor:
a) die Inanspruchnahme des Kreditrahmens zu verhindern, sofern er noch nicht in Anspruch genommen wurde, und augenblicklich den Kreditvertrag zu beenden, und/oder
b) die sofortige Rückzahlung des ausgezahlten Kreditbetrages nebst Zinsen zu verlangen und vom Vertrag zurückzutreten,
c) eine weitere Absicherung des Kreditrahmens zu verlangen.

(2) Ist der Schuldner nicht in der Lage, den Kreditbetrag einschließlich Zinsen und weitere Kosten zum vereinbarten Termin zurückzuzahlen oder seinen anderen aus dem Vertrag hervorgehenden Verpflichtungen nachzukommen, oder ist der Schuldner nicht in der Lage, seinen Verpflichtungen aus anderen Abreden oder Verträgen oder anderen Dokumenten als diesem Kreditvertrag nachzukommen, oder werden geschuldete Beträge aus diesen Dokumenten infolge der Zahlungsunfähigkeit vorzeitig fällig, ist der Gläubiger berechtigt, die augenblickliche Rückzahlung des Kreditrahmens einschließlich aller geschuldeten Zinsen und Gebühren zu verlangen.

(3) Der Gläubiger darf die in § 9 Abs. 2 aufgeführten Maßnahmen auch dann ausüben, wenn der Schuldner den Kreditrahmen für andere Zwecke als in diesem Kreditvertrag festgelegt verwendet.

(4) Der Gläubiger ist berechtigt, seine Rechte aus diesem Kreditvertrag an dritte Personen nur mit Zustimmung des Schuldners

abzutreten, es sei denn, daß diese Zustimmung grundlos verweigert wird.

§ 10
Schlußbestimmungen

(1) Das auf der Grundlage dieses Vertrages entstandene Kreditverhältnis unterliegt dem tschechischen Recht, insbesondere den Bestimmungen der §§ 497 ff HGB.

(2) Die aus diesem Kreditvertrag hervorgehenden Verpflichtungen erlöschen mit dem Tag ihrer Erfüllung, insbesondere mit Tilgung der letzten Rate einschließlich Zinsen und Gebühren.

(3) Sofern sich irgendeine der Bestimmungen aus diesem Vertrag nach dem anwendbaren Recht aus irgendeinem Grunde als ungültig, unwirksam oder rechtswidrig erweist, wird hierdurch nicht die Gültigkeit, Wirksamkeit oder Rechtmäßigkeit der übrigen Bestimmungen beeinflußt.
Jedweder Mangel dieses Kreditvertrages, der auf einer solchen Ungültigkeit oder Unwirksamkeit beruht, wird durch eine ergänzende Auslegung dieses Vertrages geheilt, welche die Interessen beider Vertragsparteien berücksichtigen muß.

(4) Dieser Kreditvertrag wurde in zwei Ausfertigungen angefertigt, von denen Gläubiger und Schuldner je eine erhalten. Die Vertragssprache ist Tschechisch, eine englische Übersetzung wird als Anlage 1 beigelegt.

(5) Dieser Vetrag kann nur mit Zustimmung beider Vertragsparteien geändert werden.

(6) Erfüllungsort dieses Vertrages ist ...... (Adresse der Gläubigerbank). Dieser Kreditvertrag unterliegt der Rechtsordnung der Tschechischen Republik. Zur Durchführung eines Rechtsstreites aus diesem Vertrage einigen sich beide Vertragsparteien nach § 89a ZPO auf die örtliche Zuständigkeit des Bezirkshandelsgerichts Prag.

Prag, den ....

________________ ________________

Gläubigerbank Schuldner

Anlage 3

GRUNDPFANDVERTRAG
ZUR SICHERUNG ZUKÜNFTIGER FORDERUNGEN

abgeschlossen nach dem BGB und HGB zwischen

Gläubigerbank (im folgenden "Pfandgläubiger")

und

Kreditnehmer (im folgenden "Verpfänder")

1. Die Parteien vereinbaren in Übereinstimmung mit § 299 Abs. 1 HGB die Bestellung eines Grundpfandrechts zur Absicherung aller zukünftigen Forderungen nebst Nebenforderungen, welche zu Gunsten des Pfandgläubigers aus dem zwischen den Parteien abgeschlossenen Kreditvertrag nach Unterzeichnung dieses Grundpfandvertrages bis zum 28.2.2004 entstehen werden.
   Das Grundpfandrecht bezüglich der oben angeführten zukünftigen Forderungen wird auf eine Gesamthöhe von .... CZK festgesetzt.
2. Zur Sicherung der oben angeführten Forderungen verpfändet der Verpfänder als Eigentümer der Liegenschaften die angeführten Liegenschaften, welche unter der Ziffer .... beim Katastralamt .... geführt werden. Der Pfandgläubiger nimmt diese Verpfändung an.
3. Der Verpfänder verpflichtet sich, während der Dauer der in Ziffer 1 dieses Vetrages angeführten Verbindlichkeit die verpfändeten Liegenschaften nicht ohne Zustimmung des Pfandgläubigers durch Rechtsgeschäft zu übertragen.
   Die Parteien vereinbaren, daß der Verpfänder sämtliche Handlungen bezüglich der verpfändeten Liegenschaften unterlassen wird, welche die Möglichkeit der Verwertung des Grundpfandrechts erschweren würden. Sie vereinnbaren ferner, daß der Verpfänder ohne Zustimmung des Pfandgläubigers keine weiteren Grundpfandrechte, Vorkaufsrechte, dingliche Lasten oder Vermietungen hinsichtlich der verpfändeten Liegenschaften bestellen bzw. vornehmen wird. Der Verpfänder versichert, daß an den angeführten Liegenschaften kein Gebrauchsrecht von Dritten besteht und sie nicht mit dinglichen Lasten oder ähnlichen Rechten beschwert sind.
4. Die Vertragsparteien einigen sich nach § 299 Abs. 2 HGB, daß der Pfandgläubiger zur Befriedigung seiner Forderungen nebst Nebenforderungen zum Verkauf der verpfändeten Liegenschaften berechtigt ist, wenn auch nur eine der Forderungen oder Nebenforderungen, welche durch das Grundpfandrecht gesichert sind, nicht ordnungsgemäß und rechtzeitig durch den Schuldner

beglichen werden. Der Pfandgläubiger ist berechtigt, die verpfändeten Liegenschaften im Namen des Verpfänders selbst oder durch Dritte zu verkaufen, und zwar mindestens zum aktualisierten Marktwert zum Zeitpunkt des Verkaufs. Die Bewertung der Liegenschaften wird durch einen von der Gläubigerbank beauftragten und zu dieser Tätigkeit berechtigten Schätzer durchgeführt.

Im Falle, daß es nicht gelingt, die verpfändeten Liegenschaften zu dem angeführten Preis innerhalb von drei Monaten nach Verkaufseröffnung zu verkaufen, ist der Pfandgläubiger zum Verkauf der Liegenschaften zu einem um 30 % verringerten Preis berechtigt. Der Pfandgläubiger ist verpflichtet, den Verkauf innerhalb von 30 Tagen nach Erhalt der Schätzung des aktualisierten Marktpreises zu eröffnen und alle angemessenen Anstrengungen zu unternehmen, um den Verkauf zu realisieren. Der von dem Pfandgläubiger in Vertretung des Verpfänders abgeschlossene Kaufvertrag wird so abgeschlossen, daß der Kaufpreis auf ein Konto des Pfandgläubigers zu zahlen ist. Aus diesem Kaufpreis befriedigt der Pfandgläubiger seine Forderung einschließlich Nebenforderungen sowie die mit der Verwertung der verpfändeten Liegenschaften verbundenen Kosten. Den Differenzbetrag überweist der Pfandgläubiger auf das Konto des Verpfänders innerhalb von 30 Tagen nach Ausgleichung aller Forderungen des Pfandgläubigers einschließlich der Begleichung der mit der Verwertung entstandenen Kosten.

Der Verpfänder bevollmächtigt den Pfandgläubiger zu den in dieser Ziffer angeführten Maßnahmen und der Pfandgläubiger nimmt diese Bevollmächtigung an.

Der Verpfänder bevollmächtigt den Pfandgläubiger gleichzeitig, in seinem Namen den Antrag auf Eintragung des Erwerbers beim zuständigen Katastralamt zu stellen und zu unterschreiben. Diese Vollmacht gilt für die gesamte Zeit, während der Forderungen des Pfandgläubigers gegen den Verpfänder bestehen, welche durch diesen Grundpfandvertrag gesichert sind.

Dieser Bevollmächtigung steht nicht entgegen, daß

- eine Befriedigung der Forderungen des Pfandgläubigers aus den verpfändeten Liegenschaften auf gerichtlichem Wege erfolgt,
- der Pfandgläubiger die Liegenschaft im Sinne des § 299 Abs. 2 HGB durch direkten Verkauf in seinem eigenen Namen und zu den oben angeführten Bedingungen verkauft und seine Forderungen aus dem Erlös befriedigt.

Der Verpfänder verpflichtet sich, im Zusammenhang mit der Vorbereitung der Verwertung der verpfändeten Liegenschaften Zugang zu den verpfändeten Liegenschaften zum Zwecke der Erstellung des Sachverständigengutachtens und der Begehung

der Liegenschaft durch potentielle Käufer zu ermöglichen, und zwar in Begleitung des Verpfänders bzw. durch von ihm beauftragte Personen. Sofern der Verpfänder dem Pfandgläubiger keine Person nennt, in deren Begleitung ein Zugang zu den verpfändeten Liegenschaften möglich ist, ist der Pfandgläubiger berechtigt, selbst eine solche Person zu wählen.
Der Verpfänder verpflichtet sich ebenfalls, dem Pfandgläubiger die erforderlichen Unterlagen zur Erstellung des Sachverständigen- gutachtens bzw. der Bewertung vorzulegen und die erforderlichen Mitwirkungshandlungen vorzunehmen. Die Parteien vereinbaren ferner, daß der Pfandgläubiger die verpfändeten Liegenschaften in öffentlicher Versteigerung vereinbaren kann, wenn er den Schuldner und Verpfänder auf diese beabsichtigte Versteigerung mit einer Frist von mindestens 30 Tagen hinweist.

5. Der Verpfänder ist verpflichtet, für eine Versicherung der oben angeführten verpfändeten Liegenschaften während der gesamten Vertragsdauer Sorge zu tragen. Der Verpfänder verpflichtet sich, den Pfandgläubiger über versicherungsrechtliche Angelegenheiten innerhalb von 10 Kalendertagen seit ihrem Entstehen zu benachrichtigen.
6. Das Grundpfandrecht entsteht mit Eintragung in das Liegenschaftskataster beim Katastralamt ....
7. Der Verpfänder erteilt seine ausdrückliche Zustimmung zu einer etwaigen Auswechslung der Person des Schuldners, dessen Schuld er absichert. Die Absicherung der Forderung wird daher auch nach einem solchen Wechsel im Sinne des § 532 BGB fortdauern.
8. Der Verpfänder verpflichtet sich, den Pfandgläubiger unverzüglich schriftlich über Änderungen hinsichtlich seines Sitzes bzw. Wohnortes, Änderung des Familiennamens bzw. Geschäftsnamens und ähnliches zu unterrichten.
9. Der Verpfänder versichert, daß hinsichtlich der verpfändeten Liegenschaften keine Handlungen vorgenommen worden sind, welche die Entstehung eines Grundpfandrechtes nach diesem Vertrag unmöglich machen oder in Zweifel ziehen würden.
10. Dieser Vertrag wird in 5 Exemplaren ausgefertigt.

Prag, den ....

____________________	____________________
Pfandgläubiger	Verpfänder

Anlage 4

GRUNDPFANDVERTRAG

§ 1

Gemäß den Bestimmungen der §§ 151a ff BGB und § 299 HGB haben

Gläubigerbank (im folgenden "Pfandgläubiger")

und

Schuldner (im folgenden "Pfandschuldner")

folgenden Grundpfandvertrag abgeschlossen, durch den sämtliche Forderungen des Pfandgläubigers gegenüber dem Pfandschuldner aus dem Kreditvertrag Nr. .... vom .... gesichert werden.

§ 2
Pfandgegenstand

(1) Der Pfandschuldner erklärt und belegt diese Erklärung durch einen Auszug aus dem Liegenschaftskataster, daß er alleiniger Eigentümer der in der Katasterurkunde Nr. .... des Katastralamtes .... eingetragenen Liegenschaften ist.

(2) Der Pfandschuldner erklärt und belegt seine Erklärung durch Auszüge aus dem Liegenschaftskataster, daß an den verpfändeten Liegenschaften kein Pfandrecht eines anderen Gläubigers haftet oder die Liegenschaften in anderer Weise zu Sicherung einer Forderung dienen.

(3) Der Pfandschuldner erklärt und belegt seine Erklärung durch Auszüge aus dem Liegenschaftskataster, daß die verpfändeten Liegenschaften nicht mit dinglichen Lasten beschwert sind.

(4) Der Pfandschuldner versichert, daß die verpfändeten Liegenschaften rechtlich und tatsächlich hinsichtlich Umfang, Art sowie Zweck aus diesem Vertrag zur Verpfändung geeignet sind und daß insbesondere kein anderes Recht (außer den Rechten gemäß § 2 Abs. 2 und 3 dieses Vertrages) dritter Personen an ihnen haftet, welches den Abschluß eines Pfandvertrages oder die Befriedigung des Pfandgläubigers aus den verpfändeten Liegenschaften ausschließen würde, oder gegebenenfalls diese Befriedigung des Pfandgläubigers in irgendeiner Weissse hindern, beschweren oder begrenzen würde.

§ 3
Versicherung der verpfändeten Liegenschaften

(1) Der Pfandschuldner verpflichtet sich, zum Zweck der Versicherung des verpfändeten Liegenschaften auf seine Kosten eine Versicherung für den Fall ihrer Beschädigung, Vernichtung

oder anderer Schäden, welche an ihnen entstehen können, abzuschließen. Eine Kündigung dieses Vertrages darf nicht ohne Wissen des Pfandgläubigers erfolgen.

(2) Der Pfandschuldner verpflichtet sich in diesem Zusammenhang, die Versicherungssumme zu Gunsten des Pfandgläubigers zu vinkulieren.

(3) Der Pfandschuldner erklärt seine Zustimmung, daß eventuelle Zahlungen der Versicherung auf der Grundlage des oben angeführeten Versicherungsvertrages auf das Konto Nr. .... erfolgen und als außerordentliche Tilgung der Forderungen des Pfandgläubigers aus dem Kreditvertrag Nr. ..... angesehen werden. Im Falle, daß die Versicherungssumme größer ist als die Forderungen des Pfandgläubigers aus dem Kreditvertrag, verpflichtet sich der Pfandgläubiger zur Zahlung des Differenzbetrages an den Pfandschuldner.

(4) Spätestens bis 15 Tage nach Unterschrift dieses Vertrages legt der Pfandschuldner dem Pfandgläubiger eine Bestätigung der Versicherung über den Abschluß eines Versicherungsvertrages und der Vinkulierung vor.

(5) Der Pfandschuldner verpflichtet sich, während der Dauer der Verpfändung die Versicherungsbeiträge für den oben erwähnten Versicherungsvertrag rechtzeitig und ordentlich zu zahlen, jede Versicherungsangelegenheit, welche die verpfändeten Liegenschaften betrifft unverzüglich dem Pfandgläubiger mitzuteilen, und dem Pfandgläubiger auf Anforderung jederzeit den Versicherungsvertrag sowie Unterlagen über die ordnungsgemäße und rechtzeitige Zahlung der Versicherungsbeiträge zu Einsichtnahme vorzulegen.

§ 4
Rechte und Pflichten der Parteien des Pfandvertrages

(1) Der Pfandschuldner verpflichtet sich, während der gesamten Vertragsdauer ordnungsgemäß und rechtzeitig sämtliche Steuern und Gebühren für die verpfändeten Liegenschaften zu bezahlen und die diesbezüglichen Unterlagen dem Pfandgläubiger jederzeit auf Verlangen vorzulegen.

(2) Der Pfandschuldner verpflichtet sich, sich um die verpfändeten Liegenschaften ununterbrochen mit der Sorgfalt eines ordentlichen Wirtschafters zu kümmern, keine Handlungen vorzunehmen, welche den Wert der verpfändeten Liegenschaften verschlechtern würden, und alles dafür zu tun, daß der Wert der verpfändeten Liegenschaften auch nicht durch eine dritte Person oder auf sonstige Weise verschlechtert würde.

(3) Der Pfandschuldner verpflichtet sich, bis zur völligen Befriedigung aller Forderungen des Pfandgläubigers einschließlich Zinsen, Verzugszinsen und weiterer Kosten, welche aus dem Kredit-

vertrag Nr. .... hervorgehen, die verpfändeten Liegenschaften nicht ohne vorherige schriftliche Zustimmung des Pfandgläubigers auf einen anderen zu übertragen, ihre Übertragung auf einen anderen nicht unmöglich zu machen, auf sie nicht zu verzichten, sie nicht auf sonstige Weise zu veräußern, sie nicht zu zerstören oder zu beschädigen, ihren Charakter oder ihre Bestimmung nicht zu ändern und sie nicht als Stammeinlage oder auf andere Weise in eine Handelsgesellschaft, Genossenschaft oder andere juristische Person einzubringen.

(4) Pfandgläubiger und Pfandschuldner einigen sich, daß während der Dauer dieses Vertrages ein dingliches Recht zu Gunsten des Pfandgläubigers an den verpfändeten Liegenschaften errichtet wird, welches besteht, daß für den Fall, daß sich der Pfandschuldner während der Laufzeit dieses Vertrages entschließt, die verpfändeten Liegenschaften zu verkaufen oder auf andere Weise zu veräußern, er die verpfändeten Liegenschaften zuvor dem Pfandgläubiger zum Kauf anbietet.

(5) Pfandgläubiger und Pfandschuldner einigen sich, daß der Pfandgläubiger bei der Ausübung seines Pfandrechtes berechtigt ist, die verpfändeten Liegenschaften zu verkaufen, und zwar:

a) in öffentlicher Versteigerung,
b) durch direkten Verkauf, nachdem er den Pfandschuldner auf die beabsichtigte Ausübung des Pfandrechts nach der Art und den Bedingungen, welche in diesem Vertrag und in der Vereinbarung, welche die Anlage Nr. 1 dieses Vertrags bildet, unmittelbar verständigt hat.

(6) Der Pfandschuldner verpflichtet sich, nach Unterzeichnung dieses Pfandvertrages beim zuständigen Katastralamt einen schriftlichen Antrag auf Eintragung des Pfandrechts an den betroffenden Liegenschaften zu stellen und spätestens nach 15 Tagen ab Unterzeichnung dieses Vertrages dem Pfandgläubiger eine Abschrift des ordnungsgemäßen schriftlichen Antrags auf Eintrag des Pfandrechtes zu Gunsten des Pfandgläubigers vorzulegen. Der Antrag muß den Stempel des zuständigen Katastralamtes tragen und der Pfandschuldner muß dem Pfandgläubiger unverzüglich etwaige Entscheidungen bzgl. dieses Antrages mitteilen. Der Pfandschuldner verpflichtet sich ebenfalls, dem Pfandgläubiger unverzüglich in dem Fall zu informieren, daß der Antrag auf Eintragung des Pfandgläubigers von dem Katastralamt abgelehnt wird.

(7) Der Pfandschuldner ist verpflichtet, die Verwaltungsgebühr und alle weiteren Kosten, die mit der Stellung des Antrags beim Katastralamt entstehen, zu tragen.

§ 5
Vereinbarung einer Vertragsstrafe

(1) Pfandgläubiger und Pfandschuldner einigen sich, daß im Falle der Nichterfüllung einer der in § 3 Abs. 1, 2, 4, 5, § 4 Abs. 1, 2, 3, 4, 6 dieses Vertrages aufgeführten Verpflichtungen der Pfandschuldner verpflichtet ist, dem Pfandgläubiger eine Vertragsstrafe in Höhe von CZK 10.000,- innerhalb von 10 Tagen seit dem Tag, an dem er vom Pfandgläubiger schriftlich zur Zahlung aufgefordert wurde, zu zahlen.

(2) Der Pfandschuldner ist verpflichtet, seine durch die Vertragsstrafe gesicherten Pflichten auch nach der Zahlung der Vertragsstrafe an den Pfandgläubiger zu erfüllen.

§ 6
Voraussetzungen und Arten der Befriedigung des Pfandgläubigers aus der Pfandsache

(1) Der Pfandgläubiger ist berechtigt, die Rückzahlung sämtlicher Forderungen aus dem Kreditvertrag auch vor Fälligkeit zu verlangen, und zwar auch bei Vereinbarung von Ratenzahlungen, wenn:

a) der Pfandschuldner eine Verpflichtung nach § 5 des Pfandvertrages auch nicht innerhalb einer vom Pfandgläubiger zusätzlich gesetzten Frist erfüllt,

b) durch Veränderung der Eigentümerschaft oder von Nutzungs- und anderen Rechten, welche die verpfändeten Liegenschaften betreffen, die Sicherung der Forderungen aus dem Kreditvertrag Nr. .... gefährdet oder unmöglich gemacht würde, sofern sich Pfandgläubiger und Pfandschuldner nicht auf eine andere Art der Sicherung innerhalb einer vom Pfandgläubiger gesetzten Frist einigen,

c) wenn bezüglich der verpfändeten Liegenschaften eine gerichtliche Zwangsvollstreckung oder ein gerichtliches Pfandrecht für andere Forderungen als die Forderungen des Pfandgläubigers aus dem Kreditvertrag Nr. ...... angeordnet würde,

d) wenn Zahlungsunfähigkeit des Pfandschuldners eingetreten ist und gegen den Pfandschuldner ein Eintrag auf Konkurseröffnung bei Gericht gestellt wurde oder wenn der Pfandschuldner einen Antrag auf Ausgleich gestellt hat,

e) wenn ohne Wissen des Pfandgläubigers die Forderung eines anderen Gläubigers durch die verpfändeten Liegenschaften vorrangig vor der Forderung des Pfandgläubigers aus dem Kreditvertrag Nr. ..... abgesichert würde, beziehungsweise wenn die Forderung des anderen

Gläubigers diegleiche Rangstellung wie die Forderung des Pfandgläubigers im Falle der gerichtlichen Zwangsvollstreckung hätte.

(2) Im Falle, daß die gesicherte Forderung des Pfandgläubigers aus dem Kreditvertrag Nr. ....., angeführt in § 1 dieses Vertrages, fällig wird und der Pfandschuldner diese fällige Forderung nicht innerhalb der festgesetzen Zahlungsfrist dem Pfandgläubiger im ordnungsgemäßen Umfang und unter den imKreditvertrag Nr. ...... festgelegten Bedingungen erfüllt oder diesen Pfandvertrag nicht erfüllt, ist der Pfandgläubiger berechtigt, sich aus den verpfändeten Liegenschaften gemäß den allgemeinen Vorschriften zu befriedigen.

(3) Die Bedingungen und die Art der Befriedigung des Pfandgläubigers bei dem vereinbarten unmittelbaren Verkauf der verpfändeten Liegenschaften gemäß § 4 Abs. 5 dieses Pfandvertrages sind im einzelnen in einer Vereinbarung zwischen Pfandschuldner und Pfandgläubiger enthalten, welche die Anlage Nr. 1 zu diesem Pfandvertrag bildet.

§ 7

Dauer und Erlöschung des Pfandvertrages

(1) Der Pfandvertrag besteht vom Tag seiner Unterzeichnung durch die Vertragsparteien und erlischt infolge der in § 7 Abs. 2 dieses Pfandvertrags aufgeführten Umstände.

(2) Der Pfandvertrag erlischt:

a) mit der Erfüllung aller aus dem Kreditvertrag Nr. ...... und diesem Pfandvertrag hervorgehenden Verpflichtungen des Pfand-schuldners,

b) mit dem Untergang der verpfändeten Liegenschaften,

c) mit dem Verzicht des Pfandgläubigers auf das Pfandrecht an den verpfändeten Liegenschaften durch notarielle Niederschrift

d) durch schriftliche Vereinbarung zwischen Pfandgläubiger und Pfandschuldner.

(3) Zum Erlöschen des Pfandrechts kommt es dabei erst mit der Entscheidung des zuständigen Katastralamtes über die Löschung des Pfandrechts aus dem Liegenschaftskataster.

(4) Den Antrag auf Löschung des Pfandrechts aus dem Liegenschaftskata- ster stellt der Pfandschuldner nach dem Erlöschen des Pfandvertrages und trägt sämtliche damit verbundenen Kosten.

(5) Der Pfandgläubiger verpflichtet sich, dem Pfandschuldner auf sein Verlangen unverzüglich eine schriftliche Bestätigung für das zuständige Katastralamt darüber auszustellen, daß der Pfandvertrag auf eine der in § 7 Abs. 2 dieses Pfandvertrages aufgeführten Arten erloschen ist.

§ 8
Schlußbestimmungen

(1) Im Falle, daß sich eine der Bestimmungen dieses Pfandvertrages nach dem anwendbaren Recht aus irgendeinem Gesichtspunkt als ungültig, unwirksam oder rechtswidrig, erweisen sollte, wird dadurch nicht die Gültigkeit, Wirksamkeit oder Rechtmäßigkeit der übrigen Bestimmungen berührt oder beeinflußt. Jedweder Mangel dieses Pfandvertrages, der auf einer solchen Ungültigkeit oder Unwirksamkeit beruht, wird durch eine ergänzende Auslegung dieses Vertrages geheilt, welche die Interessen beider Vertragsparteien berücksichtigen muß.

(2) Die Rechte und Pflichten aus diesem Pfandvertrag gehen gegebenenfalls auf die Rechtsnachfolger des Pfandgläubigers und Pfandschuldners über.

(3) Pfandgläubiger und Pfandschuldner einigen sich, daß die auf der Grundlage dieses Pfandvertrages und im Zusammenhang mit ihm hervorgehenden rechtlichen Beziehungen der Rechtsordnung der Tschechischen Republik unterliegen. Zur Verhandlung und Entscheidung eventueller Streitigkeiten im Zusammenhang mit diesem Pfandvertrag ist die Zuständigkeit des Bezirkshandelsgerichts Prag gegeben.

(4) Dieser Vertrag wird in 6 Exemplaren ausfertigt und unterzeichnet, von denen Pfandgläubiger und Pfandschuldner jeweils eines erhalten. Die übrigen 4 Exemplare dienen als Unterlagen für die Eintragung des Pfandrechts in das Liegenschaftskataster.

(5) Sämtliche Änderungen und Ergänzungen dieses Pfandvertrages bedürfen der Zustimmung des Pfandgläubigers und des Pfandschuldners in Form von fortlaufend bezifferten Ergänzungen.

(6) Dieser Pfandvertrag wird mit Unterzeichnung durch den Pfandgläubiger und den Pfandschuldner wirksam.

Anlage __

1. Vereinbarung für die Berechtigung zum Verkauf der verpfändeten Liegenschaften

Prag, den

____________________ ____________________
Gläubigerbank Schuldner

Anlage 5

VEREINBARUNG
ÜBER DIE BERECHTIGUNG ZUM VERKAUF VERPFÄNDETER LIEGENSCHAFTEN

§ 1

abgeschlossen zwischen:

Gläubigerbank (im folgenden "Gläubiger")

und

Kreditnehmer (im folgenden "Schuldner"),

Die Parteien schließen hiermit die folgende Vereinbarung über die Berechtigung zum unmittelbaren Verkauf von Liegenschaften, die im Katasterblatt Nr................ des Katastralamtes .... eingetragen sind.

§ 2

Der Gegenstand dieses Vertrages ist die Berechtigung des Gläubigers, die im Eigentum des Schuldners stehenden und in § 2 Absatz 1 des Grundpfandvertrages Nr. .... vom .... (Datum) zwischen Gläubiger und Schuldner angeführten Liegenschaften zu verkaufen.

§ 3

(1) Der Schuldner bevollmächtigt den Gläubiger hiermit ausdrücklich und unwiderruflich, in Vertretung des Schuldners und in seinem Namen die in § 2 dieser Vereinbarung bezeichneten Liegenschaften zu verkaufen und zu diesem Zweck im Namen des Schuldners im Hinblick auf die verpfändeten Liegenschaften einen Kaufvertrag unter den von dem Gläubiger festgesetzten Bedingungen und Regeln abzuschließen. Der Schuldner bevollmächtigt hiermit gleichfalls unwiderruflich den Gläubiger zur Stellung des Antrages auf Eintragung des Erwerbers als Eigentümer beim zuständigen Katastralamt.

(2) Der Gläubiger ist zu den in § 3 Abs. 1 dieser Vereinbarung aufgeführten Maßnahmen berechtigt, wenn die durch die verpfändeten Liegenschaften gesicherte und in § 1 des Grundpfandvertrages erwähnte Forderung im Umfang und unter den Bedingungen des Kreditvertrages Nr............. oder des Grundpfandvertrages fällig wird.

(3) Der Schuldner ist damit einverstanden, daß der Gläubiger für die in § 3 Abs. 1 dieses Vertrages aufgeführten Maßnahmen einen Rechtsanwalt als Vertreter bestimmt, oder gegebenenfalls die Liegenschaften durch Maklerunternehmen veräußern läßt,

welche die erforderliche Genehmigung zur Vermittlung von Immobilien auf dem Gebiet der Tschechischen Republik besitzen.

(4) Der Gläubiger ist berechtigt, die verpfändeten Liegenschaften für mindestens 2/3 ihres allgemeinen Wertes zu verkaufen. Dieser allgemeine Wert ist der Kaufpreis, zu dem an dem betreffenden Ort und zur gegebenen Zeit vergleichbare Liegenschaften verkauft werden. Die weiteren Bedingungen des Verkaufs der verpfändeten Liegenschaften, welche den Inhalt des Kaufvertrages für die verpfändeten Liegenschaften bilden werden, bestimmt der Gläubiger.

(5) Für den Fall, daß es dem Gläubiger nicht gelingt, die verpfändeten Liegenschaften für den in § 3 Abs. 4 dieser Vereinbarung vereinbarten Preis innerhalb von 3 Monaten ab Fälligkeit der Forderung zu verkaufen, ist der Gläubiger berechtigt, die verpfändeten Liegenschaften zu einem niedrigeren Preis zu verkaufen, und zwar mindestens in Höhe der Hälfte des allgemeinen Wertes.

(6) Im Fall des Verkaufs der verpfändeten Liegenschaften ist der Gläubiger berechtigt, sämtliche fälligen Forderungen aus dem Kreditvertrag einschließlich Zinsen, Verzugszinsen, Vertragsstrafen nach dem Grundpfandvertrag und andere mit dem Kredit verbundene Kosten aus dem Verkaufserlös zu befriedigen.

(7) Der Gläubiger ist verpflichtet, dem Schuldner den die Forderungen des Gläubigers übersteigenden Differenzbetrag aus dem Verkaufserlös nach § 3 Abs. 6 dieser Vereinbarung nach Abzug der mit dem Verkauf der verpfändeten Liegenschaften sowie der mit der Stellung des Katasterantrages auf Löschung des Grundpfandrechtes verbundenden Kosten auszuzahlen und darüber dem Schuldner eine schriftliche Rechnungslegung innerhalb von 10 Tagen nach Erhalt des Kaufpreises zukommen zu lassen.

(8) Der Schuldner ist auch dann verpflichtet, die mit dem Verkauf der verpfändeten Liegenschaften verbundenen Kosten zu ersetzen, wenn es dem Gläubiger aus irgendeinem Grund nicht gelingt, die verpfändeten Liegenschaften zu verkaufen oder wenn diese Vereinbarung vor Durchführung des Verkaufs der verpfändeten Liegenschaften erlischt.

(9) Zur Durchführung der in § 3 dieser Vereinbarung aufgeführten Maßnahmen erteilt der Schuldner dem Gläubiger Vollmacht.

§ 4

Diese Vereinbarung erlischt:

a) mit Erlöschen des Grundpfandvertrages, dessen Anlage sie bildet,

b) mit dem Verkauf der verpfändeten Liegenschaften durch den Gläubiger unter den in dieser Vereinbarung festgelegten

Bedingungen und nach Erfüllung sämtlicher durch diese Vereinbarung festgelegten Verpflichtungen des Gläubigers und des Schuldners,

c) durch schriftlichen Widerruf des Schuldners ; dieser setzt jedoch eine vorherige schriftliche Zustimmung des Gläubigers voraus,

d) durch schriftliche Kündigung des Gläubigers.

§ 5

(1) Rechte und Pflichten aus dieser Vereinbarung gehen auf die jeweiligen Rechtsnachfolger des Gläubigers und des Schuldners über.

(2) Gläubiger und Schuldner vereinbaren, daß die aus dieser Vereinbarung hervorgehenden Rechtsverhältnisse sowie die mit ihr im Zusammenhang stehenden Rechtsverhältnisse der Rechtsordnung der Tschechischen Republik unterliegen. Zur Verhandlung und Entscheidung etwaiger Streitigkeiten aus dieser Vereinbarung oder im Zusammenhang mit ihr stehenden Streitigkeiten ist das Bezirkshandelsgericht Prag zuständig.

(3) Die vorliegende Vereinbarung wird in 6 Exemplaren ausgefertigt und unterzeichnet, von denen jeweils eines der Gläubiger und der Schuldner erhält. Die übrigen vier Exemplare dienen als Anlage 1 zum Grundpfandvertrag Nr .... als Vorlage für die Eintragung in das Liegenschaftskataster.

(4) Sämtliche Änderungen und Ergänzungen dieser Vereinbarung bedürfen der Zustimmung von Gläubiger und Schuldner sowie der schriftlichen Form in Gestalt fortlaufend bezifferter Ergänzungen.

(5) Diese Vereinbarung wird mit Unterzeichnung durch Gläubiger und Schuldner wirksam.

Prag, den ....

Prag, den ....

Gläubigerbank

Kreditnehmer

Literaturverzeichnis

Barák, Josef, Nad novelou zákona o konkursu a vyrovnání (Über die Novelle des Konkurs- und Ausgleichgesetzes), Právní rádce 3/1993, S. 26 ff.

Barešová, Eva/Baudyš, Petr, Zákon o zápisu vlastnických a jiných věcných práv k nemovistostem, komentář (Das Gesetz über Eintragungen von Eigentums- und anderen dinglichen Rechten an Liegenschaften, Kommentar), Prag 1996

Baudyš, Petr, Význam zápisù v katastru nemovitosti (Die Bedeutung von Eintragungen im Liegenschaftskataster), Právní rádce 3/1996, S. 20 f.

Baur, Jürgen/Stürner, Rolf, Lehrbuch des Sachenrechts, 16. Auflage, München 1992

Bejček, Josef, Smluvní pokuta (Die Vertragsstrafe), Ekonom 19/1992, S. 56 f.

Bejček, Josef, Skrytá úskalí smluvní pokuty (Gefährliche Abgründe der Vertragsstrafe), Ekonom 30/1993, S. 60 f.

Bělohlavek, Alexander J./Habartová, Petra, Přímá vykonatelnost závazků (Die unmittelbare Vollstreckbarkeit von Forderungen), Právní rádce 10/1993, S. 13 f.

Bičovský, Jaroslav/Holub, Milan, Občanský zákoník, poznámkové vydání s judikaturou (Das Bürgerliche Gesetzbuch, Erläuterungen und Rechtsprechung), 5. Auflage, Prag 1995

Bohata, Petr, Tschechische und Slowakische Republik, Jahrbuch für Ostrecht, Band XXXVII 1996 2. Halbband S. 335 ff., München 1997

Breidenbach, Stephan (Hrsg.), Handbuch Wirtschaft und Recht in Osteuropa,19. Auflage, München 1997 (zitiert Bearbeiter in Breidenbach (Hrsg), Handbuch für Wirtschaft und Recht in Osteuropa)

Bruk, Dalibor, Z historie evidence nemovitostí (Aus der Geschichte der Evidenz der Liegenschaften), Právní rádce 1/1994, S. 37 ff.

Budík, Josef, Hypotéky a devizový kurz Nové možnosti, větší rizika, největší opatrnost (Hypotheken und Devisenkurs ; neue Möglichkeiten, größere Risiken und allerhöchste Vorsicht), Ekonom 25/1995, S. 24

Bureš, Jaroslav/Drápal, Ljubomír, Zástavní právo a soudní praxe (Das Pfandrecht und die Gerichtspraxis), 2. Auflage, Prag 1997

Bureš, Jaroslav/Drápal, Ljubomir/Mazanec, Miroslav, Občanský soudní řád, Komentář (Zivilprozeßordnung, Kommentar), 2. Auflage, Prag 1996

Bureš, Jiří, Hypotéční úvěry a zástavní listy v praxi (Hypothekenkredite und Hypothekenpfandbriefe in der Praxis), Ekonom 3/1996, S. 63

Canaris, Claus-Wilhelm, Die Problematik der Sicherheitenfreigabeklauseln im Hinblick auf § 9 AGBG und § 138 BGB, ZIP 1996, S. 1109 ff.

Canaris, Claus-Wilhelm, Deckungsgrenze und Bewertungsmaßstab beim Anspruch auf Freigabe von Sicherheiten gemäß § 242 BGB, ZIP 1996, S. 1577 ff.

Chalupa, Rudolf, Zajištění obchodních závazků (Die Sicherung handelsrechtlicher Forderungen), Obchodní právo 7/1993, S. 14 ff.

Chalupa, Rudolf, Dobytnost pohledávek, (Die Einbringbarkeit von Forderungen), Právní rádce 3/1996, S. 12 ff.

Čermák, Karel, Je zajišťovací převod práva fiduciárním převodem ? (Ist die Sicherungsübereignung eines Rechts eine fiduziarische Übertragung ?), Bulletin advokacie 3/1997, S. 11 ff.

Čížkovský, Milan/Brych, Friedrich, Grundbuch- und Hypothekenrecht in der tschechischen Republik, Der langfristige Kredit 21/1995, S. 702 ff.

Čvančara, Pavel, Zákonné zástavní právo u nemovitostí (Das gesetzliche Pfandrecht an Liegenschaften), Právní rozhledy 2/1997, S. 74 ff.

Daubner, Robert, Princip abstrakce a jeho souvislost s ochranou dobré víry v právu (Das Abstraktionsprinzip und sein Zusammenhang mit dem Schutz des guten Glaubens im Recht), Právní rozhledy 6/1994, S. 189 ff.

Daubner, Robert, Trennung, Abstraktion und guter Glaube im deutsch-tschechischen Vergleich, WiRO 1994, S. 417 ff.

Daubner, Robert, „Sicherungsübereignung" und „verlängerter Eigentumsvorbehalt" in der Tschechischen Republik, RIW 1997, S. 648 ff.

Daubner, Robert/Munková, Jindřichská, Právní rady v souvislosti s úpravou kníhovního práva (Rechtsratschläge im Zusammenhang mit der Regelung des Grundbuchrechts), Právní rozhledy 4/1993, S. 117 ff.

Dědič, Jan, Obchodní Zákoník, komentář (Handelsgesetzbuch, Kommentar), Prag 1997, (zitiert Dědič - Bearbeiter)

Dědič, Jan/Tuček, Miroslav, Hypotéky a hypoteční bankovnictví (Hypotheken und das Hypothekenbankwesen), Ekonom 14/1995, S. 31 f.

Drobnig, Ulrich, Empfehlen sich gesetzliche Maßnahmen zur Reform der Mobiliarsicherheiten ? Gutachten F zum 51. Deutschen Juristentag, München 1976 (zitiert Drobnig, Gutachten)

Elek, Stefan, Vznik smluvniho zastavniho prava k movitym vecem (Die Entstehung des vertraglichen Pfandrechts an beweglichen Sachen), Pravni rozhledy 1/1999, S. 1 ff.

Eliáš, Karel, Bankovní záruka (Bankgarantie), Právní praxe 10/1995, S. 634 ff.

Eliáš, Karel, Několik poznámek k zástavnímu právu (Einige Anmerkungen zum Pfandrecht), Právní praxe v podnikání 7-8/1995, S. 6 ff.

Eliáš, Karel, K jednomu aspektu účinků zřízení zástavního práva k cenným papírům (Zu einem Aspekt der Auswirkungen der Bestellung eines Pfandrechts an Wertpapieren), Právní rozhledy 8/1994, S. 271 ff.

Eliáš, Karel, K otázce zastavení obchodního podílu (Zur Frage der Verpfändung eines Geschäftsanteils), Právo a podníkání 2/1994, S. 2 ff.

Faldyna, František, Poznatky z vymáhání pohledávek v souvislosti se soudním řízením (Erkenntnisse aus der Vollstreckung von Forderungen im Zusammenhang mit dem Gerichtsverfahren), Právo a podníkání 3/1994, S. 7 ff.

Faldyna, František, Nad jedním judikátem Neyvyššího soudu k zástavnímu právu (Über ein Urteil des Obersten Gerichts zum Pfandrecht), Právo a podnikání 11/1996, S. 6 ff.

Faldyna, František/Hušek, Jan, Občanský soudní řád, úplné znění s komentářem (Zivilprozeßordnung, vollständige Fassung mit Kommentar), Prag 1992

Faldyna, František/Hušek, Jan/Des, Zdeněk, Zajištění a zánik závazků (Sicherung und Untergang von Forderungen), Prag 1995

Fiala, Josef, Realizace zástavního práva vůči zástavnímu dlužníkovi, který není obligačním (osobním) dlužníkem (Die Verwertung eines Pfandrechts gegenüber einem Verpfänder, der nicht obligatorischer (persönlicher) Schuldner ist), Bulletin advokacie 2/1997, S. 25 ff.,

Fiala, Josef, Omezení smluvní volnosti a jeho věcně právní účinky (Die Begrenzung der Vertragsfreiheit und ihre dinglich-rechtlichen Folgen), Právní rozhledy 2/1995, S. 65 ff.

Fiala, Josef/Matas, Pavel, Nad novou úpravou evidence vztahů k nemovitostem (Über die neue Regelung der Evidenz von Grundstücksrechten), Právní praxe 4/1993, S. 230 ff.

Forejt, Alois, Smluvní pokuta (Die Vertragsstrafe), Právní rádce 1/1993, S. 14 f.

Frýdmanová, Marie/Tomášek, Michal, Hypoteční úvěry po evropsku (Hypothekenkredite in Europa), Ekonom 15/1995, S. 29 f.

Gregorová, Radima/Tyrner, Miroslav, Zastavení obchodního podilu (Die Verpfändung eines Geschäftsanteils), Právní rozhledy 2/1997, S. 79

Grozdanovič, Jan/Touška, Mikulaš, Poskytuje naše právo ochranu věřiteli ? (Gewährleistet unser Recht Gläubigerschutz ?), Právní rádce 1/1993, S. 12 f.

Grulich, Tomáš, Úskálí právní úpravy zástavního práva (Besonderheiten bei der rechtlichen Ausgestaltung des Pfandrechts), Právní rádce 6/1996, S. 5 f.

Grulich, Tomáš, Zástavní právo a výkon rozhodnutí (Pfandrecht und Vollstreckung), Právní rádce 11/1996, S. 5 f.

Guoth, Juraj, Úvěry, půjčky a kolektivní investování (Kredite, Darlehen und kollektives Investment), Právo a podnikání 10/1996, S. 24 ff.

Holeyšovský, Milan, Zástavní právo, ručení, bankovní záruka a ostatní zajištovací prostředky v podnikatelské, bankovní a právní praxi (Pfandrecht, Bürgschaft, Bankgarantie und andere Sicherungsinstrumente in der Unternehmer-, Bank- und Rechtspraxis), Newsletter Praha, Prag 1995

Holeyšovský, Milan, Zajištění závazků převodem práva (Die Sicherung von Forderungen durch Sicherungsübereignung), Právní rádce 2/1996, S. 8 ff.

Holeyšovský, Milan, Aktualní problémy konkurzní podstaty (Aktuelle Probleme bei der Konkursmasse), Právní rádce 7/1996, S. 10 ff.

Holub, Ondřej, Zápisy vlastnických vztahů k nemovitostem do katastru (Eintragungen von Eigentumsrechten in das Liegenschaftskataster), Právní rádce 3/1993, S. 53 ff.

Humlová-Ueltzhöffer, Olga, Eigentumsvorbehalt, Sicherungsübereignung und ihre steuerrechtlichen Folgen in der Tschechischen Republik, WiRO 1997, S. 290 ff.

Humlová-Ueltzhöffer, Olga/Ziebe, Jürgen, Tschechische Republik: Bestimmungen des Konkurs- und Vergleichsgesetzes über das Konkursverfahren, WiRO 1993, S. 308 ff.

Hušek, Jan, Smluvní (konvenční) pokuta v obchodních vztazích (Vertrags- bzw. Konventionalstrafe in Geschäftsbeziehungen), Obchodní právo 6/1994, S. 2 ff.

Jankovská, M., Úvaha o zástavním právu k obchodnímu podílu (Überlegungen zum Pfandrecht an einem Geschäftsanteil), Právo a podnikání 11/1993, S. 22 ff.

Jähnke, Jana, Gutgläubiger Erwerb an beweglichen Sachen nach tschechischem Recht, WiRO 1997, 333 ff.

Jedlička, Svatopluk, Zástavní právo k ochranné známce (Das Pfandrecht an der geschützten Marke), Právní rádce 9/1996, S. 5 ff.

Jehlička, Oldřich/Švestka, Jiří/Škárová, Marta/Vodička, Arnošt, Občanský zákoník, Komentář (Bürgerliches Gesetzbuch, Kommentar), 2. Auflage, Prag 1994 (zitiert Jehlička/Švestka/Škárová/Vodička-Bearbeiter)

Jindřich, Miloslav, Půjčka na koupi nemovitosti (Darlehen zum Kauf von Liegenschaften), Právní rádce 12/1994, S. 48 f.

Jindřich, Miloslav, Důsledky přijetí principu vkladu do katastru nemovitosti bez zásady, že stavba je součástí pozemku (Die Folgen des

Prinzips der Eintragung in das Liegenschaftskataster bei Nichtgeltung des Grundsatzes, daß das Gebäude ein Bestandteil des Grundstücks ist), Právní rozhledy 11/1996, S. 508 ff.

Jůzlová, Zdena, Znovu k problematice zániku některých zástavních práv při zmeně vlastnictví nemovitosti (Erneut zur Frage des Untergangs von Pfandrechten beim Eigentumswechsel von Liegenschaften), Právní rozhledy 11/1996, S. 517 ff.

Kindl, Milan, Malá poznámka k věcným břemenům (Eine kleine Anmerkung zu den dinglichen Lasten), Právní rozhledy 6/1994, S. 207 f.

Kindl, Milan, Zamyšlení nad právní povahou příslibů úvěrů a nad závazky z nich plynoucími (Gedanken zum rechtlichen Charakter von Kreditzusagen und den aus ihnen hervorgehenden Verpflichtungen), Právní praxe v podnikání 4/1994, S. 7 ff.

Klein, Bohuslav, Hypoteční právo v roce dva (Das Hypothekenrecht im Jahre Zwei), Právní rádce 10/1996, S. 12 ff.

Knapp, Viktor, Prodej nemovitostí mimo exekuci a problémy s ním spojené (Der Verkauf von Liegenschaften außerhalb der Vollstreckung und die damit verbundenen Probleme), Právní praxe 2/1993, S. 96 ff.

Knapp, Viktor, (Hrsg.) Občanské právo hmotné (Das materielle bürgerliche Recht), Prag 1995 (zitiert Knapp-Bearbeiter)

Köhne, Hans Clemens, Eigentumsordnung und Immobilienerwerb in der Tschechischen Republik, Osteuropa Recht 1/1996, S. 48 ff.

Kopáč, Ludvík, Obchodní Kontrakty I. Díl 1993 (Handelsverträge, I. Teil), Prag 1993

Kopáč, Ludvík, Výkon smluvního zástavního práva při zajištění obchodních závazků (Die Vollstreckung eines Pfandrechts bei der Sicherung handelsrechtlicher Verbindlichkeiten), Právní rádce 5/1993, S. 15 ff.

Kopáč, Ludvík, Časová působnost právních předpisů upravujících zajištění závazků (Die zeitliche Geltung von Rechtsvorschriften, welche die Sicherung von Verbindlichkeiten regeln), Právní rádce 4/1993, S. 16 ff.

Kopáč, Ludvík/Švestka, Jiří, Lze v zástavní smlouvě platně ujednat propadnutí zástavy ? (Läßt sich in einem Pfandvertrag rechtswirksam der Verfall der Pfandsache vereinbaren ?), Právní rozhledy 5/1995, S. 189 f.

Kopáč, Ludvík/Švestka, Jiří, Účetní záznamy a vznik zástavního práva k movitým věcem (Buchhaltung und die Entstehung eines Pfandrechts an beweglichen Sachen), Právní rozhledy 8/1995, S. 310 f.

Kopáč, Ludvík/Švestka, Jiří, Obchodní podíl - bezpodílové spoluvlastnictví manželů a zástavní právo (Der Geschäftsanteil -

Gesamthandseigentum von Eheleuten und das Pfandrecht), Právní rozhledy 9/1996, S. 393 ff.

Kozel, Roman, Soudní výkon rozhodnutí na nemovitosti (Die gerichtliche Zwangsvollstreckung in Liegenschaften), Právní rádce 10/1996, S. 9 ff.

Kozel, Roman, Novela katastrálních zákonů (Die Novelle der Katastergesetze) Právní rádce 7/1996, S. 15 f.

Kuba, Bohumil, Katastr nemovitostí a oceňování nemovitostí v České republice (Das Liegenschaftskataster und die Bewertung von Liegenschaften in der Tschechischen Republik), Obchodní právo 5/1996, S. 13 ff.

Linhart, Tomáš/Daubner, Robert, Zajištění závazků převodem vlastnického práva a globální cese jako prostředky zajištění úvěrů v České republice (Sicherung von Forderungen durch Sicherungsübereignung und Globalzession als Instrument zur Sicherung von Krediten in der Tschechischen Republik), Právní rozhledy 2/1993, S. 37 ff.

Macek, Jiří/Tomsa, Miloš, Jak vymáhat pohledávky v obchodních vztazích? (Wie funktioniert der Forderungseinzug in Geschäftsbeziehungen), Ostrava 1994

Marčanová, Jana, Úvěr nebo půjčku k podnikání ? (Kredit oder Darlehen für Unternehmer ?), Obchodní právo 11/1994, S. 12 ff.

Marek, Karel, Bankovní obchody 1. část (Bankgeschäfte Teil 1), Právní rádce 1/1996, S. 10 ff.

Marek, Karel, K poskytování úvěrů (Zur Gewährung von Krediten), Právní praxe v podnikání 7-8/1996, S. 32 ff.

Medicus, Dieter, Leistungsfähigkeit und Rechtsgeschäft, ZIP 1989, S. 817 ff.

Mikeš, Jiří, Možnosti zajištění úvěrů zástavními právy v České republice (Die Möglichkeiten der Kreditsicherung durch Pfandrechte in der Tschechischen Republik), Právní rádce 12/1994, S. 10 f.

Mlejnková, Ivana/Modlitbová, Věra, Die Entwicklung des tschechischen Konkursrechts in der Rechtsprechung der letzten zwei Jahre, VII. Karlsbader Juristentage 1997, S. 74 ff.

Mruzek, Karel, Výhrada vlastnictví - způsob zajištění závazků (Der Eigentumsvorbehalt - eine Art der Forderungssicherung), Ekonom 41/1994, S. 83 f.

Münchener Kommentar zum Bürgerlichen Gesetzbuch, herausgegeben von Kurt Rebmann und Franz Jürgen Säcker, 3. Auflage, - Band 2, München 1994 - Band 4, München 1997 - Band 6, München 1997, (zitiert MünchKomm-Bearbeiter)

Munková, Jindřichska, Formularverträge in der gegenwärtigen Praxis, VII. Karlsbader Juristentage 1997, S. 87 ff.

Munková, Jindřichska/Bučková, Ivana/Thurner, Mario, Das Tschechische Insolvenzrecht im Überblick, WiRO 1995, S. 165 ff., S. 211 ff., S. 253 ff.

Munková, Jindřichska/Thurner, Mario/Bučková, Ivana, Tschechisches Insolvenzrecht, Arbeitspapier , Forschungsinstitut für Mittel- und Osteuropäisches Wirtschaftsrecht(FOWI), 2. Auflage, Stand Dezember 1996, Wien

Muzikař, Ladislav, Z rozhodování českých soudů: K prodeji nemovité zástavy podle § 299 odst. 2 obchodního zákoníku (Aus den Entscheidungen tschechischer Gerichte: Zum Verkauf einer verpfändeten Liegenschaft nach § 299 Abs. 2 tHGB), Právní praxe 5/1995, S. 321 ff.

Nesnídal, Jiří, Právní rámec pro hypotéky (Der rechtliche Rahmen für Hypotheken), Ekonom 23/1995, S. 59

Neubauer, Peter/Stöcker, Otmar, Der neue Pfandbrief in der Tschechischen Republik, Der langfristige Kredit 12/1995, S. 398 ff.

Palandt, Otto, Kommentar zum Bürgerlichen Gesetzbuch, 56. Auflage, München 1997 (zitiert Palandt-Bearbeiter)

Palivec, Pavel, Bankovní dohled v České republice (Die Bankenaufsicht in der Tschechischen Republik), Právo a podnikání 6/1996, S. 12 ff.

Pelikánová, Irena/Plíva, Stanislav/Přibyl, Zdeněk/Černá, Stanislava/Vít, Jiří/Zahradničková, Marie, Obchodni právo (Handelsrecht), Prag 1994 (zitiert Pelikánová-Bearbeiter)

Petrus, Vladimír, Legislativní zmetek, zájem obchodu a přetížená justice - kudy cesta ven ? (Legislative Mißgeburt, Interessen des Handels und überlastete Justiz - wo ist der Ausweg ?), Právní praxe 5/1993, S. 295 ff.

Petrus, Vlaia, Eigentums- und Nutzungsrechte in der tschechischen und slowakischen Rechtsordnung, Arbeitspapiere des Forschungsinstituts für Mittel- und Osteuroäisches Wirtschaftsrecht (FOWI), Wien 1993

Piltz, Albrecht/Randak, Monika, in: Bank Security and Other Credit Enhancement Methods, Czechia, S. 105 ff., Kluwer Law International, The Hague-London-Boston 1995

Pitkowitz, Nikolaus/Schwalm-Tlapak, Iva, Kreditbesicherung durch Immobilien in Tschechien und der Slowakei, ÖBA (Österreichisches Bankarchiv) 7/1993, S. 519 ff.

Pitra, Vladimír, Zákon o ochranných známkách Komentář (Das Markengesetz, Kommentar), Prag 1996

Plíva, Stanislav, Některé problémy právní úpravy smlouvy o úvěru (Einige Probleme der rechtlichen Bestimmungen zum Kreditvertrag), Právo a podníkání 3/1995, S. 2 ff.

Plíva, Stanislav, Ručení v obchodních vztazích (Die Bürgschaft in Handelsbeziehungen), Bulletin advokacie 6-7/1995, S. 20 ff.

Plíva, Stanislav, Zajišťovací převod práva (Die Sicherungsübereignung eines Rechts), Právní praxe v podnikání 3/1997, S. 1 ff.

Pýcha, Petr, Zástavní právo k obchodnímu podílu (Das Pfandrecht am Geschäftsanteil), Právo a podnikání 2/1994, S. 4 f.

Pokorná, Jarmila, Několik poznámek k zástavnímu právu k obchodnímu podílu (Einige Anmerkungen zum Pfandrecht an einem Geschäftsanteil), Právo a podnikání 2/1994, S. 4 f.

Reinicke, Dietrich/Tiedtke, Klaus, Kreditsicherung, 3. Auflage, Neuwied-Kriftel-Berlin 1994

Richter, Jaromír, Zadržovací právo (Das Zurückbehaltungsrecht), Právní rádce 1/1994, S. 21

Rychetský, Petr, Úskalí zástavního práva podle nového občanského a obchodního práva (Schwierigkeiten beim Pfandrecht nach dem neuen bürgerlichen Recht und Handelsrecht), Právní rádce 2/1993, S. 11 ff.

Salvova, Zuzana/Zbrankova, Renata, Zajisteni budoucich pohledavek smluvnim zastavnim pravem (Die Absicherung von zukünftigen Forderungen durch das Pfandrecht), Pravo a podnikani 2/1999, S. 2 ff.

Sauer, Stefan, Kreditbesicherung durch Immobilien in Tschechien, RIW 1996, S. 646 ff.

Scheifele, Bernd/Thaeter, Ralf, Unternehmenskauf, Joint Venture und Firmengründung in der Tschechischen Republik, 2. Auflage, Köln 1994

Schelleová, Ilona, Vymáhaní pohledávek z hypotečních úvěrů (Die Vollstreckung von Forderungen aus Hypothekenkrediten), Ekonom 32/1995, S. 54

Schimansky, Herbert/Bunte, Hermann-Josef/Lwowski, Hans-Jürgen, Bankrechts-Handbuch, München 1997 (zitiert Schimansky/Bunte/Lwowski-Bearbeiter)

Scholz, Helmut/Lwowski, Hans-Jürgen, Das Recht der Kreditsicherung, 7. Auflage, Berlin 1994

Sedlářová, Daniela, Banka - úvěr - nemovitost (Bank - Kredit - Liegenschaft), Ekonom 19/1995, S. 65

Simpson, John/Röver, Jan-Hendrik, Model Law on Secured Transactions, European Bank for Reconstruction and Development, London 1994

Součková, Marie, Zákoník práce, Komentář (Arbeitsgesetzbuch, Kommentar), Prag 1995

Staudinger, Julius von, Kommentar zum Bürgerlichen Gesetzbuch mit Einführungsgesetz und Nebengesetzen, 13. Bearbeitung, Berlin 1994-1997 (zitiert Staudinger-Bearbeiter)

Steiner, Vilém, Zákon o konkursu a vyrovnání, Komentář k zákonu (Das Gesetz über den Konkurs und Ausgleich, Kommentar), 2. Auflage, Prag 1996

Štenglová, Ivana/Plíva, Stanislav/Tomsa, Miloš, Obchodní zákoník, Komentář (Das Handelsgesetzbuch, Kommentar), 3. Auflage, Prag 1995 (zitiert Štenglová/Plíva/Tomsa-Bearbeiter)

Švestka, Jiří/Mikeš, Jiří, Nad jednou otázkou zástavního práva (Zu einer Frage bezüglich des Pfandrechts), Všehrd 5/1993, S. 4 ff.

Tiedtke, Klaus, Ausgleichsansprüche zwischen dem Bürgen und dem Besteller einer Grundschuld, WM 1990, S. 1270 ff.

Tomášek, Michal, Spotřebitelské a hypoteční úvěry v evropské unii (Verbraucher- und Hypothekenkredit in der Europäischen Union), Právní rádce 4/1996, S. 3 f.

Ulmer, Peter/Brandner, Hans Erich/Hensen, Horst-Diether/Schmidt, Harry, AGB - Gesetz, 7. Auflage, Köln 1993 (zitiert Bearbeiter in Ulmer/Brandner/Hensen, AGBG)

Vácha, Přemysl, Způsoby výkonu zástavního práva zástavním věřitelem (Arten der Vollstreckung des Pfandrechts durch den Pfandgläubiger), Bulletin advokacie 1/1995, S. 29 ff.

Vajgant, Miroslav, Zástavní smlouva nemůže existovat samostatně (Der Pfandvertrag kann nicht selbständig bestehen), Právní rádce 12/1996, S. 57

Vantuch, Pavel, K právní úpravě hypotečního úvěrování a možnostem její realizace (Zur rechtlichen Gestaltung des Hypothekenkreditwesens und den Möglichkeiten ihrer Realisierung), Právní rozhledy 10/1995, S. 399 ff.

Vrba, Vladimír, Hypotéky (Hypotheken), Právo a podnikání 4/1996, S. 15 ff.

Weber, Hansjörg, Kreditsicherheiten, Recht der Sicherungsgeschäfte, 4. Auflage, München 1994

Wefing, Heinrich, Allgemeine Geschäftsbedingungen in der Tschechischen Republik, WiRO 1995, S. 451 ff.

Westphalen, Friedrich Graf von/Emmerich, Volker/Rottenburg, Franz von, Kommentar zum Verbraucherkreditgesetz, 2. Auflage, Köln 1996

Zeller, Friedrich/Stöber, Kurt, Zwangsversteigerungsgesetz, 15. Auflage München 1996

Zoufalý, Vladimír, Die Sicherungsübereignung eines Rechts, VII. Karlsbader Juristentage 1997, S. 215 ff.

Zoufalý, Vladimír, Zajišťovací převod práva (Die Sicherungsübereignung eines Rechts), Právní rozhledy 9/1997, S. 448 ff.

Zoulík, František, Zákon o konkursu a vyrovnání, Komentář (Kommentar zum Gesetz über Konkurs und Ausgleich), 3. Auflage, Prag 1998

Schriftenreihe der Juristischen Fakultät der Europa-Universität Viadrina Frankfurt (Oder)

Heiko Artkämper
Hausbesetzer, Hausbesitzer, Hausfriedensbruch
1995. XXIV, 340 Seiten. DM 98,–
ISBN 3-540-59005-6

Beate Ilona Nettelbeck
Produktsicherheit · Produkthaftung
1995. XXXVI, 170 Seiten. DM 76,–
ISBN 3-540-59242-3

Manfred Mohr (Hrsg.)
Friedenssichernde Aspekte des Minderheitenschutzes in der Ära des Völkerbundes und der Vereinten Nationen
1996. XVI, 362 Seiten. DM 128,–
ISBN 3-540-61366-8

Andreas Damm
Gebührenprivileg und Beihilferecht
1998. XX, 188 Seiten. DM 98,–
ISBN 3-540-63917-9

Marcus Longino
Die Pflegekinderadoption
1998. XIV, 118 Seiten. DM 98,–
ISBN 3-540-64036-3

Sven Theobald
Barrieren im strafrechtlichen Wiederaufnahmeverfahren
1998. XIV, 224 Seiten. DM 129,–
ISBN 3-540-64644-2

Gerhard Wolf (Hrsg.)
Kriminalität im Grenzgebiet
Band 1: Erfahrungen aus der Praxis
1998. XIV, 306 Seiten. DM 148,–
ISBN 3-540-65032-6

Gerhard Wolf (Hrsg.)
Kriminalität im Grenzgebiet
Band 2: Wissenschaftliche Analyse
1999. XIV, 358 Seiten. DM 139,–
ISBN 3-540-65156-X

Theodor Schweisfurth, Walter Poeggel
Andrzej Sakson (Hrsg.)
Deutschland · Polen · Tschechien – auf dem Weg zur guten Nachbarschaft
1999. XIV, 300 Seiten. DM 129,–
ISBN 3-540-65067-9

Ralf Molzahn
Die normativen Verknüpfungen von Kapitalverkehrsfreiheit und Währungsunion im EG-Vertrag
1999. XXVI, 289 Seiten. DM 145,–
ISBN 3-540-65354-6

Dieter Martiny, Normann Witzleb (Hrsg.)
Auf dem Wege zu einem europäischen Zivilgesetzbuch
1999. VIII, 210 Seiten, DM 129,–
ISBN 3-540-65692-8

Albert Drügemöller
Vergaberecht und Rechtsschutz
1999. XVI, 534 Seiten. DM 249,–
ISBN 3-540-66112-3

Artur Bunk
Die Verpflichtung zur kohärenten Politikgestaltung im Vertrag über die Europäische Union
1999. XIV, 176 Seiten. DM 98,–
ISBN 3-540-66025-9

Carmen Thiele
Selbstbestimmungsrecht und Minderheitenschutz in Estland
1999. XV, 284 Seiten. DM 149,–
ISBN 3-540-66054-2

Tom Oliver Schorling
Das Recht der Kreditsicherheiten in der Tschechischen Republik
2000. XVIII, 219 Seiten. DM 109,–
ISBN 3-540-66257-X